아시아 전통복식

홍나영 신혜성 최지희

㈱ 教文社

Traditional Custom of Asia...

　　복식사를 전공하는 입장에서 각 사회의 전통복식은 매우 흥미로운 주제가 아닐 수 없다. 본인이 대학을 다니던 시절에는 민속복식에 대한 강의도 없었고 단편적인 여행소개서나 무용복식 등에 소개된 것이 전부였지만, 서양복과 다른 각 사회의 역사와 전통이 담겨 있고 지역에 따라 다양한 디자인으로 인해 적지 않은 흥미가 끌렸다.

　　하지만 1980년대 초만 하더라도 국내에서 접할 수 있는 민속복식에 대한 학술적인 자료는 일본 서적을 통해서가 대부분이었다. 1983년 민속복식을 교과목으로 개설한 대학의 강의를 맡으면서 밤새 일본 논문과 서적을 공부하여 가르치느라 늘 마음이 급하였고, 학생들이 접할 수 있는 자료는 더욱 부족하여 늘 아쉬움이 있었다. 이후 다른 학자들에 의해 민속복식 혹은 전통복식이라는 주제 하에 저서들이 발간되고 인터넷에도 민속복식에 대한 자료가 올라가 있게 되어 강의에 많은 도움이 되었다. 하지만 해외의 민속복식에 대한 연구자료들을 보고 민속복식을 강의하거나 한국복식사를 연구하면서 서구화 이전의 아시아의 전통복식을 정리하고 싶은 욕구와 서구화 과정 비교에 대한 관심은 계속되었다.

　　복식사의 연구는 한 지역이나 나라만의 역사로는 설명되지 않는다. 복식은 주변 문화의 영향 속에서 변화하는 것이 그 속성이며 우리옷의 역사도 예외는 아니다. 그런 까닭에 최근에는 국내에서 중국과 일본의 복식사 연구가 활발하게 이루어지고 있다. 하지만 동양복식이라고 하더라도 한·중·일 세 나라를 제외한 다른 나라의 복식에 대한 연구는 상대적으로 적은 편이다. 또한 연구가 활발히 이루어지고 있는 나라라 하더라도 그 연구는 대부분이 서구인들의 관심에 의해 이루어진 것이라 지역별로 볼 때는 어느 한쪽에 치우친 감이 적지 않다.

　　또한 나날이 세계화된 추세에서 전통문화와 민속복식은 너무나 빠른 속도

사우깰레를 착용한 카자흐스탄의 여자

로 사라져 가고 있고, 그 반대편으로는 끊임없이 민속복이 패션의 테마로 등장하는 이중적인 추세가 계속되고 있다. 따라서 민속복식은 그 사회의 문화에 대한 깊이 있는 이해에 흥미를 가진 사람들은 물론이고 의류학을 전공하여 디자인에 활용하고자 하는 사람에 이르기까지 폭넓은 관심의 대상이 되고 있다. 이에 소박하나마 그동안 공부하여 온 자료들을 정리한 이 책이 여러분들께 도움이 되기를 바라며, 책을 발간하는 데 도움을 주신 교문사와 정성을 쏟아주신 관계자 여러분께 감사드린다.

2004년 4월
대표저자 홍나영

Introduction

Far East

Southeast-Asia

Contents

South-Asia

Near East

Central-Asia

Minority
Peoples

I

Introduction

I. 들어가며

Introduction

1. 민속복식·전통복식의 현대적 의미

인류는 자신이 속한 사회의 역사와 문화적 전통이 담겨 있는 의복을 입고 생활하였으며 그 결과 이 지구상에는 각 종족별로, 또한 같은 종족이라도 사는 지역에 따라, 혹은 신분이나 직업에 따라 수없이 다양한 복식이 존재하여 왔다. 이러한 복식은 현대복식과는 달리 자신의 종족과 지역, 사회의 문화적 전통을 유지하고 있다는 점에서 민속복식 혹은 전통복식이라고 할 수 있다. 그러나 나날이 발전하고 있는 교통수단과 통신시설의 발달은 세계문화를 하나로 묶는 데 큰 역할을 하고 있다.

동서양의 복식사를 살펴볼 때도 이러한 현상을 쉽게 발견할 수 있으며, 복식에서의 동질화 현상은 19세기 이후에 더욱 두드러진다. 서양복식은 이미 19세기 이전에 서구 열강의 식민지 정책에 따라 아시아를 비롯한 세계 곳곳에 도입되기 시작하였다. 20세기에 들어서는 서구화와 산업화가 급속히 진행됨에 따라 대부분의 국가에서 서양복식이 각 민족의 고유한 전통복식을 대체하여 일상복으로 자리잡았다. 특히 매스컴과 인터넷의 발달로 오늘날의 복식은 소위 패션 트렌드라는 커다란 유행의 흐름에 따라 전세계가 같이 움직이고 있다고 해도 과언이 아니다. 그 결과 각 민족의 전통복식은 이미 극히 일부의 산간오지나 도서벽지와 같이 외부와의 접촉이 격리된 사회를 제외한 대부분의 지역에서 빠른 속도로 사라져, 이제는 전통의례의 예복이나 축제복으로만 그 일부가 남아 있는 실정이다.

민속복식[1]은 그 지역의 역사, 지리 및 문화를 반영하고 있는 민속문화의 한 부분으로 그 안에는 그 지역 고유의 풍습·가치관·기호·소재·공예·기술 등의 사회적 배경과 자연환경이 반영된 복식을 말한다. 엄밀히 말하면 민속복식은 왕족이나 귀족의 복식과 구별되는 서민의 복식이다. 하지만 신분이나 계층에 초점을 맞추기보다는 오늘날 세계화된 서양복과는 달리 각 민족의 특성을 반영하는 복식이라는 점에 초점을 맞추어 민족복식이라고도 한다. 또한 근래에는 전통사회에서 사용되었던 복식 전체를 포괄한다는 의미에서 전통복식이라는 용어를 사용한다. 이처럼 엄밀한 의미에서는 차이가 있지만 이 용어들이 혼용되기도 한다.

여하튼 최근에는 각 사회의 문화적 전통을 반영하고 있는 고유복식이 사라지기 전에 이를 보전해야 한다는 필요성이 인정되고 있으며, 국가 또는 민족단위의 자긍심을 높이기 위한 노력의 한가지로 민속복식에 대한 관심이 높아지고 있다[2]. 다른 한편으로는 20세기 후반부터 서양복식을 중심으로 한 세계 패션의 획일적인 흐름에 대한 반작용도 야기되어, 개인 또는 집단의 고유성과 정체성을 찾으려는 움직임이 나타나고 있다. 즉, 과거처럼 한 가지 또는 소수의 양식만이 유행되고 수용되는 것이 아니라 다양한 문화양식이 공존·혼합되면서 개인과 집단의 개성을 나타내는 다양성의 측면이 증가하는 현상을 보이고 있다.

이렇게 볼 때 민속복식은 여러 측면에서 관심을 끈다고 할 수 있다. 현대 패션에서 민속풍의 의상(ethnic look)은 지속적으로 반복되는 유행현상의 하나로 자리 잡고 있으며, 자신의 의상과 개성을 강조하는 안티패션(anti fashion)에서도 민속복식의 일부분을 채택하여 개인의 스타일 창조에 응용하는 경향이 나타나고 있다.

따라서 지구촌의 문화 속에서 다양한 복식의 종류와 특징에 대한 연구는 현대복식문화를 이해하는 데 필수적인 요소라고 할 수 있다. 또한 민속복식을 연구함으로써 서로 다른 고유문화를 지닌 종족과 민족을 이해하는 데 필요한 개념과 감각을 얻을 수 있으며, 디자인의 다양성을 높여주는 큰 역할도 할 수 있다.

모든 것이 빠르고 획일화되어 가고 있는 시대에 미래를 위한 창의적인 디자인과 다양화를 위하여 민속복식의 연구가 현대패션에 미치는 영향은 매우 중요하다 하겠다. 특히 아시아 각국의 민속의상의 디자인 요소들은 현대패션에 이국취미적(異國趣味的)으로 오리엔탈리즘과 역사적 복고주의의 소재로 반복하여 등장하고 있으며 중요한 문화적 가치로서도 인정받고 있다.

2. 아시아의 개념과 지역적 특징

아시아(Asia)란 말은 고대 그리스인들이 그들 나라의 동쪽에 있는 나라들을 가리킬 때 사용한 '아수(asu: 동쪽)'라는 아시리아어(語)[3]에서 유래되었다고 한다. 처음에는 고대의 동방, 즉 오리엔트를 가리켰으나 오늘날에는 유라시아 대륙의 중부와 동부의 전대륙을 포괄하는 세계 최대의 지역을 지칭한다.

고대문명의 발생지[4]이면서 불교·이슬람교·힌두교·유교·도교와 같은 종교와 사상의 발생지이기도 한 아시아지역은 각각의 독특한 기후·자연적 환경과 다양한 민족 간의 충돌과 교류의 과정을 통하여, 다른 어떤 지역보다 다양하고도 독특한 문화와 전통을 발전시켜 왔다. 거대한 아시아지역은 지리와 자연적 특성, 그리고 문화적 유사성에 의해 동북아시아·동남아시아·남부아시아·서남아시아·중앙아시아 지역으로 나눌 수 있다.

동북아시아는 중국 본토의 서쪽을 지나 베트남 국경 근처에 이르는 지역으로 유교문화권[5] 또는 젓가락문화권으로도 불리는 곳이다. 이 지역은 중국문화의 영향 아래에 있으면서도 고유한 문화와 독자적인 언어를 유지해 왔다. 세계에서 인구가 많은 지역의 하나로, 주요 민족으로는 약 10억의 한족(漢族), 약 1억의 일본민족, 약 6,000만의 한민족(韓民族) 등이 있다. 벼농사 중심의 농업이 발달하였으며, 충(忠)·효(孝)와 같은 유교적인 가치관이 나타난다. 중국·한국·일본·타이완이 대표적인 국가이다.

동남아시아는 인도차이나 반도와 그 남동쪽에 분포하는 말레이제도로 구성되며, 타이·미얀마·라오스·캄보디아·인도네시아·말레이시아·싱가포르 등이 포함된다. 동남아시아는 종종 '대륙동남아'와 '도서동남아'로 구분되기도 하는데, 대륙동남아는 타이·미얀마·캄보디아·라오스·베트남 등을 포함하고, 도서동남아는 인도네시아·말레이시아·싱가포르·부르나이·필리핀을 포함한다. 지리적으로 볼 때 대륙동남아에 포함되어야 할 말레이반도 남부의 말레이시아가 도서동남아에 속해 있는 것은 이러한 구분이 근본적으로 문화적인 기준에 의하기 때문이다. 남방불교의 타이·미얀마·라오스·캄보디아와 대승불교의 베트남 등 대륙동남아가 불교문화권임에 비해, 인도네시아·말레이시아·부르나이 등 도서동남아의 대부분은 이슬람문화권으로 분류될 수 있다.

서남아시아는 인도와 중앙아시아를 제외한 아시아의 남서부 지역을 가리키는 용어로 '근동(近東)' 또는 '중동(中東)'으로 불리기도 하며, '이슬람·유목·오아시스·사막·석유' 등으로 특징지어진다. 이 지역의 주요 국가로는 사우디아라비아·바레인·예멘·쿠웨이트·이라크·이란·터키 등이 있다. 페르시아 문명과 이슬람교의 발생지이기도 한 이 지역은 화려한 페르시아 문화와 사막적인 아랍문화, 유목적인 투르크 문화가 혼합되어 나타난다. 특히 동쪽과 서쪽 간의 문화적 양상이 많은 차이를 보여, 이란·아랍·터키적인 문화가 혼합되어 나타나는 동방지역(마그레브: Maghreb, 또는 마그리브: Maghrib)과 고대 아랍의 전통적인 삶과 사막 유목민적 특징이 많이 남아있는 아프리카 북부지역을 포함하는 서방지역(마시리끄: Mashriq)으로 나눌 수 있다.

중앙아시아는 동쪽으로는 중국, 서쪽으로는 서아시아와 유럽, 남쪽으로는 인도라는 독자적인 문화를 가진 국가들에 둘러싸여 있으면서, 이들 문화권과 정치적·문화적으로 빈번한 교섭을 가져온 지역이다. 페르시아 왕조를 거쳐 아랍·투르크·몽골족의 통치를 받아왔던 복잡한 역사만큼이나 민족과 언어도 다양한 것이 특징이다. 투르크인은 투르크어를, 몽골족은 몽골어를 사용하며, 중국 신강위구르자치구의 위구르인은 투르크 계통의 위구르어를 사용한다.

이슬람교가 중심 종교이지만, 이슬람문화와 투르크적인 특징이 나타나는 투르크메니스탄·우즈베키스탄·타지키스탄·키르기즈스탄·카자흐스탄 등의 투르크메니스탄 지역과, 라마불교를 믿으며 몽골인종적인 특징이 나타나는 몽골고원·중가리아 분지·티베트 고원지대로 문화권이 나누어진다. 이처럼 중앙아시아의 문화적 다양성은 중앙아시아의 험준한 자연환경뿐만이 아니라 여러 다양한 민족의 복합적인 구성요소에서 비롯된 점도 많다.

남부아시아는 인도로 대표되는 인도아대륙으로 인도·파키스탄·방글라데시·스리랑카 등을 포함하는 지역으로 민족구성이 복잡하다. 더구나 종교·언어의 차이는 이 복잡성을 더욱 심각하게 하고 있다. 인도는 불교의 발생지이지만 현재는 대부분 힌두교 지역이며, 불교는 스리랑카에서 주로 믿는다. 인도북부 지역과 파키스탄·방글라데시는 이슬람교가 주교이다.

광활한 아시아지역 내에서는 비슷한 자연환경에 있는 국가 또는 민족 간에 전혀 다른 전통과 풍습이 존재하는 경우가 목격되거나, 지리적으로 상당히 떨어져 있음에도 불구하고 유사한 풍습과 전통이 나타나는 경우가 빈번하다. 이는 아시아 민족의 기원과 복잡한 교류·접촉의 역사와, 자연·지리적 환경에의 대응·적응과정과 밀접한 관계가 있다고 볼 수 있겠다. 따라서 각 문화권의 종교와 가치관에 대한 이해 또한 매우 중요하다.

3. 전통복식의 형식분류

복식의 유형은 만들어지는 과정을 중심으로 보았을 때는 동물의 가죽을 몸에 맞도록 꿰매어 만드는 봉제의(縫製衣, tailored garment), 직조한 옷감을 그대로 몸에 둘러 입는 권의(卷衣, draped garment), 그리고 이 두 가지 특성이 합쳐져 직조한 옷감을 몸에 맞도록 봉제한 복합의(複合衣, composite type)로 나눌 수 있다. 또한 몸에 착용하는 방법과 형태를 중심으로 보았을 때에는 요의(腰衣, loin cloth)·권의(卷衣, draped garment)·관두의(貫頭衣, pancho)·통형의(筒型衣, tunic)·전개의(前開衣, caftan)·바지형(袴型, trousers type)으로 분류할 수 있다.

요의는 허리에 둘러 입는 형태의 의복으로 초기에는 단순한 끈을 허리에 매는 형태인 유의(紐衣)에서 시작된 것으로, 점차 이 끈이 허리를 전부 가리면서 치마 형태로 발전하였다. 이러한 요의는 기후가 따뜻한 아열대 또는 열대지역에서 발달하였다. 요대(腰帶) 형식의 요의는 아마존 나체족의 허리끈이 대표적이며, 치마형의 요의는 뉴질랜드 마오리족이나 아프리카 원주민의 의복에서 볼 수 있다. 요의에서 발달된 통형의 요권의는 주로 동남아시아에 발달된 형태로, 인도네시아·말레이시아의 사롱Sarong, 미얀마의 론지 Longyi, 타이의 파 신Pha sin 등이 있다.

권의는 드래퍼리 형식이라고도 하며 긴 천을 자르거나 바느질하지 않고, 몸을 감싸거나 둘러서 입는 옷으로, 기본적으로 요의가 발전된 형태라고도 볼 수 있다. 대표적인 권의로는 인도의 사리Sari, 그리스의 히마티온, 로마의 토가를 들 수 있으며, 이슬람의 순례복인 이흐람Ihram도 권의형의 의복이다.

관두의는 동물의 가죽이나 옷감의 중앙에 머리가 들어갈 만한 구멍을 뚫고 그 구멍을 머리를 넣어 어깨에 걸쳐 입는 형태로, 멕시코의 판초가 대표적이다. 아시아에서는 고산지대에 사는 소수민족들에게서 관찰된다. 관두의가 발전된 형태인 통형의(筒型衣)는 머리 위에서부터 입는 형식에 몸이 노출되지 않도록 옆선을 꿰맨 것으로, 대부분은 소매가 달린 형태이다. 아랍지역의 아바야Abaya·도브Thawb, 인도의 구르다Kurta 등이 통형의에 속한다.

전개의는 양쪽 팔을 꿰어 입고 앞에서 여미도록 만들어진 형태로 주로 중앙아시아와 서아시아 의복에서 많이 볼 수 있기 때문에 아시아적 형식이라고도 한다. 이러한 전개형 의복에는 한국의 한복Hanbok, 일본의 기모노Kimono가 대표적이며, 중앙아시아의 차판 Chapan, 부탄의 고Goh 등이 있다.

바지형은 기마생활을 하는 스키타이 계통의 유목민족을 중심으로 발달된 의복으로, 추운 지방에서는 대개 꼭 끼는 형태의 바지를 착용하고 사막지대에서는 헐렁한 바지를 착용하는 등, 민족·기후풍토·생활양식에 따라 다양한 형태의 바지가 발생하였다. 터키의 샤르와르Shalwar, 인도의 쥬디다르Chudidar, 한국의 바지 등이 있다.

[미주]

1. 민속복식은 넓은 의미로는 서구화된 국제적인 패션이 아닌 각 민족의 전통문화를 반영하여 시대의 흐름에 영향을 비교적 받지 않는 복식이란 의미로, '전통복식(traditional costume)', '민족복식(ethnic costume)'이라고도 불리며, 사회계층이나 제복·일상복을 구분하지 않고 포괄적으로 사용하고 있다. 좁은 의미로는 지역이나 계층의 차이에 주목하여 19세기 농촌의 서민복에 초점을 두어 'peasant costume'이나 'folk costume'의 의미로 한정하며, 집단구성원의 문화적 유산과 역사를 나타내는 전통의 의복, 장신구와 기타 신체장식이라고 정의할 수 있다.

2. 홍나영·김찬주·유혜경·이주현(1999). '아시아 전통문화양식의 전개과정에 관한 비교문화연구(2보)'. 「비교민속학」 제 17집 p.316.

3. 아시리아어(Assyrian language): 고대 메소포타미아 북서부에서 쓰이던 언어

4. 세계 4대 문명: 인더스 문명, 황하 문명, 메소포타미아 문명, 이집트 문명

5. 문화권: 자연환경이 비슷하거나 인종·언어·종교가 비슷한 지역에서는 비교적 동질적인 문화가 나타나게 된다. 이처럼 인종이나 종교, 언어가 비교적 비슷한 지역을 묶어 문화권이라 부른다.

II

Far East

한 국 *Republic of Korea*

중 국 *People's Republic of China*

일 본 *Japan*

II. 동북아시아의 전통복식

동북아시아는 중국 본토의 서쪽을 지나 베트남 국경 근처에 이르는 지역으로 유교문화권 또는 젓가락문화권으로도 불리는 곳이며, 중국문화의 영향하에 있으면서도 고유한 문화와 독자적인 언어를 유지해온 지역이다. 세계에서 인구가 많은 지역의 하나로 주요 민족으로는 약 10억의 한족(漢族), 약 1억의 일본민족 및 약 6,000만의 한민족(韓民族)이 있다. 공통적으로 벼농사 중심의 농업이 발달하였으며, 충(忠)·효(孝)와 같은 유교적인 가치관이 나타난다. 중국·한국·일본·타이완이 대표적이다.

동북아시아의 중국·일본 및 한국은 지리적으로 가까이 있다는 점 외에도, 한자문화권이라는 문화적 전통을 공유하고 있으며 역사적으로도 삼국 간에는 경제 및 문화교류가 한자를 매개로 빈번하게 이루어졌다. 또한 중국에서 형성된 도교와 유교, 중국을 통해 전파된 불교의 수용 등은 다른 문화권보다 비교적 유사한 가치관을 형성하는 데 영향을 미쳤다. 다른 아시아 문화권에 비하여 지속적인 통일국가를 유지해 왔으므로, 민족과 국가에 관한 개념이 뚜렷한 편이다. 또한 같은 한자문화권이라고는 하나, 각자의 독자적인 언어와 문화를 갖고 있어서 복식의 형태와 특징에도 각각의 독

중국

대한민국

일본

타이완

특함을 유지하고 있다.

동북아시아의 복식은 북방계와 남방계의 특성을 지닌 복식이 서로 만나 결합되는 과정에서 나름의 독자적 양식이 나타났다. 예를 들어 고대 일본의 복식은 기본적으로 남방계의 특성을 지닌 횡폭의(橫幅衣)나 관두의(貫頭衣)에서 출발하였으나, 대륙의 영향으로 바지 · 저고리의 형식이 도입되었고, 이어 포(袍) 형식의 복식이 도입되면서 그 양식이 다양화되는 과정을 밟았다. 반면 한국의 복식은 바지 · 저고리를 기본으로 하는 북방계 복식에서 시작되었고, 중국의 영향으로 넓고 큰 중국식 예복용 포가 도입되었다. 한편 고대 중국의 복식은 그 지역과 민족에 따라 매우 다양했지만, 기본적으로 농경문화를 가졌던 한족의 상의(上衣)와 하상(下裳)이 연결된 포 형식의 의복인 심의(深衣)형에서 출발하였다고 본다. 하지만 이민족과의 접촉이 그들 복식에 바지형식의 호복(胡服)을 도입하여 고습(袴褶)이라는 복식양식을 만들어 내었듯이 다양한 복식양식을 만들게 하였다.

대부분의 경우 이민족이라 할지라도 예복제도는 한(漢)의 제도를 따르는 등, 동양복식에 있어 한문화(漢文化)의 영향은 크다고 할 수 있다.

그럼에도 불구하고 서로 다른 민족성과 미의식, 자연조건과 기후 등은 같은 예복이라 하더라도 시대가 흐르면서 서로 다르게 발전하게 되는 결과를 가져왔다. 한국의 경우는 중국과 국경을 접하고 있는 지리적 위치로 인하여 역사적으로 몇 차례에 걸친 전란과 지속적 외교관계 등의 영향으로 왕실과 관리들의 복식의 경우에는 중국의 제도를 적극적으로 수용하였지만, 평상시에 입는 편복(便服)이나 서민복식의 경우에는 삼국시대 이래 전통양식이 지속적으로 유지되었다. 일본의 경우는 섬나라라는 특성으로 인하여, 견당사(遣唐使)를 폐지한 이후 중국의 영향에서 벗어나 독자적인 예복양식을 만들게 되었다.

한국
Republic of Korea

위치 __ 유라시아대륙의 동단에 돌출한 반도
총면적 __ 9만 9,461㎢(남한)
수도 및 정치체제 __ 서울, 민주공화제
인구 __ 4,767만명(2002년)
민족구성 __ 알타이족 계통인 예맥족을 기원으로 하는 한민족(韓民族)
언어 __ 알타이어계의 남방퉁구스어 계통의 한국어
기후 __ 사계절이 뚜렷한 온대성 기후
종교 __ 불교와 기독교가 주류를 이룸
지형 __ 동쪽이 높고 서쪽으로 낮아지는 경동지형(傾東地形)

1. 지형과 기후적 특성

지리적으로 중위도 온대성 기후대에 위치하여 사계절이 뚜렷한 편이다. 겨울에는 한랭건조한 대륙성 고기압의 영향으로 춥고 건조하며, 여름에는 덥고 무더운 날씨를 보인다. 봄·가을에는 이동성 고기압의 영향으로 맑고 건조한 날이 많다.

이처럼 여름은 고온다습하고, 겨울은 건조한 대륙성 기후에 적응하기 위하여, 쉽게 입고 벗을 수 있는 전개의(前開衣)와 추위로부터 목·몸통·팔다리를 완전히 보호해 줄 수 있는 복식이 발달하였다. 바닥에 앉아서 생활하는 온돌문화에 적합하도록 바지폭이 넓고 여유가 많도록 발달된 것도 특징이다.

2. 역사와 문화적 배경

한국의 역사시대는 기원전 1세기경에 고구려(高句麗, 기원전 37~668)·백제(百濟, 기원전 18~668)·신라(新羅, 기원전 57~668)의 삼국이 출현하면서 시작되었다.

고구려는 한반도 북부지역에서부터 만주지역까지 세력을 뻗쳤으며, 서울지역을 중심으로 성립된 백제는 후에는 공주·부여로 도읍을 옮기면서, 한반도 동남부를 차지하였다. 초기에는 고구려가 삼국 중 가장 강력했으나, 신라가 점차 강대해져 마침내 삼국을 통일하고 통일신라(668~935) 시대를 열게 된다.

삼국시대의 복식은 만주와 북한지역에 남아있는 고구려 고분벽화를 통해서 알 수 있는데, 그 벽화들에 나타난 의상은 길이와 모양은 조금 다르지만 오늘날 한복의 기본 요소들과 같은 형태이다. 상고시대 한민족(韓民族)의 의복은 위·아래가 둘로 나뉜 형태로, 위에는 저고리를 걸치고 아래에는 바지를 착용한 형태였다. 이러한 형태는 유라시아 대륙 초원시대에서 활약하던 기마 유목민의 공통된 복장으로써 추운 기후풍토와 유목생활에 적합하였다(그림 1)[1].

벽화에 나타난 고구려인의 복식은 저고리는 소매통이 좁고 길이는 엉덩이를 살짝 가리는 정도이며 고름 대신에 허리띠를 저고리 위에 둘러 입었다. 고구려인들은 남녀 모두 바지를 즐겨 입었으며 여자들은 바지 위에 치마를 덧입기도 하였다(그림 2). 소맷부리·섶·깃·밑단 등에는 다른 색의 천을 둘러 장식하고 있는데, 이것은 천의 가장자리가 풀리는 것을 막기 위하여 다른 천을 덧대던 것에서 발전된 것으로 이러한 가선(加襈)의 풍습은 조선시대까지 지속되었다[2].

지리적으로 중국과 가까웠던 삼국의 복식에는 중국복식의 영향도 나타나는데, 특히 지배계층의 복식에서 많이 나타난다. 중국식 복식을 정식으로 처음 채택한 것은 7세기 중엽의 신라시대였으며, 특히 통일신라시대에는 개방적이고 국제적인 당나라의 영향으로 오늘날 신랑이 폐백 때 입는 사모관대의 원형이 되는 단령(團領) 및 숄처럼 생긴 표(裱) 등의 새로운 복식이 수용되었다. 또한 귀부인들 사이에도 당나라풍이 들어와 저고리 위에 치마를 가슴 위까지 올려 입고, 저고리 위에 소매없는 상의인 반비(半臂)를 걸치는 옷차림이 유행하였다[3].

고구려의 부흥자를 자처한 고려(918~1392)는 북방민족들과 끊임없는 투쟁을 하며 발전하였으나, 몽골족이 세운 원(元, 1271~1368)의 침략을 받아 고종 46년(1259)부터 약 80년간 자주성을 상실하게 되었다. 이러한 과정 속에서 상류계층의 복식은 중국복식의 영향과 여러 주변국과의 문화적 상호교류하에 발전되었다. 그러나 일반 서민의 복식은 전통적인 풍속을 그대로 반영하며 큰 변화 없이 유지되어 왔다.

그림 1. 유목민인 스키타이 인물상
그림 2. 고구려인의 복식

　　고려시대 귀부인들의 치마와 저고리 차림은 크게 두 가지로 나눌 수 있다. 하나는 통일신라기의 귀부인의 옷차림처럼 상의를 먼저 착용하고, 그 위에 치마를 입는 방법으로 이러한 예는 〈그림 3〉의 고려시대 둔마리 고분벽화의 여인상에서 볼 수 있다. 또 다른 하나는 한민족 고유의 차림새인 치마 위에 상의를 착용하는 방식으로 〈그림 4〉의 박익묘에 그려진 벽화에 잘 나타나 있다. 이것으로 보아 고려말에서 조선초에 걸쳐 통일신라시대의 착장방법인 저고리 위에 치마를 입는 양식이 치마 위에 저고리를 입는 양식과 혼재되어 사용되다가, 점차 조선조에 들어가면서 지금처럼 치마 위에 저고리를 입는 방법으로 통일된 것으로 보인다[4].

　　서울을 도읍으로 한 조선왕조(1392~1910)는 건국 초기부터 유교를 국시(國是)로 삼았으며 나라의 모든 생활과 문화는 유교적 도덕관과 우주관에 의해서 좌우되었다. 조선초기의 일반복식은 고려말의 양식이 지속되는 한편, 예복제도는 명의 영향을 받으면서 변천해왔다. 중·후기에는 중국에 만주족에 의한 청(淸)이 들어섰음에도 관복 및 일상복의 형태는 그대로 고수하면서 민족복식을 형성하고 정착시켜 나갔다.

　　조선초기 여자 저고리의 유물로는 안동 김씨의 수의(壽衣)[5]가 있는데, 저고리 길이가 58cm 정도로 오늘날의 남자 저고리처럼 매우 긴 형태이다. 이렇게 길이가 긴 저고리는 점차 짧아져서 18세기경에는 여성 한복미의 전형인 하후상박(下厚上薄)의 실루엣을 보였다(그림 5). 또한 남자옷은 갓을 비롯한 다양한 입모(笠帽)와 함께 철릭·답호·심의·창의·도포 등에서 두루마기에 이르는 다양한 포제(袍制)가 발달하여 전통복식의 복식형태가 성립되었다(그림 6). 이처럼 남성들이 다양한 종류의 포를 착용한 것에 비하여 사회적 활동과 외출이 금지되었던 여성들은 일반적으로 고유양식인 치마와 저고리를 가장 많이 착용하였다. 조선말의 예복으로는 혼례복으로도 사용된 원삼·활옷·당의가 대표적이다. 예복용 쓰개로는 화관과 족두리를 착용하였고, 외출시에는 장옷·쓰개치마·너울 등을 착용하였다.

개화기 이후 서구문물이 유입되면서 복식에서도 서서히 한복과 양복이 혼용되는 변화가 나타났다. 남자한복에는 기존에는 없던 조끼와 마고자가 새로 생겨났고, 다양한 포는 두루마기로 단일화되었으며 갓 대신에 서구적인 파나마모자·맥고모자⁶⁾ 등의 중절모자⁷⁾ 형태가 사용되었다. 그러나 기본적인 형태는 크게 변화하지 않고 유사한 양식을 유지하여 왔다. 다만 20세기 후반에 들어오면서 서양복의 영향으로 남자용 한복상의의 길이가 서양복식의 재킷처럼 길어지고, 좀더 간편한 형태의 생활한복이 등장한 정도의 변화가 있었을 뿐이었다.

반면 20세기에 들어와서 여성한복에는 많은 변화가 있었다. 개항 직전 여자용 한복 저고리는 매우 짧고 꼭 끼었으며 진동과 소매통도 좁았으나, 개항 이후 서구문물의 영향을 받아 저고리는 길어지고 치마는 짧아졌으며 겹겹이 입던 속옷도 겉옷의 변화에 맞추어 속바지와 속치마로 간단해졌다. 일부 신여성들 사이에는 종아리가 보일 정도로 짧은 통치마가 애용되기도 하였다.

1950년대 말에서 1960년대 초에는 여성한복을 실용적으로 변화시키기 위한 다양한 방안이 시도되었고, 단추나 브로치를 고름 대신에 사용하는 것이 유행하였다. 그러나 이른바 개량한복은 한복의 전통미가 상실되었다는 이유로 보편화되지 못하였으며, 1960년대 중반부터는 일상복으로는 양장을 입고 한복은 예복으로 착용하는 현상이 나타나기 시작했다.

그림 5. 조선시대(18세기) 여성의 모습
그림 6. 조선시대(18세기) 양반 남성의 모습

1970년대에는 실용성보다는 장식성을 추구하는 방향으로 한복이 변화하였다. 상체는 작고, 하체 둔부선을 강조한 항아리 형태의 실루엣에서 치마 밑부분이 부풀려진 삼각형 형태(A-line)로 바뀌었다. 저고리와 치마의 색을 달리하던 전통적인 배색방법보다는 저고리와 치마를 같은 색으로 사용하여 전체적으로 늘씬하게 보이도록 하는 배색이 유행하였으며, 금박·자수·날염을 사용하고 화려한 색채와 대담한 문양을 넣어서 예복으로서의 장식성을 강조한 한복이 유행하였다.

1980년 12월 1일부터 실시된 칼라 TV의 방영은 한복의 색채감각에도 영향을 주었으며, 86아시안 게임과 88올림픽 개최를 기점으로 전통에 대한 관심이 증가하면서 화려함보다는 단아하면서도 우아한 전통미를 찾으려는 경향이 강해졌다.

3. 전통복식의 종류 및 특징

한복은 상의와 하의가 분리된 이부제(二部制)의 복식으로 여자한복은 치마와 저고리, 남자한복은 바지와 저고리를 기본으로 구성된다. 저고리는 길·섶·소매·깃·동정·고름으로 구성되며 여자의 경우 끝동이 달리기도 한다. 저고리는 소재·모양·바느질 방법에 따라 여러 종류로 나뉘는데, 홑저고리·겹저고리·솜저고리·누비저고리는 소재의 두께와 바느질 방법에 따라 나눈 종류이고, 여자 저고리는 다른 색의 천으로 배색을 쓰는 방법에 따라 민저고리·반회장저고리·삼회장저고리로 나뉜다.

남자 바지가 평상복으로 착용되는 것과 다르게 여자의 바지는 치마의 받침옷으로 사용되었으며, 그 종류로는 바지·너른바지·고쟁이·단속곳 등이 있었으나 현재는 속옷의 종류가 속치마와 속바지로 생략되어 착용되지 않고 있다. 치마는 허리부분에 조밀한 주름을 잡아 풍성한 것이 특징으로 랩 스커트처럼 둘러 입는 것이 정식이나, 근래에는 입기 편하도록 조끼허리를 달고 통치마로 만들어 입는 경우도 있다.

1) 남자복식

(1) 일상복

① 저고리

남자 저고리는 여자 저고리의 모양과 비슷하고 명칭도 같다(그림 7). 길(몸판)·소매·겉섶·안섶·동정·깃·옷고름 등으로 구성되며, 긴 고름과 짧은 고름 두 가닥으로 앞가슴에서 맺어 왼쪽으로 고를 내어 착용한다. 여자 저고리보다 치수가 크고 직선적이다. 주로 단색으로 만들며 끝동과 곁마기가 없다. 남자 저고리는 여자 저고리의 길이가 짧아졌다 길어졌다 하는 것과는 달리 큰 변동 없이 조선말의 형태를 그대로 유지하고 있으나, 속적삼은 1920년대부터 셔츠로 대치되어 현재 착용되지 않고 있다.

② 바 지

바지는 남성들의 외의(外衣)로 삼국시대 이전부터 착용되었다. 저고리의 변천과 함께 바지의 형태도 북방 한대기후의 수렵·유목에 적합한 바지통이 좁은 궁고(窮袴)형태에서 점차 폭이 넓은 대구고(大口袴)로 바뀌었다. 남자 바지는 마루폭·큰사폭·작은사폭·허리로 구성되며, 여기에 허리띠와 대님을 매도록 되어 있다(그림 8). 바지는 주로 두 겹의 겹바지 형태로 만들어 입으나 여름용으로는 안감을 덧대지 않고 홑겹으로 만든 '고의(袴衣)'라는 것을 입었다. 특히 여름철 작업복으로 바지길이가 무릎까지 내려오게 지은 짧은 고의를 '잠방이'라 하는데, 잠방이는 주로 무명이나 삼베로 만든다.

③ 배자(褙子·背子)

저고리 위에 덧입는 조끼 모양의 옷으로 깃 모양은 원삼과 같이 양쪽이 같고 서로 마주 닿은 형태이다(그림 9). 옆선이 트여있어, 앞길 양 겨드랑이에 긴 끈을 달아 앞으로 매어 여민다.

④ 조 끼

갑오경장(1894) 이후에 양복이 들어오면서 등장한 것으로 양복의 도입으로 인해 배자 대신 입혀지기 시작한 것으로 보인다. 비록 양복의 영향을 받은 것이나 우리 고유의 옷과 조화가 잘 되게 변화된 것으로 오늘날 남자 한복의 기본적인 차림새 중의 하나로 자리잡고 있다.

그림 7. 남자 저고리의 세부 명칭
그림 8. 남자 바지의 세부 명칭

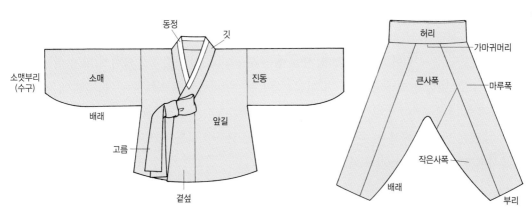

⑤ 마고자

저고리 위에 덧입는 옷으로 마괘자(馬掛子)라고도 한다. 일명 덧저고리라고도 불리며 저고리 위에 조끼를 입고 그 위에 덧입는다. 모양은 저고리와 비슷하나 깃과 동정이 없으며, 앞을 여미지 않고 두 자락을 맞대기만 하는데, 오른쪽 자락에는 단추를 달고 왼쪽 자락에는 고리를 달아 끼운다. 단추 대신 양쪽에 끈을 달아 잡아매기도 한다. 단추는 천도(天桃) 모양이 많으며 밀화[5] · 호박 · 금 · 은 등으로 만들어서 멋을 낸다.

⑥ 두루마기

두루마기는 양복에 있어서 외투와 같은 역할을 하지만, 양복의 외투와 달리 겨울뿐만 아니라 사계절 모두 입는다. 종류는 만드는 방법에 따라서 홑두루마기 · 겹두루마기 · 누비두루마기 · 솜두루마기 등이 있다. 아무리 더운 여름철이라도 저고리 · 바지차림으로만 외출하는 것은 격식에 어긋난다.

⑦ 버선 · 대님

버선은 오늘날의 양말과 같은 것으로 흰색의 무명이나 광목 등으로 만들어 발에 꿰어 신었으며 모양은 끝(버선코)이 뾰족하여 위로 치켜졌고, 들어가는 부분(버선목)에 비해 발목이 조금 좁게 되어 있다. 버선을 신을 때는 수눅(시접)이 바깥쪽을 향하게 하여 신는다. 만드는 방법에 따라 홑버선 · 겹버선 · 솜버선 · 누비버선 등으로 나뉘며, 그밖에 어린이용의 타래버선이 있다.

대님은 남자의 한복 바짓부리를 간편하게 하기 위하여 묶는 끈으로 바깥쪽에서 안쪽 복사뼈를 향하여 두 번 감아 매준다.

⑧ 고의 · 적삼

적삼은 주로 여름용 간이복으로 서민계급의 상의였다. 조끼처럼 호주머니를 덧붙인 편리한 옷으로 일반적으로 노동복이나 일상복으로 통용되었다. 고의는 적삼과 함께 입었던 홑겹으로 만든 여름용 바지로 일할 때 편하도록 만들어진 하의이다. 속고의는 내의에 속하는 것으로 팬티가 일반화되면서 점차 사라졌다.

(2) 의례복

① 혼례복

전통혼례식에서 신랑이 입는 혼례복을 '사모관대(紗帽冠帶)'라 부르며 이것은 사모 · 단령 · 흉배 · 각대 · 목화로 구성되는 관복(官服)의 일종인 상복(常服) 차림이었다. 엄격한 신분제 사회였던 조선시대에도 혼례시에 한해 신랑에게 이러한 사모관대의 착용이 허용되었다. 서구적인 혼례식이 일반적인 오늘날에도 폐백을 드릴 때는 전통적인 혼례복인 사모관대 차림을 한다.

• 사모(紗帽) : 앞쪽은 낮고 뒤가 높게 턱이 지고 모서리가 둥글게 처리된 예복용 모자이다. 뒤 중심에서 양옆으로 날개모양의 장식이 달려 있다. 조선시대 관리들의 상복(常服)에 착용하던 관모(冠帽)이나 혼례에서는 일반인에게도 착용이 허용되었던 것으로 오늘날까지 신랑이 예모로 착용한다.

• 단령(團領) : 한복의 고유의복 형태가 직선형태의 곧은 깃(직령: 直領)인 것에 반해 깃의 모양이 둥근 것에서 유래한 이름으로, 기록에 의하면 김춘추가 당나라에서 받아온 것이 처음이라고 한다. 조선시대에는 문무백관(文武百官)의 대표적인 관복이었다. 혼례에 사용된 것은 상복의 단령으로 가슴에는 흉배를 단다.

• 목화(木靴) : 원래 조선시대에 문무백관이 평상복에 신던 목이 긴 신발로, 겉은 흑색 우단으로 만들며 안은 흰색의 융을 대고 밑창은 가죽으로 만든다. 솔기에는 붉은색 선을 두른다.

그림 11. 전통혼례복 차림의 신랑신부

② 상례복

상례는 관혼상제(冠婚喪祭)의 의례 중에서 가장 엄숙하고 까다로운 것으로, 상례복은 상중(喪中)에 있는 상제나 복인(服人)이 입는 상복(喪服)과 죽은 자에게 입히는 수의(壽衣)로 구성된다.

• **수의(壽衣)** : 조선시대에는 집안어른이 환갑·진갑을 지나 연로해지면 윤달이 든 해에 집안식구들끼리 모여 미리 수의를 지어두는 풍속이 있었는데, 이것은 '윤달에 수의를 지어두면 오래 산다.'는 옛말이 있기 때문이었다. 수의를 지을 때는 바느질 도중에 실을 잇거나 그 끝을 옭아 매듭지지 않는데 이는 죽은 사람이 저승길을 가다가 길이 막히거나 넘어지지 않도록 하기 위해서라고 한다. 근래에는 생활양식이 서구화되고 간소화되면서 수의의 내용도 많이 간단해졌지만 아직까지도 전통양식을 따르고 있다.

남자의 수의는 속적삼·속고의·바지·저고리·두루마기(또는 도포)·행전 등으로 구성되고, 여성의 수의는 속적삼·저고리·속속곳·바지·단속곳·치마·원삼·민족두리 등으로 구성된다. 수의용 천은 주로 삼베를 사용하나 지방이나 가풍에 따라 비단이나 명주를 쓰기도 한다. 그러나, 합성섬유는 사용하지 않는다. 조선시대의 유물에서는 무명을 사용한 수의도 발견할 수 있으나, 오늘날에는 '시신이 썩을 때 까맣게 된다.'고 하여 무명도 꺼리는 편이다.

• **상복(喪服)** : 상중에 있는 상제나 친지들이 입는 옷으로 조선시대의 남자 상복은 굴건제복(屈巾祭服)이라고 하여 굴건·두건·최의·최상·수질·요질·교대·행전·상장·짚신 등으로 구성된다. 과거에는 죽은 사람과 상복을 입는 사람과의 관계에 따라서 입는 기간과 사용하는 옷감의 거칠기를 달리하였으며 만듦새도 조금씩 달리하여 입었다. 이것을 참최(斬衰)·재최(齊衰)·대공(大功)·소공(小功)·시마(緦麻)의 오복(五服)의 제도라고 한다. 그러나 근래에 와서 남자의 경우는 흰색 도포나 두루마기에 굴건을 쓰고 여자의 경우 흰색 치마저고리에 수질과 요질만을 두르는 정도로 간소화되었다. 때로는 더 간략하게 남자는 검은색 양복에 베로 만든 두건과 행전을 착용하고, 가슴에 나비모양의 상장을 달며, 여자는 흰색 저고리·치마를 입고 머리에는 흰색 리본을 단다. 집안에 따라서는 검은색 치마·저고리를 입기도 한다.

③ 제례복

제향(祭享)을 드릴 때 입는 옷차림으로 조선시대에는 도포에 흑립이나 유건을 착용하였다. 조선시대 여자들은 제사에 적극적으로 참여하지 못했기 때문에 여자의 제복으로 따로 정해진 것은 없었으나, 옥색(玉色) 한복을 많이 입었던 것으로 알려져 있다. 근래에는 남녀 모두 한복이 아니라도 정장이어야 하며 현란한 색상의 옷이나 장신구는 피하는 것이 좋다.

2) 여자복식

(1) 일상복

① 저고리

여자 저고리는 만드는 방법에 따라서 홑저고리 · 겹저고리 · 박이겹저고리 등이 있으며 여름용으로는 적삼 · 깨끼저고리, 겨울용에는 솜저고리 · 누비저고리 등이 있다. 모양에 따라서 민저고리 · 삼회장저고리 · 반회장저고리 · 색동저고리 등으로 나누기도 한다. 남자 저고리는 저고리 위에 두루마기를 입어 저고리가 속옷의 역할을 하지만, 여자는 저고리 차림 그대로가 겉옷이 될 수 있어서 남자 저고리보다 색상과 직물의 사용이 다양한 것이 특징이다. 젊은 여성은 결혼하기 전에는 황의홍상(黃衣紅裳)이라 하여 노랑저고리에 다홍치마를 입었고, 결혼 후에 시부모님을 뵐 때는 녹의홍상(綠衣紅裳)이라 하여 녹색저고리와 붉은 치마를 입었다. 이러한 전통은 오늘날까지 전래되어 녹의홍상은 새 신부의 한복차림으로 많이 착용된다.

오늘날의 약혼식에는 분홍색 한복을 많이 착용하며, 그 외에는 다양한 색상의 옷감에 금박 · 자수 · 그림 등의 방법을 이용하여 장식한다. 흰색은 몇 년 전까지만 해도 노인들이 평상복으로도 사용하였으나, 현재는 거의 상복으로만 사용되고 있다.

■ 여자 저고리의 종류

• **회장저고리** : 회장저고리는 깃 · 끝동 · 고름 등에 서로 다른 색 천을 댄 저고리이

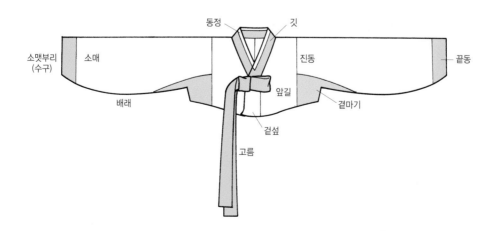

그림 12. 여자 삼회장 저고리의 세부 명칭

다. 회장저고리 중에서 곁마기가 있는 것을 삼회장저고리, 곁마기가 없는 저고리를 반회장저고리라 하는데, 남색 끝동에 자주색 고름을 다는 경우도 있고, 끝동·고름을 자줏빛 일색으로 하는 경우도 있다. 장식이 없는 보통 저고리는 민저고리라고 한다.

• **겹저고리와 박이겹저고리** : 겹저고리는 시접을 균일하게 잘라내지 않고 바느질을 하여 시접에 여유분이 많아서 바느질 선을 뜯어내어 다시 마를 수 있다는 것이 특징이다. 박이겹저고리는 시접을 1cm씩만 남기고 박음질하여 만든 겹저고리로 다시 짓지 않도록 바느질한 형태이다.

• **적삼과 깨끼저고리** : 적삼은 홑으로 만들어 여름 또는 늦은 봄이나 초가을에 입는 저고리 모양의 웃옷을 말하며, 솔기를 가늘고 깨끗하게 처리하여 통째로 빨아 입을 수 있다. 어깨와 겨드랑이에 등바대와 곁바대를 덧붙여 튼튼하게 보강해주기도 한다.

깨끼저고리는 얇고 고운 옷감을 두 겹으로 겹쳐 곱솔로 바느질한 저고리로서 솔기가 가늘고 깨끗하며 시원해 보여 여름용 외출복이나 예복으로 착용되었으나, 요즘은 난방 시설의 발달로 인해 계절에 관계없이 많이 착용된다.

② 치 마

치마는 저고리의 아래에 입는 여성의 하의로 형태는 치마의 몸체와 허리띠, 끈으로 간단하게 구성되어 있다. 치마의 폭은 평면의 천을 이용하여 그대로 쓰지만 윗부분에는 주름을 넣는다. 입을 때는 앞에서 둘러 입고 뒤에서 한 쪽으로 여며지게 하여 끈으로 묶는다. 만드는 방법에 따라 홑치마·겹치마·누비치마가 있으며, 모양에 따라 뒤를 여미고 입는 풀치마와 뒤가 막힌 통치마가 있다. 예복용 치마에는 치마 밑단에 금박이나 직금(織金)의 장식을 다는데 이것을 스란치마라고 하며 스란단을 이층으로 달아 준 예복치마는 대란치마라고 한다.

③ 배 자

그림 13. 여성용 배자

저고리 위에 덧입는 짧은 조끼 모양의 옷이다(그림 13). 속에 토끼·너구리·양 등의 털을 넣은 것은 가장자리 부분에 털이 조금씩 드러난다. 조선시대 중·북부지방에서 널리 입던 것으로 지금은 방한용보다 장식을 목적으로 입으며, 옷감은 비교적 화려한 비단을 사용한다.

④ 마고자

실내에서 방한용으로 입는 덧저고리로써 요즘은 외출용으로 쌀쌀한 늦봄과 이른 가을에 입는다. 형태는 저고리와 같으나 깃과 섶·고름이 없다.

⑤ 속옷류

한복용으로 오늘날과 같은 속치마를 입기 시작한 것은 개화기 이후이다. 그 전에는 속속곳·바지·단속곳 등, 바지처럼 생긴 풍성한 속옷을 치마 밑에 입어 속치마를 대신하였다. 오늘날은 품이 넉넉하며 어깨끈이 달린 통치마형태의 속치마를 많이 입는다. 그 외에도 예복용으로 치마를 풍성하게 보이기 위하여 대슘치마·무지기치마 등을 받쳐입기도 하였으나, 오늘날은 서양의 페티코트형의 속치마로 대치되어 더 이상 착용되지 않는다.

(2) 의례복

① 혼례복

• **밑받침 옷** : 조선시대 신부의 옷차림새는 위에는 저고리 삼작이라 하여 속적삼·속저고리·겉저고리 세 벌을 겹쳐 입는 것이었다. 속적삼은 주로 분홍색으로 만들며, 나쁜 일은 모두 빠져나가고 시원하고 좋은 일만 있으라는 의미가 있어서 겨울에도 모시로 만들어 입었다. 겉저고리는 노란색 삼회장저고리나 초록색 삼회장저고리를 입는다. 또한 따뜻한 시집살이를 하라고 솜을 두르는데 여름에 혼인하더라도 솜을 두되, 동정 밑으로 깃고대에만 솜을 약간 넣었다고 한다. 이처럼 깃고대에 솜을 두는 것은 시집살이가 고되니 모든 것을 덮어주며 잘 살라는 뜻과 솜처럼 살림살이가 잘 일어나라는 뜻도 있었다고 한다. 하의로는 남색 스란치마 위에 다홍색 스란치마를 겹쳐 입었는데, 이때는 남색 치마가 살짝 보이도록 다홍색 치마의 앞을 약간 올려 입는다.

• **원삼(圓衫)** : 조선시대 여자의 대례복(大禮服)으로, 신분에 따라 색과 문양을 달리하여 황후는 황원삼(黃圓衫), 왕비는 홍원삼(紅圓衫), 빈궁은 자적원삼(紫赤圓衫)을 입었고, 공주·옹주나 양반가의 부녀자들은 녹원삼(綠圓衫)을 입었다. 원삼은 치마·저고리를 차려입은 위에 덧입으며 소매 끝에는 색동과 한삼이 달려있다(그림 14). 허리에는 대대(大帶)를 두르는데, 2m 남짓으로 등뒤에서 매고 나머지를 보기 좋게 드리웠다. 홍색의 대대에도 황후의 황원삼에는 용무늬, 비빈의 홍원삼과 자적원삼에는 봉황무늬, 초록원삼에는 꽃무늬를 금으로 짜 넣거나 금박을 하였는데 이것은 왕실에서만 할 수 있었다. 녹원삼은 활옷과 함께 서민층의 신부 혼례복으로도 허용되었다.

그림 14. 녹원삼
그림 15. 활옷 차림의
신부

• **활옷**(華衣) : 조선시대 여자 예복의 하나로 공주·옹주의 대례복으로써 원삼과 함께 일반인의 혼례복으로 허용되었다. 오늘날에는 원삼과 함께 신부의 폐백복으로 착용된다. 겉은 다홍색의 비단을 쓰고 안은 파란색으로 만들며 바탕에는 장수와 길복, 부부간의 화합 및 자손의 번창을 상징하는 의미로 바위·물결·불로초, 어미봉황과 새끼봉황, 나비·연꽃·모란꽃·동자(童子) 등의 문양과 이성지합(二姓之合)·만복지원(萬福之源)·수여산(壽如山)·수여해(壽如海) 등의 길상문자(吉祥文子)를 수놓는다. 소매끝에는 한삼을 달며, 붉은색 대대를 허리에 두른다. 머리에는 용잠(龍簪)을 꽂고 큰댕기와 앞댕기를 드리우며, 칠보화관(七寶花冠)을 머리에 쓴다(그림 15).

② 소례복 : 당의

조선시대 여성의 간이예복으로 저고리 위에 덧입었으나 궁중에서는 평상복으로 입었다. 형태는 앞뒤 길이가 저고리 길이의 약 세 배(80㎝ 정도)이며 겨드랑이 아래에서부터 양옆이 트이고 아래 도련은 아름다운 곡선을 이룬다. 보통 겉감은 초록색이나 연두색으로 하고 안감은 다홍색을 사용하며, 자주색 고름을 달고 소매끝에는 흰색 거들지를 단다(그림 16).

(3) 쓰개와 장신구

① 쓰개류

• **조바위** : 여성 방한모의 하나로 겉은 검은색 비단, 안은 남색 비단이나 무명을 대어 겹으로 만든다(그림 17). 윗부분은 트여있고 뺨이 닿는 부분은 동그랗게 얼굴과 귀를

아시아 전통복식

그림 16. 초록 당의

완전히 감싸며 길이는 뒤통수를 가릴 정도이다. 뒤는 쪽진 머리가 나올 수 있게 둥글게 파준다. 부귀다남(富貴多男)·수복강녕(壽福康寧) 등의 문자와 꽃무늬 금박을 가장자리에 두르며, 산호구슬을 드리워 장식하고 그 끝에 오색 술과 비취·옥을 단다. 근래에는 여자아이 돌복으로 금박을 박은 조바위를 착용하는 경우가 많다.

• 아 얌 : 겨울에 부녀자들이 나들이할 때 추위를 막으려고 머리에 쓰는 방한용 모자로 머리 윗부분은 둥글게 트여있고, 귀는 내놓고 이마만 덮는 형태이다(그림 18). 겉은 검은색 비단으로 만들며 이마부분의 가장자리에는 모피를 둘러주기도 한다. 뒤에는 검은색이나 자주색의 비단 천으로 댕기처럼 드림을 늘어뜨리고 앞에는 술 장식을 달아준다. 댕기와 비슷한 형태의 아얌드림에는 밀화로 만든 매미나 석웅황을 군데군데 달아 장식하고, 앞 이마와 뒤에는 자주색 또는 검은색 구슬이나 산호구슬을 꿰어 만든 줄과 술 장식을 드리운다.

그림 17. 조바위
그림 18. 아얌

그림 19. 여성용 관모

각족두리   솜족두리   화관

• **족두리** : 의식 때 부인들이 머리에 쓰는 것으로 아래는 둥근 원통형이고 위는 비교적 평평한 편으로 검은 비단 여섯 조각을 이어 만들며 안에는 솜을 채워 넣는다. 장식을 하지 않기도 하고 칠보·옥·밀화로 장식하여 사용하기도 한다.

• **화관(花冠)** : 부녀자의 예장용 관(冠)으로 관모(冠帽)라기보다는 머리장식 측면이 강하다. 대궐에서는 의식이나 경사가 있을 때, 양반집에서는 혼례 때나 경사 때에 대례복(大禮服) 또는 소례복(小禮服)에 착용하였다. 나비를 달고 오색구슬과 칠보 등으로 꽃모양을 만들어 화려하게 꾸민다.

② 장신구

• **비 녀** : 부녀자들의 쪽을 고정시키는 것이 주목적이면서 장식의 구실도 겸한 것으로 대개 한쪽이 뭉툭하여 끝이 빠지지 않도록 되어 있다. 재료와 형태에 따라 명칭·용도 등이 달랐다. 조선시대에는 존비귀천(尊卑貴賤)의 차별이 심하여 금은·주옥으로 만들어진 비녀는 상류계급에서나 사용할 수 있었으며, 서민층 부녀들은 나무·각(角)·골(骨) 등으로 된 비녀만을 사용하였다.

예장용의 큰비녀는 대체로 봉잠(鳳簪)을 사용하였으나 때로는 용잠(龍簪)이나 원앙잠 등을 사용하기도 하였다. 용잠·봉잠은 왕비나 세자빈이 예장할 때 사용하던 비녀였으나 일반 부녀자들도 혼례시에는 사용할 수 있었다.

• **노리개** : 여성은 몸치장으로 저고리의 고름이나 치마허리에 패물로 노리개를 달았다. 노리개의 구성은 노리개를 고름에 걸어주는 띠돈(帶金), 띠돈과 패물·술을 연결해 주는 끈목(多繪), 패물·매듭·술로 구성된다. 구성상 분류에 따르면 패물이 세 개 달린 삼작(三作) 노리개와 패물이 한 개 달린 단작(單作) 노리개 등이 있다. 대(大) 삼작노리개는 가장 호화롭고 큰 것으로 궁중이나 반가의 의례에 사용하였다. 비교적 크기가 크고

화려한 노리개는 명절이나 경사에, 단작이나 크기가 작은 것은 평상시에 찼다. 아기삼작 노리개는 젊은 부녀자나 어린이들이 사용하였다. 주로 평상시에 찬 단작노리개는 삼작 노리개 중의 한 개를 따로 달거나, 처음부터 하나만으로 만들었다.

• **뒤꽂이** : 쪽머리 뒤에 덧꽂는 장식품으로 끝이 뾰족하고 다른 한 끝에는 여러 가지 형태의 장식이 딸려 있어 뾰족한 곳을 쪽에 꽂아 장식한다. 일반에서 사용한 뒤꽂이는 과판이라 하여 국화모양의 장식이 달린 것, 연봉이라 하여 막 피어오르는 연꽃봉오리를 본떠 만든 장식이 달린 것을 썼다. 이 밖에도 꽃과 나비, 매화 · 나비 · 천도(天桃) · 봉황 등의 모양도 사용했으며, 산호 · 비취 · 칠보 · 진주 등으로 꾸몄다. 귀이개 · 빗치개[9]처럼 실용적인 것을 뒤꽂이로 사용하기도 하였다.

• **댕 기** : 머리를 장식하기 위하여 사용한 자주색, 검은색의 헝겊을 총칭하는 것으로 좁은 뜻으로는 미혼자의 땋은 머리끝에 드린 헝겊을 가리킨다.

큰댕기는 신부가 예장할 때 사용하고 도투락댕기라고도 한다. 짙은 자주색 비단이나 사(紗)로 만들어 뒤에 길게 늘이기 때문에 뒷댕기 · 주렴(朱簾) 이라고도 한다. 10cm 정도 너비의 긴 천을 반으로 접어 두 갈 래지게 하고 이를 마주 이은 것으로 윗부분은 삼각형 모양이 된다. 길이는 치마 길이보다 약간 짧다. 전체에 금박을 박아 화려한 것이 많으며, 위에는 석웅황(石雄黃)[10]과 옥판을 달고 밑에는 석웅황이나 밀화(蜜花) 등으로 만든 매미를 달아 두 가 닥의 댕기를 연결하기도 한다.

앞댕기는 드림댕기라고도 하며 혼례 때, 큰댕기와 짝을 이 루어 양쪽 어깨 위에서 앞으로 늘이는 댕기로써 양끝에는 구 슬이나 진주를 여러 줄 달아 장식하기도 한다. 큰비녀의 양쪽 에 적당한 길이로 감아 양어깨 위에 드리운다.

그림 20. 앞댕기와 큰댕기

포 · 마괘 차림의 중국 남성

머리에는 조관*Chaoguan*을 쓰고, 포*Pao*와 마괘 *Magua*를 입고 있다. 조관은 계절에 따라 겨울용과 여름용으로 구분되었는데, 겨울용은 챙이 위로 꺽인 원형이고 여름용은 원뿔형이다. 발에는 신목이 긴 화(靴)를 신고 있다.

오·군 차림의 중국 한족 여성

한족 여자복식의 대표적인 형식인 오*Ao*와 군*Qun*을 입고 있다. 이와 같은 이부제 형식은 만주족 여자의 치파오*Qipao*와 구별되는 가장 큰 특징이다. 발은 전족을 하고, 자수로 장식한 전족 신발을 신고 있다.

중국
People's Republic of China

위치 __ 아시아 동부

총면적 __ 960만㎢

수도 및 정치체제 __ 베이징(北京), 공화제

인구 __ 12억 8,421만명(2002년, 세계 인구의 약 22%)

민족구성 __ 한족(漢族, 92%), 55개 소수민족

언어 __ 중국어

기후 __ 지역이 광대하여 습윤기후 · 반건조기후 · 건조기후 등 다양한 특성이 나타남

종교 __ 도교, 불교, 이슬람교(2~3%), 기독교(1%)

지형 __ 전체 면적의 2/3가 고원이나 산악지대로 구성됨

1. 역사와 문화적 배경

중국은 오랜 역사와 거대한 영토를 가지고 있는 나라로, 문화 역시 다양하고 화려하게 나타난다. '중화(中華)'라는 명칭은 3,000년 전 서주(西周)시대부터 사용되었는데, '中'은 중심, '華'는 문화라는 뜻으로, 세계의 중심 또는 문화의 중심이라는 의미가 있다. 국명에서도 알 수 있듯이, 중국인들은 문화민족이라는 자부심이 강하고 대범한 경향이 있으며, 인간관계와 신용을 중시한다.

그림 21. 한대 심의형 포
그림 22. 바지차림의 진시황 병마용

중국의 전설에 의하면, 중국은 삼황오제(三皇五帝)[11]의 평화시대를 거쳐, 하(夏)[12] · 은(殷) · 주(周) 3대(三代)가 성립되었다고 한다. 그 후 혼란기인 춘추전국시대(春秋戰國時代, 기원전 8~3세기)[13]가 나타나는데, 복식면에서는 웃옷과 치마가 연결된 형태인 심의Shenyi(深衣)와 바지와 소매통이 좁은 상의를 입는 호복 양식이 있었다.

진시황(秦始皇)에 의해 건국된 진(秦, 기원전 221~206)은 중국역사상 처음으로 통일을 이룩한 국가로서, 진(Chin)의 이름이 서쪽에 알려져서 'China' 라는 영문 명칭의 기원이 되었다고 한다.

그 다음의 통일왕조인 한(漢, 기원전 206~기원후 220)시대에는 서방교통이 활발해지면서 중국문화가 더욱 다양해졌다. 무제(武帝, 기원전 141~87)시대에 한제국은 대외적으로 크게 영토를 확대하였는데 동방으로는 한반도에까지 진출하여 한사군(漢四郡)을 설치하고, 남방으로는 안남에까지 미쳤으며, 서방으로 장건(張騫)의 원정을 계기로 서역(西域) 제국을 복속시키고, 중국과 서방과의 교통로인 '실크로드'를 개척하였다.

그 후 〈삼국지연의(三國志演義)〉의 시대적 배경으로 유명한 삼국시대와 육조(六朝), 오호십육국(五胡十六國) 시대가 나타났다. 이 시기에는 춘추전국시대 이후, 한족과 호족의 문화가 다시 한 번 대융합을 하면서 복식도 서로 혼용되었다. 육조의 복식은 대체로 한대의 양식을 따랐으며, 가볍고 간편한 북조민족들의 기마복(騎馬服)을 남조에서도 많이 착용하였다. 이 시기의 여자복식은 〈여사잠도(女史箴圖)〉로 유명한 고개지(顧愷之)의 회화에서 많이 나타나는데, 남녀 모두 바닥이 땅에 길게 끌리는 소매통이 넓고 여유 있는 긴 포를 입고 있다(그림 23).

수(隋, 589~618)나라를 거쳐 건국된 당(唐, 618~907)은 한족 왕조였지만 북방민족이 오랫동안 지배하였던 지역에 수도가 있었고,

그림 23. 육조시대 긴 포를 입은 남녀
그림 24. 당대 반비를 입은 여성
그림 25. 당대 남장을 한 여성

그림 26. 송대 남성의
모습
그림 27. 송대 여성의
모습

서역과의 교류가 활발하였으므로 호족문화(胡族文化)가 많이 반영되었다. 귀족적인 취향과 외형미를 중시하였던 당은 당시 동아문화권(東亞文化圈)의 중심지였다. 국제적으로 문화를 교류하여 여러 민족이 융합함에 따라, 여러 지역과 민족의 복식이 서로 영향을 받아 새로운 형태의 복식과 착용방법이 생겨난 시기이기도 하였다. 직물에서도 사산조 페르시아의 영향으로, 원형의 연주문(連珠紋)[14]이나 당초문(唐草紋)[15] 안에 동물문양을 배치한 것, 대칭형태의 나무문·동물문 등이 많이 나타난다. 측천무후(則天武后)는 문관은 날짐승을, 무관은 길짐승을 수놓아 계급을 구분하도록 하였는데, 이것이 흉배의 기원이 되었다. 여자복식에서는 조끼형태의 반비Banbi(半臂)와 숄처럼 두르는 피백Pibo(披帛)이 크게 유행하고(그림 24) 남장을 하는 풍습도 있었다(그림 25). 정수리나 보조개에 꽃무늬 점을 찍는 등의 독특한 화장(化粧)도 유행하였다[16].

오대십국(五代十國)[17]의 혼란기를 거쳐서 건국된 송(宋, 960~1279)은 국책 기조를 재정에 두고 중앙집권 정치를 실시하였다. 지주·관료를 기반층으로 하는 내성적·서민적 문화였으며, 복식도 이국적이고 화려하였던 당과는 달리, 옛날부터 전해오는 중국 고유의 의관(衣冠)이 존중되었다. 여자의 복식은 좁고 긴 웃옷에 치마와 배자를 입는 것이 일반적이었다(그림 27).

송나라의 북쪽인 화북(華北) 지방의 요(遼, 916~1125)·금(金, 1115~1234)·원(元, 1279~1368)은 호족 출신이므로 호복을 착용하였으나, 황제와 귀족들은 한족복식도 병용하였다. 다채롭고 두꺼운 직물이 발달하여, 납석실Nadanshi(納石失)이라는 금사로 무늬를 짠 화려한 직물이 유명하였다. 원(元)의 귀부인들은 고고관(姑姑冠)을 착용하였으며, 깃이 직선이고 앞자락을 왼쪽으로 여며입는 직령의 단삼(單衫)과 꽃을 수놓은 치마를 입었다. 허리에는 붉은색이나 노란색 띠를 맸다.

한족(漢族)이 세운 명(明, 1368~1644)은 한족의 예(禮)를 회복하기 위하여, 당(唐)의 복식을 따르는 것을 원칙으로 하였다. 자색(紫色)·감색(紺色) 등이 주류였던 원대와는 달리 다양한 색상을 사용하였으며 용과 모란(牡丹) 등의 꽃무늬를 많이 사용하였다. 여성은 상의하상(上衣下裳) 형식의 복식을 착용하였는데, 긴 주름치마인 군Qun(裙)을 예복용으로 착용하였다. 명 후기에서 청 초기에는 치마가 다양해지면서, 조밀하게 주름을 잡은 백습군(百褶裙)이나 스물 네 개의 주름을 잡아 준 치마 등이 유행하였다. 상의와 치마 위에는 소매가 없는 배자 형태인 비갑Bijia(比甲)을 입었다. 비갑은 원대에도 있었으나 명 중기에 크게 유행하였으며, 청대의 마갑Majia(馬甲)에 비하여 길이가 길다(그림 29).

청(淸, 1644~1911)은 만주의 여진족이 세운 왕조로서 복식에 있어 '남자는 청의 제도를 따르되, 여자는 따르지 않아도 좋다.' 는 방침을 실행하였다. 따라서 남자는 만주족 복식을 착용하도록 강력하게 지시하였으나, 한족여자들은 계속 한족복식을 착용할 수 있었다. 복식의 형태는 한족의 포Pao(袍)와 만주족의 괘Gua(掛)가 기본이 되었다. 포는 명대에 비하여 품이 줄었고, 옷깃을 여밀 때 띠 대신에 단추를 사용하였다. 소매는 말발굽과 비슷한 형태인 마제수(馬蹄袖)가 많았다. 이것은 수렵생활에 편리한 방한용이었던 것으로 보이지만, 청대에는 예의를 갖출 때 손을 가리는 용도로 사용하였다.

아편전쟁(1840) 후에는 서양문화의 영향으로 양복을 입는 경우가 늘어났으며, 전통복식도 양복의 영향으로 보다 몸에 밀착하는 형태가 되었다. 남자들은 변발을 자르고 서

그림 28. 명대 여성의 복식
그림 29. 명대 비갑을 입은 여성

그림 30. 청황제의 사냥하는 모습

구적인 머리모양을 하기 시작하였으며, 20세기 초에는 여성들의 전족풍습도 전면적으로 금지되었다. 이와 같은 양복으로의 변화는 모자나 가방 등의 작은 장신구부터 시작하였으며, 몸에 걸치는 옷은 가장 나중에 변화하는 양상을 보였다. 남자들은 장삼 Changsan(長衫) 또는 장포Changpao(長袍)·마괘Magua(馬掛)에 중절모를 썼고, 여자들은 오Ao(襖)·군Qun(裙)에 서양식 털외투·손가방·하이힐 등을 착용하기도 하였다. 1920년대에 홍콩에서는 전통적인 결혼예복에 서양식 베일을 쓰는 신부(新婦)도 있었다[18].

러일전쟁 후인 1912년에는 신해혁명(辛亥革命)이 성공하면서, 공화제인 중화민국(中華民國, 1911~1949)이 건국되고, 손문(孫文)이 임시대통령으로 취임하였다. 그러나 손문 사후에 국민정부와 공산당이 대립하면서, 국민정부가 패하여 타이완으로 물러가고 공산당은 1949년 중화인민공화국을 세웠다. 중화인민공화국은 1978년에 개혁·개방노선을 채택하면서, '중국적 특색을 지닌 사회주의' 라는 원칙하에 급격한 변화가 진행되었다. 현재는 세계시장에서 놀라운 경제성장을 기록하고 있으며 패션도 세계의 흐름과 같이 하고 있다.

2. 복식문화와 문양의 상징성

중국은 한족이 대다수를 차지하지만, 몽골족과 만주족의 왕조가 건국되었듯이 호족들의 복식문화가 함께 반영되어 있다. 이민족들이 왕조를 세울 경우, 초기에는 지배민족의 복식문화를 엄격하게 강요하는 경향이 있어왔지만, 시간이 흐르면서 점차 한족과 호족의 복식문화가 자연스럽게 융화되는 현상을 보였다.

한족은 위·아래가 연결된 커다란 포(袍) 형태의 심의(深衣) 양식을, 호족은 소매가 좁은 상의와 바지로 구성된 고습(袴褶, 바지·저고리) 양식을 특징[19]으로 하지만, 서로 영향을 주고받으면서 이러한 복식양식은 두 부류의 민족 모두에서 나타난다. 따라서 명이 한족문화의 부흥을 강조하였지만 원의 복식문화는 여전히 남아 있었고, 현재의 중국 전통복식에는 청의 복식문화가 큰 영향력을 가지고 있다[20]. 이와 같은 외부의 영향은 계속되어서, 현재 전통복식으로 인식되는 치파오*Qipao*(旗袍)도 20세기 초에 만주족·한족·서양의 영향이 결합된 형태의 하나였다. 손문이 국민복으로 제안하였던 중산복 *Zhongshanfu*(中山服)도 일본 교복과 독일 군복, 서양 정장이 반영되었던 형태였다[21].

1) 색 상

색상은 명대부터 음양오행설에 따른 오방색(五方色)을 기본으로 한다. 노란색(黃色)은 중앙과 땅을 의미하며, 황제와 황후만이 사용할 수 있었다. 파란색(靑色)은 동쪽과 봄을 의미하며, 만주족들이 선호하였기 때문에 청대 유물에 많이 보이는 색이다. 붉은색(赤色)은 남쪽과 여름을 의미하며, 한족들이 행운의 색으로 생각하기 때문에 결혼예복이나 경사(慶事)의 예복에 많이 사용한다. 흰색(白色)은 서쪽과 가을을 의미하며, 죽음과 연관되기 때문에 옷에는 많이 사용하지 않는다. 검은색(黑色)은 북쪽과 겨울을 의미한다[22].

2) 문 양

중국복식에는 동물문·식물문·기하문 등으로 화려하게 자수장식을 하는 경우가 많으며, 각각의 문양에는 벽사(辟邪)·장수(長壽)·복(福)·부(富) 등의 의미가 있다. 특히, 발음이 같은 단어와 연관되는 경우가 많다.

• **용** : 만물조화의 능력이 있는 영물로 벽사(辟邪)와 권위, 남자의 정력과 다산(多産), 황제 등을 상징한다. 신랑의 결혼예복에 많이 나타난다.

• **봉황** : 품위와 태평성대, 황후 등을 상징한다. 신부의 결혼예복에 많이 나타난다.

• **박쥐** : 박쥐(蝠)와 부(富)의 발음이 같은 것에서 부를 상징한다. 특히 다섯 마리가 함께 있는 것은 '장수·건강·부·덕·천수'의 오복을 상징한다.

• **나비** : 행복과 즐거움을 상징하며, 나비(蝶)와 80세를 뜻하는 질(耋)의 중국식 발음이 같은 것에서 장수를 의미하기도 한다.

표 1 팔보문의 종류와 상징

법륜(法輪): 부처의 설법, 삶, 진실

법라(法螺): 부처의 목소리, 승리

보산(寶傘): 숭고, 자비

백개(白蓋): 승리, 충성

연화(蓮花): 깨끗함, 열반

보병(寶瓶): 소망의 보고(寶庫), 극락의 영약(靈藥)

금어(金漁): 음양의 조화, 행복, 결혼

반장(盤長): 부처의 생애, 행복, 장수

진주: 행운, 여성미

능형(菱形): 대자연의 승리

경(磬): 행복

서각(犀角): 건강, 행복

동전: 부, 벽사

거울: 부부간의 행복, 벽사(辟邪)

책: 지혜, 상서(祥瑞)

쑥잎: 행복, 농촌의 부와 길상

팔보문 1

팔보문 2

아시아 전통복식

• 물고기 : 물고기(魚)와 넉넉함(餘)의 음이 같은 것에서 풍유를 의미한다. 또한 다산성(多産性)에서 부활을, 자연과 조화를 이루며 살아가는 모습에서 행복을 의미한다. 잉어는 용이 승천하기 전에 잉어가 된다는 설화에서 합격을 의미하기도 한다.

• 연꽃 : 늪이나 연못에서 자라지만 진흙에 물들지 않는 것에서 순수 · 청빈 · 기품 · 정화 등을 의미하며, 연꽃 씨앗의 생명력이 강한 것에서 생명 창조와 번영을 상징한다. 또한 대부분의 식물들이 꽃을 피운 뒤 열매를 맺는 것과는 달리, 연꽃은 꽃과 열매가 함께 생기고, 연꽃(蓮)과 연이어짐(連)의 발음이 같은 것에서 연이어서 자손을 얻는다는 의미도 있다.

• 불수감(佛手柑) : 불수감은 감귤류에 속하는 과일로 남부 광동지방에서 많이 자란다. 부처의 손과 모양이 닮았다고 하여 불수감이라고 부르며, 불수감의 불(佛)이 복(福)과 발음이 같은 것에서 행복을 의미하기도 한다.

• 모란 : 당대(唐代) 측천무후 때부터 번영 · 행복의 의미로 크게 유행하였고, 송대부터는 부귀의 의미도 포함하였다. 여자복식에 다양한 도안으로 많이 나타난다[23].

• 수파(水波) : 물결(潮)이 조정(朝廷)의 조(朝)와 발음이 같은 것에서 조정을 상징한다. 따라서 흉배나 관복 등에 사선 · 물거품 · 물방울의 삼단 형태로 많이 나타난다.

• 팔보(八寶) : 불교에서 8가지 상서로운 물건을 특히 팔보 또는 팔길상이라고 하며, 법륜 · 법라 · 보산 · 백개 · 연화 · 보병 · 금어 · 반장을 말한다. 또한 불교에서 말하는 것 외에 진주 · 능형 · 경 · 서각 · 동전 · 거울 · 책 · 쑥잎 등을 팔보 또는 칠보라고 말하기도 한다. 종류는 약간씩 다르게 나타나며, 주변에 끈을 두른 형태로 표현하는 경우가 많다(표 1).

3. 전통복식의 종류 및 특징

1) 남자복식

평상복으로 남자들은 소모*Xiaomao*(小帽)를 쓰고, 오*Ao*(襖) · 마갑*Majia*(馬甲) · 삼*Shan*(衫) · 장포*Changpao*(長袍)[24] · 마괘*Magua*(馬褂) · 고*Ku*(袴)를 착용한다. 옷에는 주머니가 없으므로 주머니 · 부채집 · 안경집 · 담배쌈지 등을 허리에 찬다. 현대 남자의 결혼예복은 청대(清代)의 관복에 기원을 두며, 과거합격의 의미로 긴 붉은색 천을 피백

그림 31. 소모 · 마괘 ·
포 차림

처럼 허리에서 어깨로 늘어뜨리기도 한다.

(1) 개체변발

개체변발(開剃辮髮)은 정수리부분의 머리카락만을 남겨서 땋아 늘어뜨리는 것으로, 만주문화권의 독특한 문화양식이다. 한족은 머리카락을 길러서 잡아 묶는 속발(束髮)이었으나, 청대에는 모든 남자들이 왕조에 대한 순응의 의미로 개체변발을 하였다.

청왕조는 한족의 전통문화를 존중하였고, 그 일례로 황제의 권위를 나타내는 12장문과 계급표시 등에는 명대의 복식이 많이 반영되었다. 그러나 개체변발은 강경하게 시행되었으며, 청대에는 처벌의 하나에 변발을 자르는 것이 있을 만큼 중요한 의미를 갖는 부분이었다.

(2) 관모류

청대의 남자 관모는 예장용과 일상용으로 나누어진다. 예장용은 조관*Chaoguan*(朝冠)이라고 하며, 겨울용과 여름용이 있다(그림 32).

겨울용 조관은 챙이 위로 꺾인 원형이며, 검은색 모직물로 만들고, 담비털 · 여우털로 가장자리에 장식을 한다. 정수리에서 윗부분을 전체적으로 덮을 정도로 붉은색 꼰실

그림 32. 조관
그림 33. 소모

겨울용   여름용

을 내려뜨리며, 높은 계급은 영관(領管)과 공작깃털로 장식을 할 수 있었다. 영관은 길이 5cm 정도의 대롱이며, 재료는 백옥·비취 등을 사용하였다. 공작깃털은 원형무늬가 더 많은 것이 고급품이었다[25]. 정수리의 보석은 계급에 따라서 루비·사파이어·수정 등으로 구분하였다.

여름용은 윗뿔형이며, 댓가지·볏짚 등으로 형태를 만들고 안에는 능라(綾羅)를 대었다. 가장자리는 견직물로 마감처리를 하며, 겨울용과 마찬가지로 정수리에서 붉은색 꼰실을 내려뜨리며, 계급에 따라서 정수리에 보석을 장식하였다.

일상용으로는 소모(小帽)를 많이 착용하였다. 형태·구성방법에 따라 이름을 붙여서 과피모Guapimao(瓜皮帽)·육합모(六合帽)라고도 하며, 머리에 딱 맞는 형태인 둥근 모자로 검은색을 많이 사용하였다. 정수리는 붉은색 매듭이나 산호 등으로 장식하였다(그림 33).

(3) 포

청대의 포Pao(袍)는 품이 넓은 사다리꼴이며, 마제수가 달린 경우가 많았다. 길이는 유행에 따라서 무릎부터 발목길이까지 다양하게 변화하였다. 이 중에서 정식 용포 Longpao(龍袍)는 발톱이 5개이며, 황제와 황후만 입을 수 있었다(그림 34). 발톱이 4개 이하인 것은 망포Mangpao(蟒袍)라고 하는데, 발톱 개수에 상관없이 용포라고 하기도 한다. 용포·망포의 용과 수파문(水波紋) 등은 자수로 표현하는데, 옷의 형태에 맞춰서 자수를 한 후 재단·봉제하는 것이 특징이다.

그림 34. 용포

그림 35. 남성용 마괘
그림 36. 남성용 마갑

(4) 마괘와 마갑

마괘는 허리길이에 칠부 길이 이상의 소매가 달린 짧은 옷이다. 일명 행괘(行褂)라고도 한다(그림 35). 청 초기에는 기마군복이었지만, 후대로 올수록 소매길이도 길어졌고 남녀 모두가 착용하였다. 일반적으로 긴소매가 좀더 격식을 차린 옷차림이었다. 여름에는 주단(綢緞), 겨울에는 가죽과 털을 사용하였으며, 자색·붉은색·갈색 등이 있다.

마갑은 마괘와 비슷하지만 소매가 없는 조끼형태의 옷으로 배심Beixin(背心)·감견 Kanjian(坎肩)·반비Banbi(半臂)라고도 한다(그림 36). 처음에는 궁중용으로 속에 입는 옷이었지만, 차츰 상하 모든 남녀들이 준예복으로 포 위에 착용하였다. 주(綢)·금(錦)·단(緞)·사(紗) 등의 견직물을 주로 사용하며, 파란색을 많이 쓴다[26].

마괘와 마갑 등의 만주족 복식은 앞선이 곡선이고 매듭으로 여며서 입는데, 이와 같은 형태는 가죽으로 제작하였던 유목생활에서 영향을 받은 것으로 보인다.

(5) 피령과 영두

20세기 초 이전, 청대의 포에는 목 위로 올라오는 깃이 없었고 좁은 띠로 목둘레를 마감하는 정도였다. 예복 위에는 피령Piling(披領)이나 영두Lingtou(領頭)와 같은 별도의 깃을 착용하였는데, 그 중에서 피령은 세일러 칼라처럼 생긴 남녀공용의 깃으로 어깨를 넓게 보이는 효과가 있다(그림 37). 계급에 따라서 용·수파문(水波紋) 등을 수놓으며, 겨울용은 석청색(石靑色)에 털로 가장자리 장식을 한 것이 많다.

영두는 이른바 만다린 칼라(mandarin collar)라는 깃이 달린 것으로, 소매가 없이 중심선 부위만 좁고 길다(그림 39). 19세기 후반에 크게 유행하였는데, 앞중심에 2개 정도의 단추를 달기도 한다. 자수는 거의 하지 않는 단순한 형태이며, 주로 파란색 견·벨벳·털로 만들었다[27].

그림 37. 피령을 한 관리의 모습
그림 38. 겨울용 조관과 피령, 화

(6) 신 발

관리나 귀족남자들은 의례용으로 신목이 긴 신발인 화(靴)를 신을 수 있었으며, 평상시에는 신목이 낮은 혜(鞋)를 신었다. 검은색 단(緞)·융(絨) 등을 많이 사용하였는데, 밑창이 높은 것이 고급품이었다. 종이를 배접하고 맨아래에는 가죽을 댄 후, 둘레는 흰색으로 마무리를 하였다. 이와 같이 딱딱한 밑창은 만주족들이 말에서 중심을 잘 잡기 위한 것에서 비롯되었는데, 후대에는 걷기 편하도록 발가락쪽의 밑창 두께를 얇게 하는 등의 변화를 주었다. 화의 형태는 무늬가 없는 검은색 단으로 만든 무릎길이의 것이 많았으며, 기병대나 시종들은 보다 유연하며 신목이 짧은 것도 많이 신었다.

혜는 검은색 견을 많이 사용하였으며, 가죽으로 얇게 선을 둘렀다. 밑창이 자연스럽게 말려 올라간 것과 높은 것이 있었다. 신발 안에는 면·마·견으로 만든 파란색·흰색 버선을 신었다.

2) 여자복식

평상복으로 만주족 여자들은 포·삼, 한족 여자들은

그림 39. 영두

그림 40. 양파두의 뒷모습
그림 41. 양파두 형태의 머리틀

오·군을 많이 착용하였다. 이 외에 마괘·배심·고(袴) 등도 착용하였는데, 남자용과 형태는 유사하지만 소재·색상, 가장자리 장식 등으로 구분하였다.

고(袴)는 서민층 부녀자들이 주로 착용하였는데, 청 후기에는 대부분의 계층에서 고를 착용하는 것이 일반적이었다. 이 외에 목걸이·팔찌·반지·뒤꽂이 등의 장신구를 착용하였는데, 귀족계급에서는 생계를 위한 노동을 하지 않는다는 것을 과시하는 의미로 손톱을 기르고, 금속으로 만든 손톱보호구를 착용하는 풍습도 있었다.

결혼예복으로는 봉황관을 쓰고, 붉은색 포 위에 군청색 포를 덧입는 경우가 많았다. 망오*Mangao*(蟒襖)를 입을 경우에는 용·봉황 등으로 장식한 화려한 군을 입었다. 군은 여러 가지가 있지만 붉은색과 녹색을 많이 입었다. 귀족부녀자들은 이 위에 하피 *Xiapei*(霞帔)와 운견 *Yunjian*(雲肩)을 착용하였다[28].

(1) 머리형태

기본적으로 명대의 풍습을 따랐으나, 한족과 만주족이 서로 영향을 주면서 청 후기로 갈수록 더욱 다양한 머리형태가 나타났다. 일반적으로 머리를 뒤로 올려서 꽃과 보석으로 장식을 하였는데, 대표적인 머리형태 중의 하나로 양파두 *Liangpatou*(兩把頭)가 있다(그림 40). 이것은 막대를 꽂아서 머리를 양옆으로 평평하게 만든 것으로, '머리카락 두 줌' 이라는 뜻처럼 원래는 자신의 머리카락으로 하였다. 그러나 19세기경부터는 검은색 단(緞)으로 만들어 모자처럼 착용하기도 하였다(그림 41). 후기로 갈수록 형태가 커지며, 조화(造花)나 보석을 장식하거나 양끝에 술을 늘어뜨리기도 하였다[29].

(2) 머리 장식

여자도 남자와 마찬가지로 예관으로 조관(朝冠)을 착용하였다. 청 초기에는 여름용과 겨울용의 구분이 있었는데, 강희제(康熙帝)부터는 겨울용으로 형식이 통일되었다. 남자의 겨울용 모자와 유사하며, 여름에는 검은색 단과 벨벳으로 가장자리 장식을 하였다. 모자 위에는 계급에 따라서 금속으로 만든 봉황장식을 하였다.

결혼식 예관(禮冠)으로는 앞에 진주술을 늘어뜨린 관을 착용하였다. 이는 신부의 얼굴을 보이지 않는다는 의미가 있었으며, 이 위에 붉은색 견직물을 덮기도 하였다. 관은 봉황·나비·꽃 등의 금속장식과 술, 푹신푹신한 장식공 등으로 화려하게 장식하였다.

(3) 포

중국의 여성용 포는 이른바 치파오(旗袍)라는 이름으로 많이 알려져 있다. 이 명칭에는 몇 가지 유래가 있는데, 신빙성이 있는 설(說) 중의 하나는 만주족을 이른바 '기인(旗人)'이라고 불렀던 것과 관련이 깊은 것으로 보인다. 치(旗, qi)는 청대 만주·몽골 행정구역의 하나로 현(縣)에 해당하는 개념인데, 청 태조는 건국 후, 모든 만주족을 치에 거주하도록 하였다. 따라서 만주족의 거주지역을 지칭하는 것이 그들의 명칭이 되었고, 만주족이 착용한 장포(長袍)가 만주족의 포라는 의미인 치파오라는 명칭으로 변화한 것으로 생각된다[30].

청대

1930년대

1960년대

그림 42. 치파오의 변화 양상

한편으로 만주족 여자들을 기녀(旗女)라고 불렀듯이, 치파오는 만주족 여자들이 입었던 포라는 의미도 있다. 남성용 포와 마찬가지로 위·아래가 하나로 연결된 형태이며, 이것은 한족 여성들의 오·군이라는 2부 형태와 구분되는 특징이었다. 목둘레·소맷부리·여밈선·아랫단 등 가장자리는 바탕색과 대비되는 색상의 선(襈)을 둘렀고, 전체적으로 화려하게 자수를 놓았다.

오늘날의 치파오는 1925년경에 상하이에서 등장해서 유행하기 시작한 것으로, 헐렁하고 직선적인 전통적인 치파오와는 다른 형태이다. 현재 치파오는 몸의 곡선을 따라서 재단한 입체적인 형태로, 깊은 옆트임이 있고 가장자리에는 좁은 선을 두른 원피스 형태의 것으로 하이힐을 신기도 한다. 가슴과 허리를 강조하기 위하여 다트를 넣기도 하며, 유행에 따라서 길이·소매모양·트임의 깊이가 다양하게 변화하였다. 특히 1960년대에는 영화 〈수지 웡의 세계(The World of Suzie Wong)〉에 나왔던 몸에 밀착된 형태의 짧은 치파오가 크게 유행하였다(그림 42). 그러나, 이처럼 다양화되는 가운데도 매듭단추는 중국적인 특징을 부여하는 기본 요소로 유지되었다. 전통적인 단추의 모양은 꽃·석류·곤충·동물 등으로 풍요와 장수를 바라는 길상문양이며, 옷의 문양과 깃·소매·밑단의 선과 조화를 이룬다[31].

그림 43. 여성용 오(위)
그림 44. 주름을 잡은 붉은색 군(아래)
그림 45. 20세기 초 오·군을 착용한 모습

(4) 오와 군

오는 상의(上衣)로, 예복용으로 사조룡(四爪龍) 등을 수놓은 것은 망오라고 한다. 초기에는 소매가 무릎까지 닿을 정도로 길고, 아이를 옷 속에 넣어서 젖을 먹일 수 있을 정도로 품이 넉넉한 형태였다. 양옆에는 트임이 있고, 가장자리에 넓은 선을 둘렀다. 그러나 갈수록 길이와 품이 줄어들어서, 1920년대에는 허리를 약간 가릴 정도의 길이에 칠부 소매인 것이 유행하였다. 깃은 볼을 감쌀 정도로 넓고 높았다가 다시 좁아졌고, 가장자리에는 좁은 끈을 둘렀다. 이와 함께 치마인 군도 짧아지면서 형태와 장식도 단순해졌다(그림 45). 마찬가지로 미혼여성들이 많이 입었던 고(袴)의 품도 좁아졌다[32].

군은 오와 대비색으로 착용하는 경우가 많은데, 경사에는 붉은색을 많이 착용한다. 과부는 검은색을 입었지만, 남편이 사망한 지 오래되거나 시부모가 살아계시면 연파란색을 입었다.

(5) 하 피

소매가 없는 무릎길이의 웃옷이다. 한족 여자들이 예복용으로 착용하던 것으로, 앞뒤에는 흉배를 부착한다(그림 46, 47). 겨드랑이 아래에서 끈으로 앞뒤를 고정하며, 밑단에는 술이 달려 있다. 5세기경까지 기원이 거슬러 올라가는 품목으로, 청대에 와서 배심처럼 품이 넓어졌다. 운견과 함께 착용하기도 한다[33].

(6) 운 견

한족 여자들이 오 위에 예복용으로 착용하였던 깃의 일종이다(그림 48). 사방을 구름

그림 46. 하피를 착용한 귀부인
그림 47. 하피
그림 48. 운견

그림 49. 만주족의 여성
용 신발
그림 50. 전족용 신발

모양으로 재단하여 어깨에 걸치기 때문에 운견(雲肩)이라고 한다. 피령과 마찬가지로 앞에서 매듭단추로 여며준다. 당대부터 나타났으며, 명대에는 서민층 여자들도 예복용으로 착용할 수 있었다. 19세기 후기에 강남지역의 부녀자들 사이에 머리를 틀어서 낮게 늘어뜨리는 것이 유행하면서, 옷이 더러워지는 것을 방지하기 위해서 운견이 넓고 커졌다. 물고기 · 박쥐 · 칠보문 등을 자수로 장식하며 가장자리에 술을 내려뜨리는 등 후대로 갈수록 복잡하고 화려해진다[34].

(7) 신 발

귀족계급의 만주족 여자들은 신발바닥의 굽이 중앙을 향하여 양쪽에서 오목하게 들어간 대단히 높은 신발을 신었다. 높은 것은 굽이 10~15cm 이상이었는데, 나무로 만들고 겉에 천을 씌웠다. 걸을 때 비틀거리는 것을 방지하기 위해서 안바닥은 폭신하게 만들었고, 윗부분에는 꽃이나 새 등을 자수하였다. 이러한 신발을 신어도 긴 포에 가려져서 눈에 잘 띄지는 않았다. 그러나 걷기에 아주 불편하였기 때문에, 바닥이 배모양으로 생긴 신발을 더 애용하였다. 이러한 신발은 바닥을 종이로 두텁게 배접하고, 바깥쪽 맨아래에 가죽을 대어서 만들었다. 일상용은 남자신발과 유사하였다(그림 49)[35].

한족 여자들은 전족(纏足)을 하는 경우가 많았다. 전족은 발을 천으로 묶어서 작고 뾰족하게 변형시키는 풍습으로, 음양학설(陰陽學說) · 예교관(禮敎觀) · 심미관(審美觀) 등의 영향으로 시작되었다고 한다. 전족의 풍습은 북송시대(北宋時代, 960~1127)부터 존재하였으나[36], 특히 명 · 청대에 매우 성행하였다. 그러나 송대의 전족은 발을 가늘고 곧게 만드는 것으로 후대의 전족과는 다른 형태였다.

여성의 전족을 언급할 때 반드시 세 치(약 9cm)의 크기를 언급하고, 활처럼 굽을 뿐만 아니라 나아가 삼각면체의 형태 등 갖가지 요구를 하게 된 것은 명대부터이다. 만주족 여자는 원래 전족을 하지 않았고, 청왕조에서는 한족 여성의 전족풍습에 거듭 금지령을 내렸다. 그러나 전족이 실제적으로 금지되고 사라지기 시작한 것은 20세기 전기였다.

청대에는 노동계급의 여성도 전족을 할 정도로 보편화되었고, 발의 모양과 크기가 여성의 아름다움을 가늠하는 중요한 표준이 되었다. 그 중에서 세치금련(金蓮)[37]은 전족의 대명사가 될 정도였다. 그러나 여자들은 발이 작아 걷기 힘들어서, 거동할 때는 반드시 담에 의지하거나 지팡이를 사용하여야 할 정도였다.

전족의 모양도 유행이 있었고 신발도 이에 따라서 약간씩 변화하였다(그림 50). 신발코는 위로 올라간 형태에서 아래로 살짝 구부러지는 단계를 거쳐 나중에는 반듯하게 되었다. 이와 함께 밑창과 두께의 형태도 변화하였고, 전족이 성행하던 시기에는 신발의 높이도 높았다. 청대에는 바닥으로 나무를 많이 사용하였고, 여러 겹의 천을 배접하여 사용하기도 하였다. 양옆은 대부분 심(芯)을 덧대어서 아주 빳빳하게 만들었다. 겉감은 대부분 비단을 사용하였고, 꽃 자수를 화려하게 놓았다. 전족이 성행하던 시기에는 신발에 가득 찰 정도로 자수를 놓았는데, 후대로 올수록 차츰 적어졌다.

신발 위에는 신발처럼 화려하게 자수를 한 토시를 하였다. 토시는 장식효과와 함께 전족으로 보기 싫게 변형된 부분을 가릴 수 있다는 장점이 있었으며, 겉감은 견, 안감은 면을 많이 사용하였다. 버선은 흰색 면 등을 사용하였는데, 주황색·남색 등도 사용하며 버선목에 자수를 놓기도 하였다.

정식 예복차림의 일본 남성

에도시대 무가 복식에서 전승된 하오리はおり・하카마はかま 차림이다. 혼례시에는 하오리 밑에 입는 나가기ながぎ와 하오리에 가문을 상징하는 문양을 넣어 신랑예복으로 착용한다.

시로무쿠しろむく 차림의 일본 신부

흰색 후리소데ふりそで 위에 행운의 상징인 소나무
와 학을 수놓은 흰색 우치카케うちかけ를 입고 머리
에는 쯔노카쿠시つのかくし를 쓰고 있다. 우치카케
의 안감은 길사(吉事)의 의미로 붉은색을 쓰는 것이
일반적이다.

일본
Japan

위치 __ 아시아 대륙 북동쪽에서 남서로 이어지는 섬나라

총면적 __ 남북 37만 7,835㎢

수도 및 정치체제 __ 도쿄, 입헌군주제

인구 __ 1억 2,734만명(2002년)

민족구성 __ 몽골인종 계통의 단일민족국가

언어 __ 일본어

기후 __ 대체로 온화하며 계절의 구분이 뚜렷한 온대성 계절풍 기후. 9월에는 태풍이 자주 강타함

종교 __ 신토(神道) 9,200만명, 불교 8,400만명, 기독교 84만명

지형 __ 국토의 72%가 산지이고 농지는 약 15% 정도. 화산 활동이 활발하며 지형변화가 심함

1. 지형과 기후적 특성

일본은 북태평양과 일본해 사이의 환태평양 조산대에 위치한 섬나라로 혼슈·시코쿠·큐슈와 홋카이도로 대표되는 네 개의 주요 섬과 사천여 개 이상의 작은 섬으로 구성되어 있다. 일본어가 공용어이며, 가장 넓게 자리잡고 있는 종교는 토착신앙인 신토(神道)로 씨족신과 고장의 수호신을 섬기는 신사신토 외에 국가신토·황실신토 등이 있다. 일본에서는 두 종류 이상의 종교를 갖고 있는 사람이 적지 않아서, 신토를 믿으면서 동시에 불교나 기독교 신자인 경우가 많다.

현재 일본은 수상을 중심으로 하는 의원내각제를 채택하고 있는 입헌군주제 국가이다. 천황은 상징적 원수로 일본 헌법에는 일본국 및 일본 국민의 통합의 상징으로 규정되어 있다. 일본인들은 인종적·문화적·종족적으로 세계에서 동질성을 매우 많이 가지고 있는 민족 중의 하나이다. 이들은 생물학적 유산, 일본에서의 출산, 공유된 문화, 공통의 언어 등을 통하여 서로를 동일시한다.

일본의 기후는 한국과 거의 유사하지만, 네 개의 섬이 남북으로 길게 위치해 있기 때문에 지역에 따라 조금씩 다른 특징을 보인다. 일본열도의 북쪽에 위치한 홋카이도는 여름에는 비가 적고, 겨울에 눈이 많이 내린다. 수도인 도쿄가 있는 혼슈는 연평균 기온이 14℃ 정도로 서울과 비슷하며 장마는 6~7월에 있다. 사방이 바다로 둘러싸여 있어 습도가 높은 편으로 겨울보다는 여름이 무더운 편이다. 따라서 일본인의 생활양식은 여름에 적합하도록 되어 있어 가옥구조도 통풍이 잘 되도록 개방적이며, 전통복인 기모노도

깃·소맷부리·옷자락 등에 개방부분이 많은 것이 특징이다. 또한 직선으로 재단하여 간략하게 만드는 남방계 의복의 특징을 지니고 있다.

2. 역사와 문화적 배경

유사 이래로 일본복식의 형태는 두 장의 천을 연결하여 앞과 뒤를 함께 바느질한 후, 허리에서 끈이나 헝겊으로 묶는 형태였다[38]. 초기에는 윗부분과 아랫부분이 분리된 형태였으나 점차 길이가 길어지면서 넓은 소매가 달리게 되었으며, 무더운 여름에도 적합하도록 통기성이 좋고 품이 넉넉한 포 형태로 발전하였다. 이러한 포 형태의 복식에서 추운 겨울에는 따뜻함을 유지하기 위하여 기모노를 몇 개씩 겹쳐 입는 방식이 발달하였다.

이렇게 '감싸는' 현상은 일본문화의 독특한 양상으로, 특히 헤이안 시대(794~1185)에 급속도로 발전하였다. 가마무(桓武, 781~806)왕이 도읍을 헤이안(平安)으로 옮기면서 시작된 초기 헤이안 시대는 중국 당나라와 외교적·문화적 교류가 활발한 시기였다. 중국문화의 유입에 힘입어 한시가 크게 성하였으며, 조정의 의식과 예복도 당풍을 따랐다. 그러나 황실의 힘이 쇠락하고 후지와라 가문이 점차 세력가로 자리잡게 되면서, 894년 이후부터 중국과의 교류는 중지되었다. 그 후 897년부터 1185년은 후기 헤이안 시대, 또는 후지와라 기간으로 불리는 시기로[39], 중국문화를 국풍화하여 일본의 독자적 문화를 형성시킨 시기였다[40]. 남자귀족은 예복으로 중국의 단령과 비슷하지만, 일본식으로 변한 소쿠타이를 입었다(그림 51). 궁전의 귀부인들은 홑겹의 기모노를 여러 벌 겹쳐 입

그림 51. 소쿠타이 차림
그림 52. 쥬니히토에 차림

그림 53. 고소데와 하
카마 차림

고, 겹쳐 입은 기모노의 색상들이 그대로 층을 이루어 목·소매·밑단에 보이도록 한 쥬니히토에じゅにひとえ(十二單)를 예복으로 입었다(그림 52)[41]. 헤이안 시대에 발달한 문신의복인 공가장속(公家裝束)의 예복형식이 헐렁한 홑겹 옷을 여러 벌 겹쳐 입는 방식으로 발전된 것은, 전통적인 좌식 생활방식과 개방적인 구조를 갖고 있는 일본 가옥의 특성과 함께 여름에는 덥고, 겨울에 추운 쿄토의 기후에서 영향을 받을 것으로 생각된다[42].

이렇게 홑겹 옷을 여러 벌 겹쳐 입는 방식은 사람들로 하여금 다양한 색감과 색상 간의 조화에 많은 관심을 갖게 하여 기모노의 안감과 겉감의 색 조화방법에만 이백 여 가지의 규칙이 정해지기도 하였다. 이러한 전통은 오늘날까지 계속되어 12월에서 2월까지는 전통적으로 우메카사네うめかさね(梅重ね)라 하는 것을 입는데, '매화꽃 그늘'이라 하여 안에 붉은색을 대고 겉감에 흰색을 댄 기모노를 의미한다. 3~4월에 입는 후지카사네ふじかさね(藤重ね)는 '등나무꽃 그늘'이라 하여 안에는 푸른색을 대고 겉감은 연보라색을 사용한다. 여름용 기모노에는 베니히토에べにひとえ(紅一重)라 하여 안감이 없는 붉은색 기모노를 착용하기도 하였다. 우라야마부키노우와기うらやまぶきのうわぎ(裏山吹の上着)는 겨울에서 여름에 입는 노란색과 주황색의 외투를 뜻하며, 마쯔카사네まつかさね(松重ね)는 '소나무 그림'이라는 뜻을 갖고 있다[43].

헤이안 시대 중엽부터 쇠약해진 지배세력을 대신하여 1192년 미나모토 요리토모(源賴朝)가 정권을 잡고 자신의 수도를 가마쿠라(鎌倉)로 옮기면서 일본역사상 최초의 무신 정권이 성립된다. 그러나 공가(公家)로 불리던 종래의 귀족세력도 아직 힘을 갖고 있어서, 기존의 공가세력과 새로운 문인 중심의 무가(武家) 세력의 이원적 지배가 지속되었다. 하지만 무로마치 막부(室町莫府, 1336~1573)부터는 무가에 의한 단독정권이 시작되어 12세기말부터 16세기까지의 400여 년 동안은 무인이 주도권을 잡게 되었다[44].

무인이 정권을 잡은 이 시기에는 복식도 무가의 복식을 중심으로 발전하였다. 무인들의 검소하고 실질적이었던 생활태도가 의생활에도 반영되어 서민적인 요소가 강하게 나타나 의례복이 간소화되는 현상을 보였다.

여러 겹을 겹쳐 입던 장식적인 형식의 여성복은 점차 단순해져 과거 밑받침 옷이었던 고소데ごそで(小袖)가 겉옷으로 나타나게 된다(그림 53). '작은 소매'라는 의미를 갖

그림 54. 카몬

고 있는 고소데는 과거의 커다란 포보다 소매통이 좁고 소맷부리도 부분적으로 봉제된 형태였다. 이처럼 밑받침 옷이었던 고소데가 점차 겉옷화되면서 장식화하여 현대 기모노의 기본을 이루게 되었다[45].

무로마치 시대에 하급무사가 착용하였던 다이몽だいもん(大紋)은 주인집 문장(紋章)을 두 개는 양쪽 어깨 앞쪽에, 또 두 개는 각각 소매 위에 하나씩, 그리고 나머지 하나는 뒷목 중심에, 모두 다섯 개의 문장을 넣은 포 형태였다. 이러한 카몬かもん(家紋)은 후에 상인과 장인 등 다른 사람들에게도 전파되었으며, 이러한 풍습은 현재에까지 이르고 있다 (그림 54).

이 시기에 여성의 고소데는 모든 계층에 기본적인 복식으로 채택되어졌으나, 좀더 의례적인 자리에서는 고소데 위에 길이가 긴 우치카케うちかけ(打ち掛け)라는 겉옷을 걸쳤다(그림 55). 여름에는 이것을 어깨에서 내려뜨려 허리에 묶어서 바닥에 드리워지도록 착용하였는데, 이러한 모습을 고시마키こしまき(腰卷)라고 하였다(그림 56). 때로는 길게 끌리는 바지형태의 하카마はかま(袴)를 같이 입기도 하였다. 일반인들은 현대의 하오리はおり(羽織)와 비슷하지만 길이가 짧은 도부쿠どうぶく(胴服)라는 외투를 입기 시작하였다. 이것은 신분이 낮은 거리의 상인 복장에서 시작된 것이었으나 무로마치 시대 말에는 상류계급의 남성들도 집에서 착용하였다[46].

오다 노부나가(織田信長)가 무로마치 막부(室町幕府)를 단절시키고 등장한 1573년부터, 도쿠가와 이에야스(德川家康)가 에도막부(江戸幕府)를 수립한 1603년을 모모야마

그림 55. 고소데와 우치
카케 차림
그림 56. 고시마키 차림

시대(桃山時代)라고 한다. 이 시대는 무인 및 부유한 지주들이 권력을 차지한 시기로써 전통적인 질서와 풍습보다는 모든 새롭고 진기한 것들에 가치를 두었던 시기이기도 하다. 일반적으로 모든 계층의 여성들이 고소데를 입었으나 세력있는 다이묘(大名)[47]의 부인들은 지위에 어울리는 화려하고 정교한 기모노를 착용하였다. 예장용 여성의 기모노에는 사각형의 작은 지갑을 옷깃이 여며지는 가슴 부위에 찔러 넣어 착용하였으며, 당시의 예장용 고소데와 우치카케는 오늘날까지 이어져 신부복식의 원형을 이루고 있다.

먼 거리를 여행해야 할 경우 무사들은 좀더 단순하고 가벼운 갑옷과 복장을 선호하여, 통이 넓은 하카마와 소매 끝을 조여줄 수 있는 끈이 달린 상의를 입기도 하였다.

1603년에 도쿠가와 이에야스가 천하통일을 이루고 에도(江戸, 현 도쿄)에서 무가정권(武家政權)을 수립하면서 길고도 평화로운 에도시대(1603~1867)가 시작되었다. 에도시대 사무라이의 복장은 과거에는 노동계층이 착용하였던 소매가 없고 뒷몸판만 있는 등걸이 형태의 카타키누かたきぬ(肩衣)로 일원화되었다. 카타키누와 기모노, 하카마를 조합한 형태의 카미시모かみしも(上下)는 점차 상위계층 사무라이의 의례복으로 정착하였다(그림 57). 의례적인 경우에 착용하는 카미시모의 하카마는 밑단자락이 마루에 끌릴 정도로 길게 입었지만, 일상복으로 입을 경우는 길이가 발목까지 오는 하카마를 착용하였다. 후에 카미시모와 하카마는 학자와 재력가의 복장으로 자리잡았다.

에도시대는 특히 여성복의 변화가 많은 시기였다. 가부키[48] 배우들과 게이샤[49], 여러 예능인의 정교하고 다채로운 고소데 착용법에서 영향을 받아 세련된 형태의 고소데가 더욱 확산되었다(그림 58). 또한, 에도시대 중엽부터는 오비おび(帶)도 점차 다양해지고

그림 57. 카미시모 차림의
사무라이
그림 58. 에도시대 게이샤
차림

장식적으로 변화하여 오늘날과 유사한 형태를 갖추게 되었다. 현재에도 사용되고 있는
오비 형태 중에서 분코무스비ぶんこむすび(文庫結び)는 메이와(明和, 1764~1771) 무렵
에 시작된 것이라 전해진다.

새롭고 화려한 복식을 수용하는 새로운 경향은 특히, 새롭고 실험적인 것에 관심이
많았던 도시민을 중심으로 시작되었다. 사무라이 계급의 여성들은 여전히 간단하고 검
소한 복장을 하였으나, 그 외의 계층에서는 당시에 유행을 선도하였던 가부키 배우나
예능인, 기생 등을 따라서 커다란 오비를 헐렁하게 맨 다라리무스비だらりむすび 형식
의 후리소데ふりそで(振袖)를 입었다. 후리소데는 대단히 길고 커다란 소매가 달린 기
모노로, '후리ふり(振り)'란 '흔들림·너울거림'이란 뜻으로 소매의 모습을 의미한다
고 볼 수 있다. 이러한 긴소매의 후리소데는 미혼의 젊은 여성만이 착용할 수 있었으며
현재에도 미혼의 상징으로 여겨진다. 그 후, 점차 사회계층 간의 구분이 약화되면서 모
든 여성들이 비슷한 형태의 복장을 착용하기 시작하였다. 계층보다는 경제력에 의해서
복식이 구분되기 시작하였으며, 정교한 장식의 우치카케는 더 이상 고귀한 신분의 상징
이 되지 못하였다.

에도시대 말기에 산업혁명으로 국력이 강화된 서구열강은 일본의 개국을 요구하였
고, 이에 약 200년간 쇄국정책을 유지해온 에도정권도 결국은 개국을 할 수밖에 없었다.

1867년, 세력이 약화된 에도막부가 조정에 정권을 반환하면서 에도시대는 끝을 맺게
된다. 황실을 중심으로 집결된 신정부는 에도를 도쿄로 개칭하고, 원호(元號)를 메이지
(明治, 1868~1912)라고 고쳤으며, 급속한 근대국가로의 전환을 꾀하여 서구의 기술과

그림 59. 화양절충식 차림

제도의 직수입을 추진하였다. 따라서 서구의 다양한 복장도 유입되었는데, 특히 긴 드레스와 바지가 대표적이었다. 이러한 양복들은 때로는 화양절충(和洋折衝)이라고 하여 일본 형식이 혼합되기도 하였는데, 특히 제복과 교복 등에서 많이 나타났다(그림 59). 당시에 여성들은 길이와 소매길이가 짧아진 간단한 형식의 기모노 위에 넓은 주름이 잡힌 폭이 넓은 하카마를 함께 입고 하이힐을 신기도 하였다.

전통적인 차림에서도 변화가 일어났는데 특히 오비는 과거에 비해 좀더 간단한 형태로 묶었으며 길이도 짧아졌다. 가장 인기가 있었던 것은 '북 형태의 묶음'이라는 타이코무스비たいこむすび(太鼓結び)였다. 에도 말기의 게이샤들에 의해서 고안된 것[50]이라고 하는 타이코무스비의 형태는 매우 다양하며, 현재까지도 애호되고 있는 가장 대표적인 오비의 묶음 형태이다. 메이지 기간 동안 남성들은 대부분 서양복 형식을 착용하였고, 하오리와 하카마는 의례적인 행사나 공식적인 경우에만 착용하였다.

현재 일본사회에서 전통복식은 '격식을 갖춘 차림'으로 일상생활 안으로 다시 통합되고 있다. 일본사람들은 축하의 날을 가리켜 하레노히はれのひ라고 하는데, 글자를 풀이하면 '맑게 개인 날'이라는 뜻이기도 하다.

하레노히는 결혼식을 비롯해서 입학식과 졸업식, 각종 축하의 날, 1월 초에 신사·사찰에 참배를 가는 하쯔모우데はつもうで, 성인식, 8월 15일에 귀성성묘하는 오봉おぼん, 각종 마쓰리まつり 등 연중행사의 날을 통틀어 일컫는다. 이런 날에는 하레기はれぎ(晴れ着)[51]라고 해서 기모노를 입는다[52]. 특히 다양한 통과의례 행사에서는 부모와 아이 모두 기모노 형태의 하레기를 입는다.

아이가 세 살이 되면 공식적으로 머리를 길게 기를 수 있으며, 이를 기념하여 부모는 아이에게 때때옷인 하레기를 입혀 신사를 참배한다. 남자아이는 다섯 살 때, 여자아이는 일곱 살이 되면 다시 하레기를 입혀 신사에 참배를 하러 간다. 다섯 살 된 남자아이는 처음으로 하카마를 입는 의식을 치르는데 이것을 하카마기はかまぎ라 하고, 일곱 살이 된 여자아이가 처음으로 기모노 위에 정식으로 된 폭이 넓은 오비를 두르는 의식을 오비토키おびとき라고 한다. 이러한 어린아이의 통과의례 의식의 전통은 에도시대의 겐로쿠(元禄, 1688~1704)까지 거슬러 올라가는 것으로 각각의 나이를 따서 시치고산しちごさん(七五三)이라 한다(그림 60).

또한 1월 둘째 주 월요일은 성인의 날로 이날은 만 스무 살이 된 젊은이들이 각기 하

레기를 차려입고 축하모임에 나타난다. 본래 이 성년의식은 한국의 관례나 계례처럼 유교의 의례였다. 옛날 일본에서는 남자는 열 살에서 열다섯 살 정도에 성인식인 겐뿌쿠げんぷく(元服)를 행하고, 여자는 열세 살 정도에 카미아게(髮あげ, 머리 올림)를 행하여 어른이 됨을 인정하였다. 현재에 이르러서는 남녀 모두 만 스무 살에 성인이 된 것을 축하하고 법률상 성인으로 인정하여, 그 권리와 더불어 책임과 의무를 갖게 하였다. 남자들은 보통 검은색이나 감색의 정장용 양복을 입고 여자들은 후리소데를 입는다[53].

그림 60. 시치고산 차림의 어린이들

3. 전통복식의 종류 및 특징

일본에서 기모노きもの(着物)라는 말은 세 가지 의미로 사용된다. 첫째는 몸에 걸쳐 입는 옷을 총칭하는 뜻으로 의복·복장과 동일한 의미로 쓰인다. 둘째는 한복(韓服)처럼 일본 전통 옷 전체를 가리키는 말로 와후쿠わふく(和服)와 같은 의미이며, 셋째는 일본 전통복인 와후쿠 중에서 외국인들이 일반적으로 기모노라고 알고 있는, 길이가 긴 포형태의 나가기ながぎ를 호칭하는 용도로 사용된다[54]. 즉, 남녀 모두가 착용하는 나가기가 일본 전통을 대표하며 기모노와 동일한 개념으로 사용되기도 한다.

1) 남자복식

(1) 나가기

나가기ながぎ는 기본적으로 남녀 모두 동일한 형태이다. 하지만 남성용은 여성용에 비해 소매옆선의 겨드랑이선 파임이 짧고 꿰매어져 있는 것에 비하여, 여성 기모노는 파임이 크고, 남성용과 달리 소매 옆솔기 부분이 터져 있는 것이 다르다. 여자용은 흰색 천을 염색한 후, 자수를 놓거나 그림을 그린 것을 선호하는 것에 반하여, 남성용은 무늬를 직조한 것이 많기 때문에 문양의 배합보다는 색 배합과 소재를 보고 선택해야 한다.

결혼식에서 신랑과 아버지의 예복은 주로 검은색 바탕에 다섯 개의 카몬을 넣은 긴

그림 61. 남성의 기모노 차림

비공식적인 기모노   공식적인 기모노

나가기에 하오리와 하카마를 입은 차림이 정식이다(그림 61). 여기서 하오리를 입지 않거나, 카몬이 한 개나 세 개만 들어간 하오리를 입으면 약식예복이 된다. 평상복은 보통 나가기 하나만 입는 경우가 많으며 계절에 따라서 사용하는 소재를 달리해 입는다.

남성용은 색상에 있어서 여성용보다 훨씬 차분한 편이며, 축하하는 자리에 참석할 때는 검은색인 쿠로몬쯔키くろもんつき(黑紋付き)를 입고, 품이 넓고 앞에 주름을 깊게 잡아 아랫단까지 주름이 잡힌 치마 형태의 하카마를 입는다.

(2) 하카마

하카마はかま(袴)는 기모노 위에 입는 옷으로, 치마처럼 생긴 품이 넓은 예장용(禮裝用) 하의이다. 앞에 넓은 주름을 깊게 잡아 아랫단까지 주름이 지는데, 한국의 너른바지처럼 양 가랑이가 갈라진 것과 통치마처럼 생긴 것 두 종류가 있다.

(3) 하오리

약식예복인 하오리はおり(羽織)는 나가기 위에 덧입는 것으로 카몬이 등 한가운데 하나 있거나, 세 개의 카몬이 있는 것이 있다. 하오리의 길이와 색상은 다양하며, 특히 검은색 바탕에 카몬이 뒷목 중심에 하나 있는 것은 구로 몬쯔키 하오리くろもんつきはおり(黑紋付き羽織) 라고 하여 입학식이나 졸업식 등의 행사에 입는다.

2) 여자복식

기모노란 본래 옷을 가리키는 말이지만, 흔히 일본여성이 입는 나가기만을 한정하여 기모노라고 하기도 한다. 기모노를 펼쳐 놓으면 완전 직선형 평면으로 구성되어 있고, 소매의 겨드랑이 부분이 트여 있다. 기본적으로 원피스 형태이며, 그 위에 덧옷을 입는 구조이다. 고름이나 단추 없이 옷을 입고 오비(帶)라는 띠를 묶는다. 이처럼 기모노의 형태는 매우 단순하지만 외출복·예복·상복·일상복·작업복 등에 따라 사용되는 무늬와 색상·소매의 형태가 달라진다.

(1) 토메소데

토메소데とめそで(留袖)는 기혼여성이 격식을 갖출 때 입는 기모노로, 특히 다섯 개의 문장이 있는 검은색의 쿠로토메소데くろとめそで(黑留袖)를 가장 격식을 갖춘 것으로 여긴다. 긴소매의 후리소데와는 달리 소매가 짧고 소맷부리도 좁은 것이 특징이다(그림 63). 이것은 전통적으로 긴소매는 이성에게 매력적으로 보이기 때문에 기혼여성에게는 허용되지 않았던 까닭이라고 한다. 쿠로토메소데 안에는 하부다에[55]로 만든 흰색의 기모노를 받쳐입어 가장자리에 하얀 선 효과가 나타나는 것을 정식으로 여겼으나, 시대가 변함에 따라 간소화되어 깃·소맷부리·옷자락 등에 흰색 천을 덧댐으로써 겹쳐 입은 것 같은 효과를 내는 방법을 사용하고 있다. 토메소데에는 집안을 상징하는 카몬을 등, 양쪽 소매 바깥쪽, 양쪽 가슴에 각각 하나씩 모두 다섯 개를 넣어 준다.

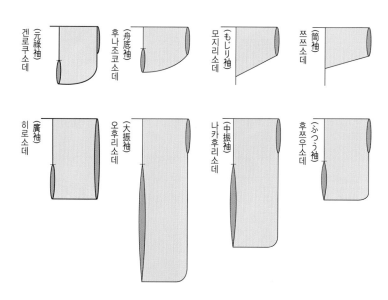

그림 62. 여성용 기모노의 소매 형태와 종류

이로토메소데いろとめそで(色留袖)는 쿠로토메소데 다음으로 격식을 갖춘 기모노로 좀더 가볍고 축제 분위기가 도는 예복으로 색이 곱고 화려해 많이 애용되고 있다. 무늬도 쿠로토메소데보다 다양해서 꽃이나 풍경 및 각종 기하학적인 무늬가 다채롭게 응용된다. 무늬의 자유로운 활용을 위해 다섯 개의 문장 대신에, 세 개의 문장을 등과 양 소매에 하나씩만 넣어 주는 것이 일반적이다.

(2) 후리소데

후리소데ふりそで(振袖)는 미혼여성이 입는 예복으로 길게 늘어진 소매와 화려한 장식과 다채로운 색상이 특징이다(그림 64). 의례적인 경우에는 검은색의 후리소데만을 입었으나 오늘날에는 다양한 색상의 화려한 후리소데가 애용되고 있다.

소매길이에 따라 오후리소데おおふりそで(大振袖, 105cm 내외), 나카후리소데なかふりそで(中振袖, 90cm), 그리고 코후리소데こふりそで(小振袖, 75cm)로 나뉜다. 소매가 복사뼈까지 내려오는 오후리소데는 결혼식이나 피로연에서 신부예복으로, 무릎과 복사뼈 중간 정도까지 내려오는 나카후리소데는 성인식이나 졸업식, 파티 등에서 주로 입는다. 그러나 여성들의 체격조건이 좋아지고, 시판되고 있는 후리소데가 대부분 오후리소데 길이여서 일반적으로 오후리소데를 입는 경우가 많다.

그림 63. 토메소데를 착용한 기혼여성
그림 64. 후리소데를 착용한 미혼여성

(3) 호몬기

호몬기ほうもんぎ(訪問着)는 일반적으로 가장 많이 입는 외출용 기모노로써 연령이나 결혼여부에 관계없이 입학식이나 피로연·파티·다과회 등 약간의 격식을 차려야 하는 자리에도 입고 나갈 수 있다(그림 65). 소매길이는 55cm～70cm 정도이며 무늬는 전체적으로 한 가지 모양이 반복되어 들어가거나, 펼치면 하나의 그림이 되도록 옷자락에서 양 소매, 왼쪽 어깨, 옷깃으로 이어지는 무늬를 넣기도 한다.

(4) 모후쿠

모후쿠もふく(喪服)는 영결식이나 상가에서 밤을 새며 명복을 비는 오쯔야(お通夜) 등에 참석한 친족이 주로 입는 옷으로, 무늬가 없는 검은색 옷감에 정식으로 다섯 부분에 문장(五つ紋)을 넣은 기모노이다. 오비까지도 검은색으로 통일해야 격식에 맞는다.

(5) 유카타

유카타ゆかた(浴衣)는 안감이 없는 홑겹의 기모노로 면으로 만든다(그림 66). 헤이안시대에 귀족들이 목욕할 때 입던 마직물로 만든 홑옷에서 기원한 것이다. 에도시대 이후 여름에 입는 평상복으로 이용되어 오다가 현재의 형태로 자리잡았다. 지금은 목욕 후

그림 65. 호몬기 차림의 여성
그림 66. 유카타 차림의 일본 남녀

에 입는 옷이라기보다는 여름용 기모노로 많이 착용된다. 다른 기모노와 달리 흰색의 긴 밑받침 옷을 입지 않고 맨살에 착용한다. 유카타를 입을 때는 맨발에 게다나 조리를 신는 것이 일반적이다.

(6) 우치카케

에도시대까지 우치카케うちかけ(打掛)는 긴 포(袍) 형태로 무인이나 귀족가문의 여성들이 의례적인 경우에 입는 옷이었다. 오늘날에는 일본의 전통결혼식에서 신부의 복장으로 사용되고 있다. 얇게 솜을 두른 견으로 만들고 길게 늘어진 소매가 달리며 나가기를 입고 오비를 맨 후에 그 위에 입는다.

(7) 시로무쿠

전통적인 신부의 기모노를 의미하는 시로무쿠しろむく(白無垢)는 겉옷·속옷이 모두 흰옷 차림이라는 뜻이다. 여기에는 염색되기 위해 순수한 흰색 천이 필요한 것처럼 신랑 가족의 가풍과 풍습을 배울 준비가 되어 있음을 의미하였다고 한다. 시로무쿠는 기모노·우치카케·오비, 신부가 머리에 쓰는 와타보우시わたぼうし(綿帽子), 쯔노카쿠시つのかくし(角隠し)[56] 등이 모두 흰색으로 된 것으로, 때로는 우치카케의 안감만 진홍색을 사용하고 행운을 상징하는 소나무·국화를 우치카케의 안쪽 깃에 수놓기도 한다. 결혼식의 피로연에서는 오이로나오시お色直し라 하여 신부가 입고 있던 결혼예복을 색이 선명한 기모노나 드레스로 갈아입고 나오는 의식이 행해진다. 이것은 14~15세기의 무로마치 시대에 시작된 풍습으로 성스러운 식을 끝내고 세속의 생활로 돌아가 '이제부터 두 사람이 보통의 생활을 시작합니다.'라는 의미가 담겨져 있다고 한다.

(8) 하오리

하오리はおり(羽織)는 가벼운 외투로 여행시 착용하였던 외투형태에서 발전한 것으로 보이며 하오리란 말은 '옷 위에 걸치다.'는 의미의 하오루はおる(羽織る)에서 파생된 말이다. 남성들에게 하오리는 하카마와 함께 격식을 갖추기 위한 예복의 형식이지만, 여성들은 방한을 위해서나 기모노를 오염이나 습기로부터 보호하기 위한 실용적인 목적으로 착용한다.

3) 액세서리와 신발

(1) 오 비

오비おび(帶)는 허리부분에서 옷을 여며주는 띠로, 전국시대(1482~1558)까지는 공그르기로 바느질하여 만든 가는 끈으로, 단지 기모노를 단정하게 고정시키기 위하여 사용되었다. 이런 오비가 기모노의 장식적인 요소로 발전하게 된 것은 에도시대로 끈 형태의 오비가 넓적한 천 형태로 바뀌게 되었다. 에도시대 중기에 기모노가 오늘날과 비슷한 형태로 변하면서 여성의 오비도 점차 넓어졌다. 오비 리본의 형태 변화에 가장 많은 영향을 미친 것은 가부키 배우들이다. 이들이 새로운 형식으로 오비를 매고 무대에 등장한 것이 일반 도시민들에게 영향을 주어 오늘날의 다양한 오비 형태를 형성하게 되었다(그림 67).

(2) 타 비

타비たび(足袋)는 흰색의 일본식 버선으로 게다げた(下駄)를 신기 편하도록 엄지발가락과 나머지 네 발가락 사이에 홈이 패여 있다(그림 68).

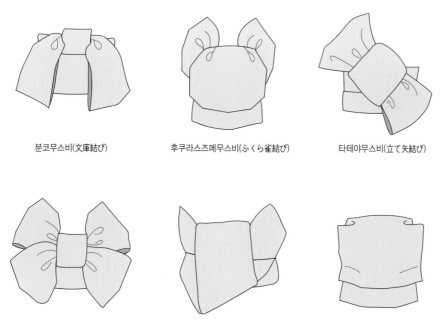

분코무스비(文庫結び) 후쿠라스즈메무스비(ふくら雀結び) 타테야무스비(立て矢結び)

쵸우무스비(蝶結び) 카이노구치무스비(貝の口結び) 오타이코무스비(お太鼓結び)

그림 67. 여러 가지 형태의 오비

그림 68. 타비
그림 69. 조리
그림 70. 게다

(3) 게다와 조리

실외에서 다비와 함께 착용하는 샌들형의 조리ぞうり(草履)는 금사나 은사를 섞어 짠 화려한 직물에서부터 가죽, 비닐, 여름용의 짚으로 만든 것까지 다양한 소재가 있다(그림 69). 신발바닥의 높이는 의례적인 기모노를 입을 때는 5cm 정도의 굽이 높은 것을 신고, 평상시에는 3cm 정도의 낮은 것을 신는다.

게다는 일반적인 기모노나 유카타를 입을 때 신는 높은 굽의 샌들형 나막신으로 두 개의 끈으로 발에 걸쳐 신는다(그림 70).

[미주]

1. 유희경 · 김문자(1998). 한국복식문화사. 서울: 교문사. pp.6-7.

2. 유희경(1975). 한국복식사 연구. 서울: 이화여자대학교 출판부. pp.35-36.

3. 유희경 · 김문자(1998). p.86, p.94.

4. 앞의 책. pp.165-167.

5. 안동 김씨의 수의(壽衣): 1965년 3월 경기도 광주에서 발굴된 것으로 조선 전기의 대표적인 저고리 유물이다. 유물의 주인은 제2대 임금인 정종의 부마 박인(朴寅)의 5대 손부인 안동 김씨로 사망 시기는 1560년대경으로 추정된다.

6. 맥고모자(麥藁帽子): 밀짚모자. (준말) 맥고모 · 맥고자

7. 중절모자(中折帽子): 꼭대기의 가운데가 접히고 챙이 둥글게 달린 모자. (준말) 중절모

8. 밀화(蜜花): 호박(琥珀)의 한 가지. 밀과 같은 누른빛을 띠며 젖송이 같은 무늬가 있음.

9. 빗치개: 가르마를 타거나 빗살 틈에 낀 때를 빼는 데 쓰는 도구

10. 석웅황(石雄黃): 광석(鑛石)의 일종

11. 삼황오제(三皇五帝): 중국 고대의 전설적 제왕. 3황은 일반적으로 천황(天皇) · 지황(地皇) · 인황(人皇) 또는 泰皇)을 가리키지만, 문헌에 따라서는 복희(伏羲) · 신농(神農) · 황제(黃帝)를 들기도 한다. 또는 수인(燧人) · 축융(祝融) · 여와(女媧) 등을 꼽는 경우도 있다.

12. 하(夏): 중국 전설상의 가장 오래 된 왕조. 옛 중국에서는 이상적 성대(聖代)로 불려왔으나, 명확한 유적과 유물이 남아 있는 것은 은나라 이후이다.

13. 춘추전국시대(春秋戰國時代): 기원전 8세기에서 기원전 3세기에 이르는 중국 고대의 변혁시대. 기원전 221년 진나라 시황제의 통일로 마감되었다.

14. 연주문(連珠紋): 진주 같이 작은 원이 구슬처럼 연결된 원형의 문양. 안쪽에 수렵문 · 동물문 · 식물문 등의 다양한 문양을 넣는 경우가 많다.

15. 당초문(唐草紋): 식물의 넝쿨이나 줄기를 일정한 모양으로 도안화한 문양. 만초문(蔓草紋)이라고도 한다.

16. 中華五千年文物集刊 編, 손경자 譯(1995). 중국복식 5000년(상). 서울: 경춘사. pp.27-30.

17. 오대십국(五代十國): 당(唐)이 멸망한 907년부터, 960년에 나라를 세운 송(宋)이 중국을 통일하게 되는 979년까지의 약 70년 동안에 걸쳐 흥망한 여러 나라와 그 시대를 통칭하는 용어

18. Naomi Yin-yin Szeto(1997). *Cheungsam: fashion, culture and gender, Evolution & Revolution: Chinese Dress 1700s-1990s.* Sydney: Powerhouse Publishing. pp.57-58.

19. 홍나영 · 김찬주 · 유혜경 · 이주현(1999). '아시아 전통문화양식의 전개과정에 관한 비교문화연구(2보)', 「비교민속학」제17집. p.319.

20. Valery M.Garrett(1994). *Chinese Clothing-An Illustrated Guide.* New York: Oxford University Press. pp.76-77.

21. Claire Roberts(1997). *The Way of Dress, Evolution & Revolution: Chinese Dress 1700s-1990s.* Sydney: Powerhouse Publishing. pp.18-19.

22. Valery M.Garrett(1997). *Chinese Dress Accessories*. Singapore: Times Editions. p.15.

23. 허균(1995). 전통 문양. 서울: 대원사. pp.66~77.

24. 장포(長袍): 중국남부에서는 '*Changsam*'이라고 부른다.

25. Valery M.Garrett(1997). p.38.

26. 이정옥 · 배인숙 · 장경혜 · 남후선(1999). 청대복식사. 서울: 형설출판사. pp.106~107.

27. Valery M.Garrett(1997). p.89, pp.90~91.

28. Valery M.Garrett(1994). pp.133~134.

29. Valery M.Garrett(1997). pp.46~47.

30. 박춘순 · 조우현(2002). 중국 소수민족 복식. 서울: 민속원. p.23.

31. Claire Roberts(1997). pp.19~21.

32. Valery M.Garrett(1994). pp.102~103.

33. Valery M.Garrett(1997). pp.95~101.

34. 華梅 著, 박성실 · 이수웅 譯(1992). 중국복식사. 서울: 경춘사. p.233.

35. Valery M.Garrett(1997). pp.135~138.

36. 高洪興 著, 도중만 · 박영종 譯(2002). 중국의 전족 이야기. 서울: 신아사. p.7, pp.14~39.
    전족의 발단 시기에 관한 설(說)은 3대(夏 · 銀 · 周)에서 5대 시대에 이르기까지 여러 시대에 걸쳐 있는
    데, 11세기경에 나타났다는 설이 일반적으로 받아들여진다.

37. 전족이 성행하면서 전족의 크기에 따라서 등급을 나누기도 하였는데, 세 치 이하는 금련(金蓮), 네 치 이
    하는 은련(銀蓮), 네 치가 넘는 것은 철련(鐵蓮)이라고 하였다.

38. Norio Yamanaka(1982). *The Book of Kimono*. Tokyo: Kodansha International. p.7.

39. 앞의 책. p.34.

40. 北村哲郎 著, 李子淵 譯(1999). 日本服飾史. 서울: 경춘사. p.57.

41. Norio Yamanaka(1982). p.35

42. 北村哲郎 著, 李子淵 譯(1999). p.59.

43. Norio Yamanaka(1982). p.7.

44. 北村哲郎 著, 李子淵 譯(1999). pp.87~89.

45. Norio Yamanaka(1982). p.35.

46. 앞의 책. p.37.

47. 다이묘(大名): 일본의 막부(幕府)정권 시대에 1만 석 이상의 독립된 영지를 소유한 영주(領主)

48. 가부키(歌舞伎): 일본의 대표적인 고전연극. 에도시대에 서민예능으로 시작하였으며, 현대까지 약 400
    년 전통을 이어오고 있다.

49. 게이샤(藝者): 일본에서 요정이나 연회석에서 술을 따르고 전통적인 춤이나 노래로 술자리의 흥을 돋우
    는 직업을 가진 여성

50. 北村哲郎 著, 李子淵 譯(1999). p.174.

51. 하레기(晴れ着): 화려한 장소에 나갈 때 입는 옷. 나들이옷이라는 의미

52. 홍윤기(2000). 일본문화백과. 서울: 서문당. p.82.

53. 앞의 책. pp.78-79.

54. 앞의 책. p.85.

55. 하부다에(羽二重): 광택이 있으며 촉감이 부드러운 일본 특유의 견직물. 직물을 짤 때 습위(濕緯)라고 하여, 위사를 물에 적신 다음 잡아당기는 것이 특징이다(공석붕 · 염삼주 編(1999). 纖維 패션 · 素材 辭典. 서울: 한국섬유신문사. p.914).

56. 쯔노카쿠시(角隠し): 일본식 혼례식 때 신부가 머리에 쓰는 흰 천.

III

동남아시아의 전통복식

Southeast-Asia

베트남 *Social Republic of Vietnam*

타 이 *The Kingdom of Thailand*

인도네시아 *Republic of Indonesia*

III. 동남아시아의 전통복식

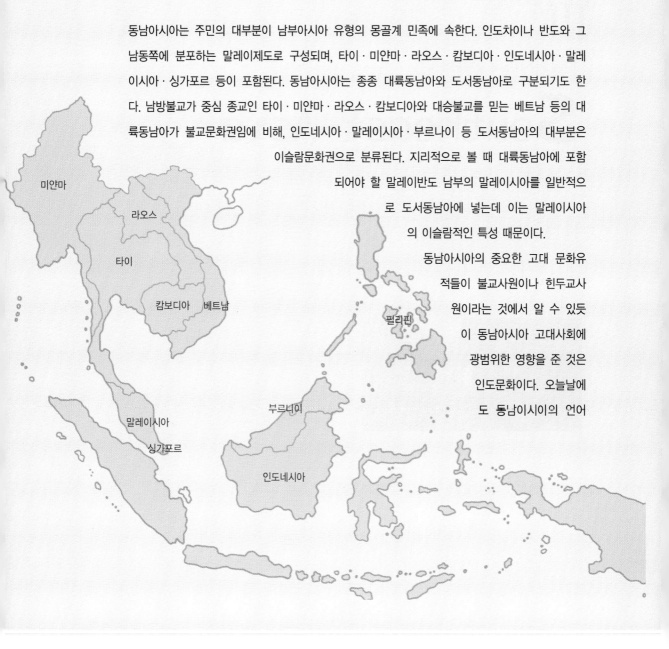

동남아시아는 주민의 대부분이 남부아시아 유형의 몽골계 민족에 속한다. 인도차이나 반도와 그 남동쪽에 분포하는 말레이제도로 구성되며, 타이 · 미얀마 · 라오스 · 캄보디아 · 인도네시아 · 말레이시아 · 싱가포르 등이 포함된다. 동남아시아는 종종 대륙동남아와 도서동남아로 구분되기도 한다. 남방불교가 중심 종교인 타이 · 미얀마 · 라오스 · 캄보디아와 대승불교를 믿는 베트남 등의 대륙동남아가 불교문화권임에 비해, 인도네시아 · 말레이시아 · 부르나이 등 도서동남아의 대부분은 이슬람문화권으로 분류된다. 지리적으로 볼 때 대륙동남아에 포함되어야 할 말레이반도 남부의 말레이시아를 일반적으로 도서동남아에 넣는데 이는 말레이시아의 이슬람적인 특성 때문이다.

동남아시아의 중요한 고대 문화유적들이 불교사원이나 힌두교사원이라는 것에서 알 수 있듯이 동남아시아 고대사회에 광범위한 영향을 준 것은 인도문화이다. 오늘날에도 동남아시아의 언어에서는 고대 인도어인 산스크리트어의 흔적을 쉽게 찾을 수 있으며, 각국의 전통적인 연극과 그림 자연극의 줄거리는 고대 인도의 서사시인 〈라마야나〉와 유사성을 갖고 있다. 또한 직물의 종류와 문양·상징적 의미들도 인도에서 기원하는 경우가 많다.

반면 동남아시아의 고대문화에 대한 중국의 영향은 주로 대륙동남아, 그것도 베트남에 집중되었다. 베트남은 전한(前漢)의 무제(武帝)에게 정복된 이후 약 천 년간 중국의 지배를 받으면서 다방면으로 많은 중국문화의 영향을 받아왔다. 토착민들 간의 혼인을 통하여 베트남 북부를 중심으로 중국인이 정착하면서 농업생산 분야에서부터 머리모양·의복·신발·식사예법 등의 일상생활에 이르기까지 중국의 관습과 기술이 이전되었다.

동남아시아에 이슬람교가 전파된 시기는 13세기말경으로 초기 이슬람교의 전파에는 오래 전부터 동남아시아와 무역을 해오던 이슬람상인들의 역할이 중요하였다. 특히 14세기말에 이슬람화된 인도 구자라트 지역의 이슬람 신도들의 역할이 결정적이었던 것으로 보인다. 이러한 인도적 배경의 동남아 이슬람은 기존 토착신앙들과 부분적으로 혼합되면서, 아랍의 엄격한 정통주의적 이슬람보다는 관용적인 특징을 지닌다. 또한 대부분의 동남아시아 지역이 19세기말까지 유럽의 식민지가 되기도 하였는데, 이러한 이슬람문화의 전파와 유럽문화의 이식은 요의(腰衣)·요권의(腰卷衣) 형태의 복식이 발달한 동남아시아의 복식에 다양한 봉제의(縫製衣)와 상의(上衣)를 발달시키는 계기가 되기도 하였다.

동남아시아에서 공통적으로 발견되는 기본적인 복식은 긴 천을 허리에 두르는 요의·요권의 형태이다. 그 종류는 가슴에서부터 발목까지 덮는 드레스 형태부터 허리에서 시작하여 발목이나 무릎까지 오는 치마형태까지 매우 다양하다. 허리에 큰 천을 감는 방법은 크게 두 가지로 나뉘는데, 천의 양끝을 꿰매서 통형으로 만들어 입는 사롱(말레이시아·인도네시아), 론지(미얀마), 파 신(타이)의 방법과 랩 스커트처럼 천의 한쪽 끝부터 몸통을 감아주는 카인 빤장(인도네시아) 등이 있다.

베트남
Social Republic of Vietnam

위치 __ 인도차이나 반도에 위치하며 남중국해를 따라 남북으로 좁고 길게 뻗어있음

총면적 __ 33만 1,041㎢

수도 및 정치체제 __ 하노이, 공화제

인구 __ 8,020만명(2002년)

민족구성 __ 낀족(89%), 약 53개 소수민족

언어 __ 베트남어

기후 __ 대륙성 건조기후

종교 __ 불교(67%), 천주교(12%), 기독교(1%)

지형 __ 전체 면적의 3/4이 산지. 북부 송코이강과 남부 메콩강의 삼각주는 베트남의 2대 벼농사 지대

1. 역사와 문화적 배경

베트남은 월남전쟁으로 우리에게 익숙한 나라지만, 한국과 베트남의 관계는 13세기 고려 고종 때, 베트남의 리 왕조 마지막 왕자가 피난을 와서 화산 이씨(花山 李氏)의 시조가 되었을 정도로 오랜 시간을 거슬러 올라간다.

베트남의 문화는 동남아시아의 다른 나라들과 마찬가지로 토착문화의 바탕 위에 중국·인도·유럽 등의 영향이 반영되어 있다. 북부지역은 유교적인 전통이 강하고 남부지역은 힌두교 전통의 참파문화[1]에 유교전통의 중국식 동북아문화가 공존하고 있으며, 서남부지역에는 이슬람사회가 형성되어 있다. 전통적으로 가족·촌락 간의 결속력을 중요시하며, 유교문화의 영향으로 가부장적인 사회구조를 가지고 있다. 그러나 오랜 전쟁기간 동안 여성들이 경제활동을 담당하면서, 여성들의 발언권도 상당한 영향력을 가진다[2]. 베트남 국민은 근면·성실하며, 오랫동안의 끊임없는 외침을 물리친 국민이라는 자부심이 강하다.

베트남인의 선조는 중국의 화남(華南)지방에 거주하였던 월족(越族)의 한 부류로 생각된다. 이들은 기원전 333년에 초(楚)의 침입으로 남쪽으로 내려와서 여러 개의 봉건국가를 조직하였다. 얼마 뒤에 대부분 중국에 포함되었지만, 그 중의 한 집단은 중국에 흡수되지 않고 베트남인이 되었다고 한다. 기원전 111년에는 한무제(漢武帝)에게 정벌되어 약 천 년간 중국의 지배를 받았으며, 당대(唐代)에는 안남도호부(安南都護府)가 설치되기도 하였다. 그러나, 938년에 응오 꾸옌(Ngo Quyen)이 이끄는 군대가 중국의 원정군에게 대승하고 이듬해 왕위에 오르면서, 중국의 지배에서 벗어났다. 그후 독립왕국으로 여러 왕조가 수립되었으나, 1858년에 해외팽창을 목적으로 하는 프랑스의 공격을 받으면서 외세의 침략이 다시 시작되었다. 프랑스는 선교사 박해를 구실로, 다낭(Danang)을 공격하였고, 1884년에는 베트남의 전 국토가 프랑스 식민지가 되었다. 제2차 세계대전이 발발하여 일본이 베트남을 침입하자, 가장 조직력이 있던 공산주의 계열이 베트남독립동맹(Viet Minh)을 결성하였다. 1945년 8월에 전쟁이 끝나고 베트남독립동맹을 중심으로 베트남 민주공화국이 성립되었으나, 프랑스가 전쟁 전의 지배권을 되찾고자 하여 1946년에 제1차 인도차이나 전쟁이라고 부르는 전쟁이 시작되었다. 이 전쟁은 1954년 7월 휴전협정이 성립되고, 베트남이 남북으로 양분되면서 일단락되었다[3].

1963년에 군부 쿠데타가 일어나면서 베트남은 쿠데타의 악순환에 휩쓸렸고, 1965년 6월에 구엔 반 티우(Nguyen Van Thieu) 장군의 정권이 들어섰다. 한편, 1965년 8월에 통킹만 사건[4]을 치른 미국은 전투에 직접 참여하게 된다. 그러나 전쟁은 쉽게 끝나지 않다가 1975년 4월 30일 베트남독립동맹 군대가 호치민을 점령하면서 베트남전쟁은 막을 내렸다.

현재 베트남은 공산당체제이며, 국가의 대표인 국가주석은 임기 5년으로 국회가 국회의원 중에서 선출한다. 1986년에 도이모이(刷新) 정책을 채택하는 등 경제성장에 노력하고 있으며, 2001년 상반기에도 아시아 국가 중 중국에 이은 두 번째의 경제성장률을 기록하였다.

2. 전통복식의 종류 및 특징

베트남의 전통복식으로는 아오 자이*Ao dai*가 많이 알려져 있는데, '*ao*'는 옷, '*dai*'는 길다는 뜻으로 긴 옷이라는 의미가 있다. 원래는 상류계급의 의복이었으나 현재는 평상복과 예복으로 일반화되었다. 중국과 서양의 영향이 반영된 원피스 형태의 옷으로 밴드칼라에 허리선까지 양옆에 긴 트임이 있으며, 깃에서 허리선까지 단추나 스냅으로 오른쪽으로 여며입는다. 유행에 따라서 깃높이나 옆트임 길이는 달라진다. 하의로는 바지인 꾸완*Quan*을 입는다. 꾸완은 품이 넉넉하며, 흰색을 많이 사용한다.

1) 남자복식

(1) 의 복

예복용으로 남자들은 아오 테템이라는 아오 자이를 입으며, 속에는 주머니가 두 개가 달린 짧은 상의인 아오 응안⁵⁾을 입고, 하의로 흰색 꾸완을 입는다.

아주 기초적인 평상복 하의로는 간단한 가리개인 코*Kho*가 있었다. 코는 긴 천으로 앞에서 뒤로 걸치고, 허리끈을 둘러서 고정한다. 코의 끝은 대부분 뒤로 트였으며, 시원하게 입을 수 있어서 더운 기후에 알맞고 일을 할 때 편리하였기 때문에 오랫동안 입혀졌다.

(2) 머리모양

과거에는 남자들도 머리카락을 길러 상투모양으로 머리 위로 둥글게 말아 올렸는데 이것을 부이 또*Bui to* 또는 부이 꾸하잉*Bui cuhanh*이라고 하였다. 일을 할 때는 도끼날처럼 생긴 칸 더우 지우*Khan dau riu*라는 천을 상투 위에 감았고, 예의를 갖추어야 할 때는 칸 셉*Khan xep*을 둘렀다.

(3) 신 발

일반적으로 구옥*Guoc*이라는 나막신을 신었다. 귀족계급은 붉은색 칠을 한 구옥 선*Guoc son*을 신었으나 대부분은 색을 칠하지 않은 구옥 목*Guoc moc*을 신었다. 현재는 슬리퍼도 많이 신는데, 풀·등심초·야자수로 만든 것과 고무로 만든 것 등이 있다.

2) 여자복식

여자복식은 베트남 고유의 모자인 농 라*Non la*와 원피스형의 아오 자이로 상징되는 경우가 많지만, 더운 기후와 논농사 중심의 산업구조 때문에 평상복의 하의로는 통풍이 잘 되고 논에 들어갈 때 쉽게 걷어 올릴 수 있는 치마를 입는 경우도 많다. 여자들도 아오 자이와 아오 응안을 입으며, 행사용 신발로 앞코가 불룩하게 튀어나온 하이*Hai*를 신기도 한다.

전통적으로 아오 자이는 흰색과 갈색·검은색 등의 어두운 색, 아오 응안은 연노란색·분홍색·연파란색 등의 밝은 색이었다. 그러나 20세기 초에 서양의 영향을 받으면서, 흰색·연분홍색·연파란색 등의 옅은 색 아오 자이가 선호되고 있다.

(1) 아오 자이

여자용 아오 자이의 초기형태는 품이 넉넉하였으며, 주옷 뜨엉*Ruot toung*이라는 천으로 만든 허리띠로 고정한 것이었다. 주옷 뜨엉은 '코끼리창자'라는 뜻으로, 그처럼 길다는 의미이다. 주옷 뜨엉은 옷을 정리하는 기능 외에, 주머니로도 사용할 수 있었고, 아오 자이 안에는 아오 응안과 가슴가리개인 옘*Yem*을 입었다.

20세기 초부터는 서양의 영향으로 아오 자이가 변형되었다. 1930년대부터 깟 뜨엉(Cat Tuong)과 레 포(Le Pho)라는 두 화가가 허리가 넓은 것, 좁은 것, 라글란·퍼프소매, 브이 네크라인(V-neckline), 보트 네크라인(boat neckline) 등이 반영된 다양한 아오 자이를 내놓았다. 그 후 점차 몸에 잘맞는 형태로 변화되어 가슴이 두드러지고 허리가 꼭 맞으며 갈비뼈 부분이 드러날 정도로 옆트임이 깊은 형태가 되었다. 색상은 갈색·고동색 등의 어두운 색에서 흰색·연분홍색·연파란색·연보라색 등의 옅은 색만을 사용하게 되었다. 또한 부드럽고 얇은 천을 사용하고, 아오 응안과 여성들의 가슴 가리개인 옘 대신에 브래지어로 가슴을 정리하였다[6]. 1976년에 노동에 부적합하고 퇴폐적이라는 이유로 아오 자이 착용이 금지되었다가, 1986년 도이모이 정책 추진 이후 완화되었다. 최근에는 교복·제복·예복 등으로 착용되고 있다.

(2) 옘

옘*Yem*은 여자들의 가슴가리개로, 사각형 천이다. 각 모서리가 ＋자가 되도록 착용하는데, 위 모서리는 여러 가지 형태로 목선을 파고, 두 개의 헝겊끈을 달아서 목 뒤에서 묶는다. 아래 모서리에는 옆구리쪽으로 두 개의 끈을 다는데, 이 네 개의 끈을 자이 옘

그림 1. 아오 자이와 꾸완 차림
그림 2. 아오 자이

그림 3. 우산처럼 사용한 농

*Dai yem*이라 부른다. 20세기 초까지는 그늘에서 일할 때는 옘과 치마만을 입고 두 팔과 등은 노출시키는 경우가 많았다.

(3) 농과 머리장식

베트남은 일년내내 비가 오고, 햇볕도 강하기 때문에 비와 햇살을 막기 위한 용도로 농*Non* 또는 농 라*Non la*가 발달하였다. 'non'은 모자, 'la'는 나뭇잎이라는 뜻으로 나뭇잎으로 만든 모자라는 의미가 있다. 원추형이며 머릿수건의 일종인 칸 위에 덧쓰거나 칸 대신에 착용한다. 야자수잎으로 만든 모자는 13~15세기 중 쩐(Tran) 왕조 시대에도 유행하였으며, 농은 그 종류가 다양하고 호칭이나 형태 등을 통하여 신분을 표시하는 기능도 있었다. 비와 햇볕을 막아주는 주요 기능 외에 부채·그릇 등의 다양한 용도로도 사용된다(그림 3).

베트남에는 다양한 종류의 농이 있지만 일반적으로는 크게 농 퉁*Non thung*과 농 쩝*Non chop*으로 나눈다. 농 퉁은 큰 접시처럼 둥글고 평평한 형태로, 폭이 크고 넓다. 안쪽에는 꾸아*Qua*, 또는 쿠아*Khua*라는 틀이 있어서, 머리에 착용할 수 있다. 크기별로는 농 더우*Non dau*, 농 녀*Non nho*, 농 무어이*Non muoi*로 나눈다. 농 녀는 중간 크기이며 작업용으로 많이 착용한다. 농 무어이는 가장 큰 것으로 희고 부드러운 상품(上品) 잎을 사용하며, 양끝에 타오(*thao*)천으로 만든 술을 드리운다. 축제나 사원 의식 등에 착용하였으며, 나이든 여성들은 검은색 술, 젊은 여성은 소색(素色) 술을 주로 사용하였다.

농 쩝은 원뿔형으로 농 퉁보다 대중적이다. 일반적으로 남자용이 더 길고 무거우며, 여자용은 보다 가볍고 얇다. 속이 너 깊은 것은 폭이 좁다는 뜻으로 농 꿉*Non cup*이라고 하는데, 오늘날의 보편적인 농의 형태이다. 농 쩝은 부채꼴 형태의 야자수 잎을 많이 사용하며, 크기·장식법, 사용한 잎과 실의 종류 등에 따라서 여러 가지로 나뉜다.

공업화가 진행되면서 남자들은 농보다는 서양식 모자를 더 선호하게 되었고, 대도시의 여성들도 오토바이를 타면 농이 앞으로 내려갈 수 있으므로 서양식 모자를 많이 착용하게 되었다. 이러한 배경에서 다양한 서양식 모자가 유행하였고, 베트남 전쟁 기간에는 부드러운 천으로 만든 녹색 모자가 유행하였다. 남부에서는 서양과 일찍부터 접촉하면서 짧고 간단한 언어를 선호하여, 머리에 쓰는 것을 모두 농이라고 부르기도 한다[7].

여자들은 머리를 길러서 감아 올리는데 이를 번 똑*Van toc*이라고 불렀다. 이 때 귀옆 머리를 약간 밖으로 나오도록 한 것이 닭꼬리와 비슷해서, 똑 두오이가*Toc duoiga*라고 하였다. 머리에는 칸을 둘렀고 방한용으로는 번 똑 위에 칸 부옹*Khan vuong*을 썼다. 칸 부옹은 사각형 천으로 앞쪽이 뾰족한 부리 모양이 되도록 하고, 턱 아래에서 양끝을 묶었다.

(4) 흑치(黑齒)

북부 여자들에게는 치아를 검게 하는 관습이 있었는데, 1945년 혁명 후에는 사라졌다. 이 관습은 오래된 것으로, 명(明)은 동화정책의 일환으로 남자의 문신과 여자의 흑치를 금지하고 여자들의 전통복식 대신에 중국풍 의복과 머리를 하도록 강요하였다고 한다[8]. 흑치는 하얀 치아를 보이는 것을 수치스럽게 생각했기 때문만이 아니라, 치아를 건강하게 하는 효과도 있었다고 한다.

타이
The Kingdom of Thailand

위치 __ 인도차이나 반도 중앙

총면적 __ 51만 3115㎢

수도 및 정치체제 __ 방콕, 입헌군주제

인구 __ 6,343만명(2002년)

민족구성 __ 타이족(81.5%), 중국계(13.1%), 말레이계(2.9%), 기타(2.5%)

언어 __ 타이어

기후 __ 열대몬순기후

종교 __ 불교(91.9%), 이슬람교(4.8%), 기독교(1.6%), 기타

지형 __ 북부 고산지대, 북동부 고원지대, 중부 평야지대, 남부 평야지대로 구성됨. 중부지대는 벼농사지대

1. 역사와 문화적 배경

대부분의 동남아시아 지역이 식민통치의 경험이 있는 것에 비하여 타이는 건국이래 독립국을 계속 유지한 것으로 잘 알려져 있으며, 인도 · 중국 · 서양 등 다양한 문화가 공존하는 국가이다. 불교가 약 700년간 국교로 숭상되고 있으므로, 언어에도 파리어(Pali)[9]와 산스크리트어(Sanskrit)[10]가 많이 반영되어 있다.

일년내내 벼농사가 가능하므로 농사를 중심으로 모임과 축제가 발달하였으며, 공동체의식이 강하고 낙천적이다. 또한, 건국이래 왕을 정점으로 한 통치형태를 유지하고 있으며, 매사에 겸손하고 분수를 지킬 것, 부모에게 효도하고 은인에게 보답할 것, 윗사람에게 순종할 것, 아랫사람에게 관대할 것 등을 덕목으로 생활한다[11].

타이족은 기원전 이천 년경부터 인도차이나 북부 및 유남 남부의 평야지대에 거주하다가, 7세기경 운남 지방에 남조(南詔)를 건설하였다고 한다[12]. 그러나, 타이에 대하여 신빙성 있는 기록은 수코타이 왕조(Sukhothai, 1257~1350)의 람캄행 왕(재위 1277~1317)이 타이문자로 자신의 내력과 국민의 생활상, 국경 등을 기록한 비문에서 시작한다[13]. 13세기에 선주민인 몬족과 크메르족이 쇠퇴하자, 랑나타이 왕국(타이유안족), 수코타이 왕국(시암족), 란산 왕국(라오족) 등 타이족의 소왕국이 각지에 생겼다. 랑나타이 왕국이 19세기말까지 지속되었으나, 타이 역사상 정통왕조는 수코타이 왕조이다. 특히 제3대 람캄행 왕은 영토를 넓히고, 스리랑카에서 승려를 초청하여 불교를 받아 들였으며, 타이 문자 표기법을 만들었다.

타이는 기후상 직물이 오랫동안 남아있기가 힘들기 때문에, 초기 복식형태는 석상(石像) 등을 통하여 알 수 있다. 당시에는 남녀 모두 사각형 천을 몸에 두른 후 허리에서 주름을 잡거나 묶었으며, 형태는 짧은 로인클로스형, 간단한 사롱형, 헐렁한 바지형 등으로 다양하다. 어깨에는 천을 둘러서 가슴을 전체적으로 가리거나 부분적으로 드러내며, 관(冠)·목걸이·팔찌 등의 장신구를 착용하기도 하였다. 수코타이 왕조 이전부터 보이는 이러한 복식형태는 후대에도 크게 변화하지 않았으며, 수코타이 왕조 시기에는 검은색·흰색·붉은색·녹색·노란색의 5가지 색상을 별도로 언급하는 기록이 나타난다[14].

수코타이 왕조에 이어 아유타야 왕조(Ayuthaya, 1350~1767)는 각종 제도를 정비하여 강력한 중앙집권체제를 구축하였다. 15세기 중반에 이슬람상인이 들여온 인도직물부터 시작한 외국무역은 포르투갈·네덜란드·영국 등으로 이어졌다. 17세기에는 수도인 아유타야가 무역항으로 번창하여 왕실의 독점무역체제를 갖추고, 서양 각국 및 중국·일본 등과 교역하였다. 1767년에 미얀마 군대에 점령당하였으나, 프라야 탁신이 이를 격파하고 톤부리 왕조(Thonburi)를 세웠다. 그러나 톤부리 왕조는 1대로 끝나고, 그 부하인 차크리가 1782년에 방콕에서 창시한 왕조가 현재의 차크리 왕조(Chakri)이다.

타이의 풍습 중에서 요일별로 다른 색의 옷을 입는 관습은 아유타야 왕조 시기에 생긴 것으로 추측된다. 당시에 사람들은 왕실의 수호신 7명이 각각 일주일 중의 특정일과 특정색에 관계가 있어서, 요일별로 그 색을 입으면 행운이 온다고 생각하였다. 또한 이러한 관습을 따르자면 많은 옷이 필요하였기 때문에, 요일에 따라 다른 옷을 입는 풍습은 부(富)와 권위의 상징이기도 하였다. 차츰 유행에 따라서 요일에 따른 색도 변화하였으며, 현재는 라마 5세(1868~1910) 통치기간의 관습을 유지하고 있다(표 1)[15].

아유타야는 직물교역의 중심지로 번영하였으며, 왕실과 고위관료층에서는 인도에서 수입한 날염 면직물과 경위사 이카트 직물인 파톨라*Patola*, 브로케이드 실크(brocade

표 1 요일에 따른 옷 색상

	파 충카벤	파 사바이
월요일	연노란색	연파란색, 어두운 분홍색
화요일	진파란색	붉은색
수요일	강철빛 회색, 주석빛 회색	황토색
목요일	녹색	붉은색
	주황색	연녹색
금요일	진파란색	노란색
토요일	자주색	연회색

그림 4. 벽화에 나타난
관리의 모습
그림 5. 20세기 초 여성

silk) 등을 선호하였다. 이에 따라 직물과 장신구 등의 사치가 심하여지자, 왕과 왕비만
금사가 들어간 브로케이드를 사용할 수 있게 하는 등, 계급별로 엄격하게 규정을 적용하
였다. 1690년경부터는 관세증가 등의 이유로 외국직물의 수입이 한동안 주춤하다가, 차
크리 왕조 성립 이후에는 엄격한 규제하에서 외국직물이 다시 수입되기 시작하였다. 여
전히 인도 직물이 인기가 있어, 인도에서는 특별히 타이 수출용으로 직조하기도 했으며,
타이의 일부 계층은 인도에 주문제작을 의뢰하기도 하였다. 이후 타이에서도 인도직물
을 모방한 직물을 생산하기 시작하였고, 타이의 직물기술도 함께 발달하였다[16].

이 시대의 벽화에는 남자들이 앞단추에 밴드칼라가 달린 셔츠, 파 춈카벤*Pha
chongkaben*, 허리띠(sash) 등을 착용한 모습이 나타난다. 특별한 행사에는 긴소매 재킷
과 헐렁한 외투를 착용하였고, 머리모양은 앞부분만 둥글게 남긴 것 등이 나타난다(그
림 4). 여자들은 뒤통수에 똬리를 튼 후 중심부에서 한 가닥을 늘어뜨리거나, 남자처
럼 앞부분에만 머리기락을 남긴 것 등이 나타난다.

19세기에는 서구 열강들의 압력을 크게 받았으나, 근대화 개혁을 실행하고 영국과
프랑스의 대립을 이용하면서 식민지화의 위기에서 벗어났다. 그 뒤 왕정의 폐해가 커지
자, 1932년의 쿠데타를 거쳐서 입헌군주국이 되었다. 1939년에는 국호를 시암(Siem)에
서 타이로 변경하였으며, 현재는 총리를 중심으로 하는 연립내각이 구성되어 있다[17].

라마 4세 통치기간(1851~1868)에 근대화가 진행되면서, 왕실과 귀족계급의 여자들은
서양식 블라우스를 입고, 시폰(chiffon)으로 만든 파 사바이*Pha sabai*를 하였다. 그러나
스타킹에 구두를 신어도 여전히 하의는 파 춈카벤을 입었고(그림 5), 무더운 기후 때문
에 사적인 장소에서는 전통의복을 선호하였다. 한편 벽지(僻地)의 선교사들은 현지의 여

아시아 전통복식

표 2 새로 지정된 복식안

명 칭	용 도	파 신	블라우스
타이 루안 통 (*Thai ruan ton*)	낮시간대의 캐주얼	· 줄무늬 · 옆에서 접을 것	· 칼라가 없는 것 · 7부 소매
타이 치트랄라다 (*Thai chitralada*)	낮시간대의 정장	· 줄무늬 외에 다른 무늬도 가능 · 앞에서 접을 것	· 밴드칼라 · 긴 소매
타이 아마린 (*Thai amarin*)	비공식적인 자리의 이브닝드레스	· 금사가 들어간 브로 케이드, 가장자리에 금사가 들어간 브로 케이드를 장식한 것 · 앞에서 접을 것	· 밴드칼라 · 보석단추로 앞트임 고정
타이 보롬피망 (*Thai borompimarn*)	공식적인 자리의 이브닝드레스	· 금사 · 은사가 들어 간 브로케이드 · 앞에서 접을 것	· 밴드칼라 · 뒤트임
타이 차크리 (*Thai chakri*)	국가행사의 정장	· 금사 · 은사가 많이 들어간 브로케이드 · 앞에서 플리츠 주름 을 잡을 것	· 탱크탑(bustier) 형태 · 가슴에 어깨띠를 두르고 금 · 은 벨트로 허리 고정

자들에게 블라우스를 입어서 가슴을 가리도록 권하였다. 1932년 쿠데타 이후에는 전 국민의 양복착용을 규정하는 법령이 실시되었다. 그러나 1950년의 왕정복고 이후, 전통복식이 부활하였으며, 특히 시리키트(Sirikit) 왕비는 패션 디자이너와 복식학자들에게 7세기부터 현재까지의 타이복식을 연구하도록 하였다. 이러한 연구결과로 다섯 가지의 의복을 선정하였고, 각각의 의복에 이름을 붙여서 전국적으로 권장하였다(표 2)[18].

2. 전통복식의 종류 및 특징

여자들은 발목길이의 파 신*Pha sin*에 블라우스나 탱크탑 형태의 상의를 입으며, 지역에 따라서는 블라우스를 착용하지 않기도 한다. 여기에 숄 형태의 파 사바이를 두르고, 꽃으로 머리를 장식한다. 남자들은 셔츠에 사롱이나 중국식 바지를 많이 입는다[19]. 작업복으로는 인디고 염색을 한 줄무늬 · 격자무늬 면옷을 많이 입는다. 젊은이들은 밝은색 옷을 많이 입으며, 나이가 들수록 어두운 색을 선호하는 경향이 있다.

이처럼 상의와 사롱으로 구성되는 형태는 이웃나라인 미얀마에도 나타난다. 미얀마에서는 상의를 엔지 *Eingyi*, 하의인 사롱은 론지*Lungyi*라고 하는데, 엔지는 힌두어인 '인기이야'에서 유래된 이름으로 블라우스형, 셔츠형 등이 있다. 여자용은 엷은색 나일론 등의 얇은 천을 사용하며, 대부분 칼라가 없고 긴소매에 허리까지 오는 길이이다. 론지는 원단 폭 전체를 길이로 한 사롱형의 요의로써 허리부위에 약 15㎝폭의 검은색 면직물을 꿰맨다. 남녀 모두 형태는 같지만, 착용방법은 약간 다르다. 여자가 입을 때는 통처럼 생긴 론지를 몸에 넣은 다음, 뒷부분의 가운데를 등에 붙이고 남은 부분은 오른쪽 겨드랑이에서 잡아서 왼쪽 겨드랑이에 놓고 위에서 띠로 묶거나 끝자락을 허리에 끼워 넣는다. 남자는 허리를 감싸고 남은 부분을 중앙에서 오른쪽으로 여민 다음, 양끝자락은 허리에 집어넣거나 한번 더 비틀어서 고정한다. 또한 미얀마의 론지는 남성용은 푸소*Puso*, 여자용은 타메잉*Htamein*이라고도 부른다[20]. 예복으로 입을 경우, 남자는 터번인 가운 바웅*Gaung baung*을 착용한다. 미얀마의 여자와 아이들은 얼굴과 몸에 따나카*Thanaka*라는 식물의 즙을 바르는 풍습이 있다(그림 6). 따나카는 미얀마·타이·치앙마이·히말라야 일대에서 자라는 따나카나무 껍질을 물과 함께 평평한 돌에 갈아 만들어 펴 바르는 것으로, 선탠과 보습효과가 있다.

1) 의복의 종류

(1) 파 사바이

파 사바이*Pha sabai*는 어깨에 대각선으로 두르는 천을 뜻한다. 가로 30㎝, 세로 160㎝ 정도인 사각형태로, 오른쪽에서 시작해서 몸을 한두 바퀴 감아 돌린 다음 남은 부분은 왼쪽 어깨에 걸쳐서 뒤로 늘어뜨리거나 금속장신구로 고정시킨다. 예장용은 어깨에만 두르지만, 일상용은 머리에 두르거나, 가방, 아기용 해먹(hammock) 등으로 사용하기도 한다. 머리에 두를 때는 파 포크 후아*Phaa pok hua* 등으로 용도에 따라 다르게 부르기도 하여 명칭이 매우 다양하다[21]. 대부분 여성이 착용하지만, 북부의 루(Lu) 등지에서는 남자만 착용하기도 한다. 전통적으로 어깨에 두르는 용도로는 이카트 직물인 마트미*Matmi*를 사용하지 않았으나 근래에는 마트미 직물을 사용하는 경우도 많다[22]. 색상은 파란색·노란색·흰색·붉은색 등으로 다양하며, 일상용으로는 면직물, 예장용으로는 견직물을 많이 사용한다.

(2) 파 신

일반적으로 하의는 파 능*Pha nung*이라고 하는데, 그 중에 특히 여성용은 파 신*Pha sin*이라고 한다. 직물이 귀하던 옛날에는 여자아이들이 어머니에게서 첫 번째 파 신을 받는 것은 성인이 되었다는 상징일 정도로 중요한 의미를 가졌다. 따라서 파 신은 여성성을 상징하는 대표적인 품목이며, 이것으로 악령·부상 등의 위험을 막을 수 있다는 믿음이 있었다. 속옷으로 파 신을 안에 한 벌 더 입는 것이 일반적이었으나, 현재는 슬립이나 페티코트로 대체되었다. 초기에는 봉제하지 않은 넓은 천 형태였으나, 차츰 양쪽의 길이 부분을 연결한 통 형태로 변화하였으며, 통 형태는 충*Thung*이라고도 한다. 허리부분은 후아*Hua*, 중심부분은 츄아*Tua*·아랫단 부분은 틴*Teen*이라고 하며, 부위에 따라 각각의 문양이 구분되었고, 때로는 부분을 따로 직조하여 바느질로 연결하기도 한다. 특히, 불교에서는 발을 깨끗하지 않은 것으로 생각하므로, 허리부분과 아랫단을 혼용하는 것은 금기시된다. 허리부분은 파 신이 흘러내리지 않고 땀받이 기능을 하도록 면직물을 많이

그림 7. **사원벽화에 나타난 파 신**
그림 8. **파 신과 파 사바이 차림**
그림 9. **파 신 착용법**

그림 10. 파 충카벤의
뒷모습
그림 11. 파 충카벤 차
림의 관리(1924년)

사용하고, 견직물로 할 때는 별도의 허리띠를 한다. 중심이 되는 가장 넓은 부분은, 마트미 기법을 사용하는 경우가 많다[23]. 아랫단 부분은 붉은색·파란색·갈색·검은색 등의 민무늬이며, 발목까지 닿고 많이 더러워질 수 있기 때문에, 이 부분만 교체하기도 한다.

입을 때는 몸에 꼭 맞도록 두른 다음, 남은 부분은 앞중심에서 두 개 내지 세 개의 주름을 잡아서 정리하고, 허리띠를 한다(그림 9). 오늘날에는 착용하기 편리하도록 주름을 고정한 것도 있다. 파 신은 여성복식에서 가장 화려한 품목으로, 남자용 하의가 민무늬·줄무늬 등으로 제한되는 것과 달리 화려한 문양과 색상을 사용한다. 따라서 불과 50년 전만 해도 부족에 따라서 파 신의 형태가 구별될 정도로 다양하였다.

(3) 파 사롱

파 사롱*Pha sarong*은 통 형태의 남자 하의를 통칭하는 경우가 많다. 다른 옷과 마찬가지로 견직물과 면직물을 주로 사용하지만, 근래에는 합성섬유로 만드는 경우도 많다. 타이에서는 직물단위로 라(*la*, 90㎝)를 사용하는데, 파 사롱은 대부분 가로는 2라, 세로는 약 1미터 이며, 허리에 플리츠 주름을 잡아서 고정한다. 민무늬, 또는 흰색에 붉은색·녹색·파란색·갈색 줄무늬인 경우가 많다.

(4) 파 충카벤

파 충카벤*Pha chongkaben*은 한 장의 천으로 바지처럼 입는 방법, 또는 그러한 모양의 하의를 말한다. 이때 '*pha*'는 천, '*chongkaben*'은 다리 밑으로 넣어서 입는 것을 의미한다. 착용방법은 인도의 도티*Dhoti*와 비슷해서, 허리를 감싼 다음에 남은 부분을 다리 사이

그림 12. **파 충카벤의 착용법**

로 통과시켜서, 앞 또는 뒤에서 주름을 잡아서 고정한다(그림 12). 착용할 때 여유분을 가감하여 옷의 길이를 조정할 수 있다는 특징이 있다. 과거에는 관복·일상복·작업복 등으로 남녀노소가 모두 착용하였다. 19세기말부터 양복의 영향을 받으면서 파 신이나 사롱으로 많이 대체되었는데, 북부와 동북부에서는 지금도 착용하는 모습을 볼 수 있다[24].

남자 하의의 일종인 파 항*Pha bang*은 허리를 감싸고 남은 부분을 반대편으로 넘기지 않고 앞중심에서 늘어뜨려 바지와 같은 효과를 나타낸다. 파 충카벤 양식으로 입기도 하며, 파 무앙*Phaa muang* 또는 파 야오*Phaa yao*라고 부르기도 한다. 그러나 파 항은 남자용을 말하는 것과는 달리, 파 야오는 여자용을 가리키는 경우도 있다. 길다는 뜻인 'yao'에서 나타나듯이 파 야오는 일반적인 사롱보다 길이가 길며, 예장용으로 많이 입는다[25].

2) 장신구 및 기타

(1) 모 자

농민과 상인들은 나뭇잎으로 만든 모자를 많이 썼는데, 위는 평평하고 모정(帽頂)과 머리 사이에 공간이 있어서 시원하다(그림 13, 14)[26]. 흰색 천으로 머리둘레를 감싸는 풍습도 있었다.

(2) 장식품

생화(生花)로 머리를 장식하는 풍습 외에도, 목걸이·귀걸이·팔찌 등 화려한 장신

그림 13. 타이의 모자
그림 14. 모자의 안쪽
모습

구를 착용하였다. 귀걸이 중에는 원통형인 것이 이채로운데, 이러한 귀걸이를 하기 위해서는 귓볼에 구멍을 뚫은 다음, 차츰 넓은 나무원통을 꽂아서 구멍을 늘리는 방법을 사용하였다. 귓구멍 중에는 너비 약 2.5㎝인 것도 있었으며, 꽃가지를 꽂기도 하였다(그림 4).

(3) 문 신

남자복식이 여자복식에 비하여 색이 단순한 대신, 남자들은 화려한 문신으로 남성성을 표현하였다. 문신의 문양에는 각각 고유한 상징이 있었으며(표 3), 문신은 완성하기까지의 고통을 견딜 수 있는 대단한 인내심을 나타내기도 하였다. 허리부터 무릎까지 하는 경우가 많았고, 일부 사람은 가슴이나 배에도 하였다. 다리에 한 문신은 바지처럼 보일 정도였는데(그림 15), 이러한 문신 관습은 미얀마의 산(Shan) 주, 라오스의 서부 등에서 일반적인 것이었다. 그러나 현재는 거의 남아 있지 않다[27].

표 3 문신 문양에 따른 상징성

문 양	상징성
라차세	곰과 곰 사이에서 태어난 동물의 왕. 동물 중에서 가장 아름답고 강력한 존재이며, 사원 입구의 수호신으로 많이 보인다.
코끼리	왕권. 백색 코끼리는 신성(神性)
호랑이	신체적인 힘
원숭이	장수

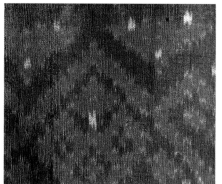

그림 15. **문신을
한 모습**
그림 16. **마트미**

3. 전통직물과 문양

타이는 뛰어난 품질의 견직물과 면직물로 유명하며, 치앙마이(Ching Mai)의 난(Nan)
이 주요 생산지이다. 특히 치앙마이 지역에서 생산한 파 신은 북부에서 매우 인기가 많
았다. 교역국이었던 중국의 자수직물, 미얀마의 직물, 유럽의 벨벳 등에서 영향을 받기
도 하였다.

직물은 사원에 공양하는 중요한 품목이기도 하였다. 사원에서는 행사용 옷·깃발·
방석 등에 직물을 많이 사용하였는데, 기후적 특성상 3~5년마다 교체하였으므로, 필요
한 문양과 형태의 직물을 직조할 수 있는 사람에게 부탁하였다. 이러한 전통에 의하여
직물에 불교를 상징하는 문양이 많았으며, 정성을 다해서 직조하였기 때문에 섬세한 직
물이 발달하였다. 이와 함께 왕정체제가 지속된 타이의 역사적 특성상, 직물의 전통도
왕실과 마을계열로 구분할 수 있다. 왕실 전용의 직물은 위엄을 나타내는 것이 중요한
기능으로써, 대부분 인도의 날염직물이나 중국의 견직물을 애용하였고 엄격한 규제가
적용되었다. 반면 후자는 지역에 따라서 고유한 문양을 적용하였고, 금·은사가 들어간
정도에 따라서 순위를 매겼다.

1976년부터는 국가적인 차원에서 전통직물을 적극적으로 후원하였다. 이러한 전통
직물 중에서 마트미*Matmi*는 특히 유명하다(그림 16). 마트미는 대부분 씨실에 이카트를
하지만 일부에서는 날실에 하는 경우도 있다. 또한 직물에 주술적인 의미를 부여하기도
해서, 오랫동안 고향을 떠날 때 어머니가 직조한 사롱을 가지고 가면 악령으로부터 보호
를 받는다는 믿음도 있었다[28]. 파 신, 파 츙카벤 등의 하의에는 면직물을 많이 사용하며,
고급품은 견직물을 사용한다. 예장용 복식에는 끝단에 금사장식을 하는 경우가 많다.

의례용 직물에는 말을 타고 있는 사람, 사원 등의 불교를 상징하는 문양과 애니미즘
이 반영된 라차세(Rachasee)·원숭이·새 등의 문양을 많이 사용한다. 일반용으로는 가
로줄무늬·격자무늬가 많으며, 이 외에 삼각형·마름모·꽃 등의 문양이 있다.

인도네시아 자바의 여성

블라우스 형태의 상의인 카바야*Kebaya*를
입고, 하의로 납방염의 일종인 바틱천으로
만든 사롱*Sarong*을 입고 있다. 어깨에 걸
친 슬랜당*Slendang*은 정장일 경우 하의와
같은 천일 경우가 많다.

인도네시아 자바 중부의 남성

머리에는 부랑콩*Burang kong*을 쓰고 재킷
과 셔츠의 중간형인 자스*Jas*를 입고 있다.
하의로 앞중심에 플리츠 주름이 잡힌 카인
빠장*Kain panjang*을 두르고 있다.

인도네시아
Republic of Indonesia

위치 __ 적도를 중심으로 북위 5°에서 남위 10° 사이에 위치하는 섬나라

총면적 __ 190만㎢(한반도의 9배)

수도 및 정치체제 __ 자카르타, 대통령 중심제

인구 __ 2억 1,102만명(2002년)

민족구성 __ 자바족(45%), 순다족(13.6%), 아체족, 발리족 등 300여 종족

언어 __ 공용어는 인니어·자바어·순다어 등 지방어를 포함하여 모두 583종이 통용됨

기후 __ 열대성 기후로 연평균 기온 25∼27℃. 대체로 건기(乾期)와 우기(雨期)의 구분이 뚜렷함

종교 __ 이슬람(87%), 기독교(6%), 카톨릭(3%), 힌두교(2%), 불교(1%), 기타

지형 __ 총 17,500개(무인도 7,133개)의 섬으로 구성

1. 자연과 민족구성

인도네시아는 총 17,500여 개의 크고 작은 섬으로 형성된 세계 최대의 도서국가로서 지리적으로는 수마트라·자바·보르네오·셀레베스 등의 큰 섬들로 이루어진 대(大)순다 열도와 발리와 동쪽의 티무르섬까지를 포함하는 누사 떵가라 순다, 그리고 이리안 자야로 구성된다.

인도네시아 민족구성의 주요한 특징은 기원과 인종이 복잡하다는 것이다. 주민의 대부분은 직모(直毛)와 황갈색의 피부를 가진 말레이인종이지만, 말레이인이 많이 거주하고 있는 지역에도 선주민으로 추정되는 짙은 검은색 피부를 가진 네그리토족의 혼혈이 분포하고 있으며, 동부에는 암갈색의 피부와 곱슬머리가 특징인 파푸아인이 살고 있다. 그 밖에도 역사시대에 이주해온 중국인[29]·인도인·아라비아인·유럽인 등과 그들의 혼혈인종이 도처에 분포하고 있어, 과거 인도네시아가 복잡한 민족 이동의 무대였다는 것을 알 수 있다. 전체적으로 300여 종족이 혼합되어 있으며, 대표적인 인종은 자바족·순다족·마두라족 등이며 세계에서 네 번째로 인구가 많은 나라이다. 주민의 대부분은 이슬람교도이나 일상생활에는 이슬람 이전에 전파되었던 힌두교의 의식과 애니미즘적 요소도 남아 있다.

2. 역사와 문화적 배경

인도네시아 제도에는 오천 년 전부터 이미 사람이 살고 있었으며, 석기시대인 기원전 이천 오백 년경에 남아시아 대륙인이 유입된 것으로 보인다.

바닷길을 통한 인도상인들의 영향으로 4~5세기경에는 힌두교와 불교가 전파되기 시작하여, 8세기 초에는 세계적으로 유명한 불교유적인 보로부두르(Borobudur) 사원이, 10세기경에는 힌두교유적인 프람바난(Prambanan) 사원이 건설되었다. 이처럼 인도네시아 군도와 말라카해협을 경유하여 아라비아와 유럽을 연결하였던 해상 실크로드의 영향으로 일찍부터 힌두·불교문화가 인도네시아에 전래되었다. 그러나 13세기경부터 아랍인들에 의하여 이슬람이 전파되기 시작하여[30], 현재는 2억이 넘는 인구의 90%가 이슬람교도인 세계 최대의 이슬람국가이다.

인도네시아에 처음으로 유럽인이 발을 들여놓은 것은 16세기 초부터이다. 1511년 포르투갈이 해상요충지이며 인도네시아 군도의 관문인 말라카왕국을 점령하면서, 말라카 제도의 향료무역권을 독점하기 위한 네덜란드·스페인·영국·포르투갈 사이의 치열한 각축전이 벌어졌었다[31]. 결국 1602년 네덜란드가 동인도회사를 설립하면서 점차 자바섬의 토착왕국은 네덜란드의 무력에 굴복하였고, 마침내 티모르(포르투갈령), 보루네오섬의 일부(영국령)를 제외한 대부분의 인도네시아는 네덜란드의 통치를 받게 되었다. 그 후 2차 세계대전시에 잠시 일본군에 의하여 점령되기도 하였으나, 연합군의 승리와 함께 1945년 독립하였다.

인도네시아는 섬세한 예술로 유명하며, 그 중에서도 일종의 그림자 인형극인 와양(Wayang)이 대표적이다(그림 17, 18). 와양은 '그림자'를 의미하는 말로써, 양가죽을 잘라내어 채색을 한 와양인형을 이용한다. 여기에 타악기를 중심으로 수십 종의 악기가 편

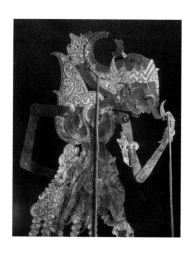

그림 17. **와양인형**
그림 18. **와양 공연모습**

성된 가믈란(Gamlan) 반주가 동반된다. 인도네시아 예능의 중심은 자바섬·발리섬이며, 인도·힌두의 서사시인 〈라마야나〉와 〈마하바라타〉는 인도네시아의 음악·무용·연극에 큰 영향을 주었다.

3. 전통복식의 종류 및 특징

오스트레일리아와 아시아대륙 사이에 자리한 인도네시아에는 말레이인종을 비롯한 수십 종의 종족이 살고 있으며, 서로 각기 다른 언어와 고유한 풍습과 문화를 갖고 있다. 기원전부터 지속되어온 인도문화와 13세기경부터 유입된 이슬람문화는 인도네시아의 토착문화와 결합하여 인도네시아 원주민의 생활양식과 문화에 커다란 변화를 가져왔으며, 전통복식의 형태와 문양에도 영향을 주었다. 또한 네덜란드의 식민지가 되면서부터 본격적으로 서구문화에 접촉하여 더욱더 다양한 종교적 배경과 습속을 갖게 되었다.

기본적으로 인도네시아 민속복의 구성은 고온다습한 기후의 영향으로 지극히 단순한 편이다. 몸에 맞게 재단된 형태보다는 완성된 직사각형의 천을 접거나 몸에 두르거나 묶어서 착용하는 형태가 대부분이다. 이처럼 단순한 형태에 특정한 색상과 각 지역의 독특한 방법으로 제작한 다양한 직물과 색상, 머리장식을 포함한 각종 장신구 등은 인도네시아 전통복식에 다양성을 부여한다[32].

1) 남자복식

도시의 상가나 사무실에서는 긴 바지와 셔츠차림이 일반적이며, 그 위에 재킷을 착용하기도 한다. 농부나 육체노동자는 반바지차림에 길고 넓은 천을 어깨에 걸친 모습을 볼 수 있는데, 이 천은 인도네시아말로 간단한 샤워를 뜻하는 만디(*mandi*)[33]시에 몸을 가리거나 닦는 데 사용하거나 사롱처럼 허리에 감아 착용하는 등 다양하게 이용한다.

남성은 의례용 복식으로 셔츠 또는 재킷과 함께 카인 빤장*Kain panjang*을 착용하며, 지역에 따라서는 짧은 카인 빤장 아래에 바지를 예복으로 입기도 한다[34]. 셔츠 착용이 일반화되지 않은 고산지대에서는 원통형의 커다란 사롱 천을 숄처럼 어깨에 걸쳐 체온을 유지하기도 한다.

(1) 상 의

남성복 상의에는 셔츠형의 크메자*Kemija*, 재킷형의 자스*Jas*가 있다[35]. 자바의 전통적인 재킷은 허리길이 정도로 짧고 윗부분까지 단추가 달린 형태이다. 이러한 재킷과 셔츠, 바지 등의 봉제의는 인도네시아 고유의 스타일이라기보다는 이슬람과 중국, 유럽 등의 다양한 문화적 기원을 가지며 이들의 재단법에 영향을 받은 것으로 추정된다[36].

(2) 하 의

앞중심에 주름장식이 있는 카인 빤장은 중부자바의 상징적인 의복으로 남성들도 의례적인 차림에는 카인 빤장을 입는다. 여성의 카인 빤장과 마찬가지로 일직선 주름을 잡아주며, 허리에서 매듭을 짓거나 허리띠로 고정시킨다[37].

사롱은 치마 형식으로 되어 있는 원통형의 천으로 대개는 발목까지 내려오고 남녀 모두 착용한다. 자바섬에서는 카인 빤장보다 비공식적인 옷으로 작업복이나 집에서 쉴 때 많이 착용하며, 윗사람 앞에 사롱을 입고 나타나는 것을 무례하게 생각한다. 일부 지역에서는 바지를 입고 사롱을 착용하기도 한다(그림 19)[38].

일반적으로 바지는 쩔라나*Celana*라고 부르고, 속에 입는 반바지나 속바지는 쩔라나 달람*Celana dalam*이라고 하며, 짧은 바지는 쩔라나 빤땍*Celana pendek*이라고도 한다.

| 자스와 카인 빤장 | 사롱과 쩔라나 | 일반적인 사롱 | 그림 19. **전통 남자복식** |

그림 20. **부랑콩을 착용한 모습**
그림 21. **송콕을 착용한 모습**

(3) 장신구

정방형의 바틱 천을 터번모양으로 감거나 묶어서 쓰는 것을 카인 *끄빨라Kain kepala* 라고 한다. 카인 *끄빨라*에 사용되는 바틱 천은 한 변이 90cm 정도인 사각형의 천으로, 중앙에는 커다란 마름모꼴이 있고 마름모꼴에 의해서 나뉘어진 네 모퉁이에는 서로 다른 문양이 놓여지게 된다. 이처럼 비대칭적인 구도에 네 귀퉁이에는 서로 다른 색과 문양이 있으므로 착용자는 마음에 드는 쪽을 선택하여 착용한다[39]. 카인 *끄빨라*를 감은 모습 그대로 꿰매어 모자모양으로 만든 것은 부랑콩*Burangkong*이라고 한다(그림 20). 송콕*Songkok*은 검은색 벨벳의 챙이 없는 원통형의 모자로써 이슬람의 상징처럼 인식된다(그림 21). 크리스*Kris*는 인도네시아 전통적 형태의 단도로, 성장시 뒤 허리춤이나 허리띠 뒷부분에 끼워서 착용한다.

2) 여자복식

대부분의 인도네시아 여성들은 카인 빤장과 카바야*Kebaya*를 예복 및 일상복으로 즐겨 착용하며, 이러한 카인 빤장과 카바야는 인도네시아 여성의 전통복식으로 잘 알려져 있다. 이는 1950년에 국가가 다수의 도시와 다양한 민족을 하나로 묶기 위한 일환으로 이들을 국민복으로 정하여 오늘날까지 민속복으로 착용하고 있기 때문이다[40]. 그러나 인도네시아에는 각 지역과 종족마다 고유한 형태의 민속의상이 있을 뿐만 아니라, 그 안에도 사회적 지위, 결혼여부 · 재산 · 연령에 따라 다양한 형태로 의상이 나누어진다[41].

(1) 상 의

여성의 상의는 크게 네 가지 형태로 나눌 수 있다. 카프탄 형태의 카바야와 바주 빤

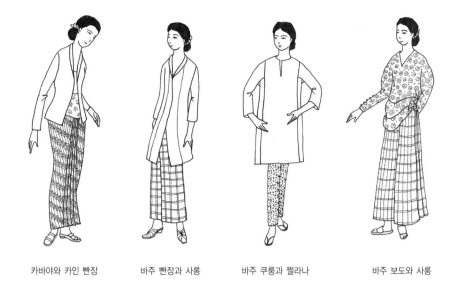

| 카바야와 카인 빤장 | 바주 빤장과 사롱 | 바주 쿠룽과 쩔라나 | 바주 보도와 사롱 |

그림 22. **전통 여자복식**

장*Baju panjang*, 튜닉형의 바주 쿠룽*Baju kurung*, 판초형의 변형으로 볼 수 있는 바주 보도*Baju bodo*, 그리고 어깨가 노출되거나 분리된 상의가 따로 없는 원피스형(Strapless Style)이다(그림 22)[42].

① 카프탄형 : 바주 빤장과 카바야

비교적 여유가 있고 길이가 긴 직사각형의 바주 빤장과 유럽복식의 영향으로 곡선이 가미된 카바야는 모두 앞이 열리는 블라우스 형태이다. 가장 일반적인 형태의 카바야는 소매가 손목까지 오는 오버 블라우스형으로 길이는 골반길이에서 무릎길이까지 다양하다. 카바야의 소재는 매우 다양하여 단색의 면이나 견직물에서부터 바틱 직물, 다채로운 색상으로 무늬가 짜여진 브로케이드, 금속사를 사용한 인조섬유, 흰색의 오간자, 컷 워크의 자수, 레이스 형태의 론(lawn)[43] 등이 사용된다. 무릎 정도까지 내려오는 길이에 칼라가 없는 카바야는 대개 자바지역의 신부가 입는다. 일반적으로 사롱이나 카인 빤장과 함께 착용하나 의례적인 경우에는 사롱보다는 카인 빤장과 착용하는 것이 정식차림이다.

바주 빤장 역시 사롱이나 카인 빤장과 같이 입는 상의로써 카바야보다 더 직선적이고 단순한 형태로 되어 있다(그림 23). 이처럼 직사각형 형태의 단순한 바주 빤장이 유럽복식의 영향을 받으면서 곡선적인 카바야가 나타난 것으로 보인다. 카바야는 주로 수마트라의 동부 해안과 서부 해안지역에서 많이 입고 있으나, 점차 많은 지역에서 카바야를 착용하는 추세이다.

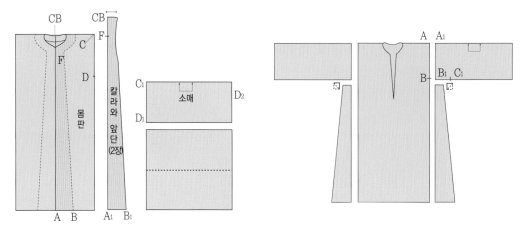

② 튜닉형 : 바주 쿠룽

긴소매가 달린 튜닉형의 긴 블라우스로써(그림 24), 인도네시아어로 'kurong'은 새집을 뜻한다. 바주 쿠룽은 서부 인도지역의 이슬람상인을 통하여 인도네시아로 들어왔다고 하며, 아직도 남아시아와 중앙아시아 의복과 유사한 점이 남아 있다. 수마트라 북부 아체(Ache) 지역의 여성은 바지 위에 사롱을 착용한 후에 그 위에 바주 쿠룽을 입는다. 이처럼 바지 위에 치마를 덧입는 것은 여성이 바지만 착용하거나, 치마만 입는 것은 예의에 어긋난다는 이슬람적 사고에서 발달된 복식이므로, 이러한 차림은 착용자가 이슬람교도라는 것을 의미하기도 한다.

③ 판초형의 변형 : 바주 보도

바주 보도는 남부 슬라웨이 지역의 붕기스(Bugis) 여성들이 입는 사각형의 상의로써 커다란 사각형의 천을 반으로 접어 만든다. 바주 보도는 다른 상의들과 달리 소매를 따로 달지 않는 것이 특징이다. 몸통부분에는 여유가 많지만 소맷부리를 좁게 만들기 때문에 소매가 위로 밀려 올라가서 전체적으로 퍼프 효과가 나타나며, 짧은 돌만소매(dolman sleeve)처럼 보이게 된다. 파인애플 섬유로 만들면 약간 비치면서 광택이 있어 많이 선호한다.

소매와 몸통이 한판으로 형성된 바주 보도의 또 다른 유형은 슬라웨이 북서부의 또라자족(Toraja)이 착용하는 나무껍질로 만든 름바Lemba라는 것이다(그림 25). 름바의 길이는 엉덩이 윗부분을 살짝 덮을 정도로 짧은 편이며, 허리선은 약간 높은 것이 특징이다. 상의의 중간 정도에 다양한 색상의 문양을 그려 넣거나 다른 천을 아플리케 장식한다.

④ 어깨를 노출한 형태

어깨나 상체를 그대로 노출하는 방식은 서구화되기 전부터 인도네시아 전역에서 광범위하게 착용되었던 방법으로써 크게 세 가지 유형이 있다(그림 26).

그림 25. **롬바**

첫째, 하반신만을 천으로 가리고 상반신을 그대로 노출하는 과거 발리의 힌두교 여성의 옷차림으로 현재는 지속적인 서구화와 이슬람의 영향으로 더 이상 찾아볼 수 없다[44].

둘째, 누사 뚱가라 군도의 로띠(Roti) 지역과 플로레스(Flores) 지역의 스타일로 사롱을 가슴 부위까지 올려서 원피스처럼 착용하거나, 올려 입은 사롱의 허리와 엉덩이 부위를 허리띠 또는 끈으로 각각 고정 후, 엉덩이 부분의 천을 늘어지게 처리하여 이중 치마처럼 연출하는 방식이다(그림 26 좌)[45].

셋째, 카바야나 바주 빤장 등의 셔츠류가 일반화되기 전에 자바섬에서 주로 입던 방식으로 큼벤*Kemben*이라는 좁고 긴 천으로 가슴 부위를 감고 그 위에 카인 빤장을 착용하는 유형이다(그림 26 가운데, 우). 현재는 무희들의 복장에서만 그 원형을 볼 수 있다.

로띠 지역

자바 지역 I

자바 지역 II

그림 26. **어깨를 노출한 형태의 여자복식**

그림 27. 카인 빤장
차림
그림 28. 빠기 소레

(2) 하 의

여성용 하의로는 랩스커트처럼 둘러 입는 카인 빤장과 원통형의 스커트인 사롱을 입는 것이 일반적이나, 이슬람 여성들은 헐렁한 상의와 함께 바지형태의 쩔라나를 받쳐입는다. 과거 중부자바 왕실의 공주는 큼벤으로 상체를 감싸고, 왕실 문양이 있으며 대단히 크고 길며 화려한 금장식을 한 도돗*Dhodot*을 하의로 입었다. 도돗의 밑치마로는 이카트 직물로 만든 찐덴*Cindeh*을 길게 늘어지도록 입고, 허리에는 원단상태로 홀치기염색한 쁠랑기*Pelangi* 천을 길게 드리우고 그 위에 커다란 금속 허리띠를 장식한다. 이러한 차림은 현재에도 중부자바의 전통혼례복으로 사용된다.

① 카인 빤장[46]

인도네시아 말로 '*Kain*'은 천(織物), '*panjang*'은 길다는 뜻으로, 카인 빤장은 길이 250㎝, 폭 107㎝ 정도의 길고 넓은 천을 랩스커트처럼 둘러 감아 입는 하의이다. 이 때 직물의 폭은 길이가 되고 식서가 허리부분과 밑단이 된다. 착용하기 전에 미리 한쪽 끝에 규칙적인 플리츠 주름을 여러 개 접어 강하게 고정시켜준 후, 이것이 풀리지 않도록 주의하면서 천을 몸에 단단히 감은 다음 끝부분은 허리에 접어 넣고 허리띠로 감아서 완성한다(그림 27). 자바에서는 남성의 것은 베베드*Bebed*, 여성의 것은 따삐*Tapih*라고 부르기도 한다[46].

카인 빤장 중에는 빠기 소레*Pagi sore*라는 독특한 것이 있는데 이것은 천의 중심부가 사선으로 나뉘어져 있고, 각 부분은 무늬와 디자인과 색상도 다르게 되어 있는 형태로 어느 부분을 위로 착용하느냐에 따라서 두 벌처럼 입을 수 있다(그림 28)[47].

중부 자바의 왕족이나 귀족들은 바틱 천을 이어 붙여 만든, 폭이 약 210㎝, 길이가 약 400㎝ 정도인 도돗을 착용하기도 하였다. 도돗은 바틱 직물을 폭으로 두 장 이어 붙여서 만들며, 대개는 중앙에 단색의 커다란 마름모가 있다. 바틱의 문양과 색은 중부 자바의 전통적인 양식을 따른다. 길이(두 장이 연결된 직물의 폭)가 긴 도돗은 반으로 접어 이중치마처럼 입으며 윗자락의 주름 형태, 단의 처리방식, 매듭을 묶는 방법 등이 매우 복잡 다양한 것이 특징이다. 여자들은 도돗을 가슴높이까지 올려 입거나 큼벤과 함께 입는데, 이 때는 드레스처럼 뒷자락이 길게 끌리도록 착용한다. 남자들은 바지를 입고 그 위에 무릎이 가릴 정도로 짧게 치켜 올려서 입기도 한다.

② 사 롱

인도네시아의 자바·발리·수마트라·슬라웨이, 누사 뚱가라 등의 군도에서 널리 착용되고 있는 발목길이의 원통형 치마이다. 일반적으로 길이는 약 107㎝, 둘레는 220㎝ 정도의 원통형 치마로 두 개의 좁은 천을 이어서 만들거나, 직물의 양끝 푸서를 연결하여 만든다. 카인 빠장과 달리 플리츠 주름장식이 없으며, 옆솔기가 막혀 있는 형태이다. 사롱은 머리 위부터 뒤집어 쓴 후, 몸에 잘 맞을 때까지 안쪽 끝을 잡아당겨 고정한 후, 헝겊천으로 묶고 천으로 된 허리띠인 스타겐*Stagen*을 감아 고정한다.

사롱은 머리 부분이 끄빨라*Kepala*와 몸통부분인 바단*Badan*으로 구성된다. 끄빨라는 폭이 약 70㎝ 정도의 장식 부위로, 바단 부위와는 무늬와 색상이 다른 것이 특징이다. 착용시에는 끄빨라가 중심에 오도록 하여 입는다.

(3) 장신구 및 기타

① 스타겐

카인 빠장이나 사롱의 허리 위를 감아 고정시키는 약간 뻣뻣한 천으로 된 허리끈을 말한다.

② 슬랜당

숄이나 장식띠의 역할을 하는 것으로, 일반적으로 한쪽 어깨에 드리워 걸쳐 장식하지만, 때로는 머릿수건처럼 몸에 두르는 등 다양한 방식으로 사용한다(그림 29). 때로는 아기를 안거나 물건을 운반하기 위한 버팀대로 사용하기도 한다. 자바지역에서는 하의와 같은 천의 슬랜당*Slendang*을 사용하며, 무희들은 일반적인 슬랜당보다 길어 바닥까지 끌리는 쏜더*Sonder*를 사용한다[48].

그림 29. **슬랜당을 머릿수건처럼 두른 모습**

슬랜당의 사용법 중에서 가장 독특한 것은 서부 수마트라 미낭카바우 여성의 물소뿔처럼 생긴 머릿수건이다(그림 30, 31). 서부 수마트라인의 생활에서 물소는 매우 중요하며 이 곳에서는 물소를 번영과 풍요로움의 상징으로 여기는데, 이러한 전통과 관련이 있는 것으로 보인다[49].

4. 전통직물 및 문양

인도네시아에서 다양한 염색기법과 문양이 적용된 직물은 각기 다른 독특한 의미를 지니며, 특히 출생·성년의식·결혼·죽음 등 인생의 전환기를 기념하는 의식이나 장엄한 행사 때 착용된다. 또한 이러한 의식용 의복은 착용자의 계급과 부를 나타내기도 한다.

인도네시아에는 특히 염료가 스며들지 못하게 미리 처리한 후 원하는 무늬를 천에 물들이는 방염법(防染法)을 이용한 직물이 많다. 납방염(蠟防染)의 바틱과 교힐염(絞纈染)의 일종인 이카트, 플랑기 등이 유명하다.

1) 바 틱

바틱Batik 의 어원은 인도네시아 자바에서 유래한 것으로 알려져 있다. 자바 고어에서는 찾아 볼 수가 없으나 현대 자바어와 말레이 – 인도네시아어 중에 점이나 반점, 물방울이라는 뜻의 '*titik*'이라는 단어와 관계가 있는 것으로 추정된다. 밀랍·풀·수지·점토를 직물의 표면에 칠하여 염료가 스며들지 못하게 처리한 후에 염색하는 방법으로, 단색염의 경우는 방염작업이 한 번에 끝나지만 다색염의 경우에는 한번 염색한 후에 매번 방염제를 제거한 다음 다시 방염제를 칠한 후에 다른 색상을 염색하는 방법을 되풀이하여 다양한 색상의 문양을 만들어 준다.

자바섬의 바틱은 색채·문양·무늬구성 등 모든 면에서 다양성을 지니고 있다. 전통적인 디자인 양식은 제작지역에 따라 중부 자바 양식과 북부 자바의 해안양식으로 크게 나뉜다[50]. 자바섬 중부의 바틱은 스라카르타(현재의 Solo)와 족자카르타(Yjorkjakarta) 지역의 궁정을 중심으로 발전한 것으로써, 이 지역에서 생산되는 바틱은 아직도 과거의 전통적인 색상과 문양을 지키고 있다(그림 32). 색채는 염색하기 전의 직물의 색을 그대로 이용한 소색, 쪽을 사용한 남색과 인도네시아에서 자생하는 소가나무 껍질에서 얻어지는 소가 브라운(soga brown)이라는 독특한 다갈색 등이 주요한 색이다. 특히 소가 브라운은 중부자바의 바틱을 상징하는 색이기도 하다.

북부 자바 해안도시를 중심으로 발전한 바틱은 인도와 중국·아랍·유럽 등 다양한 문화의 영향을 받은 국제적인 양식이 특징으로, 중부 자바에서는 볼 수 없는 다채로운 색상과 무늬가 사용된다(그림 33). 이 지역의 붉은색 바틱이나, 흰색 바탕에 남색으로 염색한 바틱 천은 중국의 영향을 받은 것으로 문양도 기린·용·바위·구름 등이 나타난다.

그 외에도 이슬람교의 영향으로 보이는 아라베스크와 아라비아 문자로 쓴 코란의 구절, 인도의 영향이라고 생각되는 코끼리·연꽃·공작문양 등을 즐겨 사용하며, 페르시아·유럽·일본의 영향을 받은 문양도 사용된다. 이러한 외래 무늬는 인도네시아 특유의 장식과 색상이 가미되어 더 자유롭게 표현되고 있다.

그림 32. **중부 자바의 바틱**
그림 33. **북부 자바의 바틱**

그림 34. 바틱 뚤리스의 작업모습

전통적인 바틱 제작방법은 짠팅(*canting*)이라는 기구를 사용하여, 밀랍으로 직접 그려서 완성하는 바틱 뚤리스*Batik tulis* 방법이다(그림 34). 짠팅은 앞부분에 한 개 또는 여러 가닥의 가느다란 관이 달린 기구이다. 여기에 밀랍을 담아서 무늬를 그리는데, 관의 종류에 따라서 선의 굵기가 달라진다. 바틱 뚤리스를 제작하는 데는 상당한 노력과 시간이 요구되어 보통 작품 하나를 완성하는데 30~50일이 소요되기도 한다.

그림 35. 짠팅과 짭

바틱 짭*Batik cap*은 바틱 작업을 신속하고 간단하게 하기 위하여 개발된 것으로 짭(*cap*)이라는 기구를 사용하여 찍어 염색하는 방법이다(그림 36). 이것은 손잡이가 달린 판자에 동으로 만든 조각과 선을 문양의 형상에 따라 납땜하여 만든 것이다. 납염은 항상 앞뒤 양면 양쪽 모두에 방염처리가 되어야 하므로 한 개의 문양에는 짝을 이루는 반대편의 틀이 필요하다. 문양이 복잡할 경우에는 무늬와 크기가 서로 다른 열 개 이상의 짭을 연결하여 사용하기도 한다.

그림 36. 바틱 짭의 작업모습

2) 이카트

이카트Ikat는 천을 직조하기 전에 원하는 부분을 실로 묶어 방염한 후에 직물을 제작하는 선염 방법으로 어원은 말레이 – 인도네시아어로 '묶는다, 조여맨다, 감는다' 는 것을 의미하는 '*mengikat*' 에서 유래되었다고 한다(그림 37). 이러한 이카트 직물을 일본에서는 가스리(かすり : 絣)라고 한다.

이카트의 특징은 제직 후 무늬가 번져 보이는 효과가 있다는 것이다. 이것은 방염 부위의 염료침투 차이에 의한 농담효과와 함께, 염색한 실을 짜기 위하여 베틀에 옮길 때나 제작할 때에 실이 움직이지 않을 수 없기 때문이다. 인도네시아에서 이카트는 종족과 사회적 지위를 표현하는 부와 지위의 상징으로써 의례적 행사나 축제용으로 사용된다. 종교의식 때에는 악령을 막는 신성한 직물로 사용되기도 한다.

이카트는 방염한 실을 경·위사의 어디에 사용했는가에 따라서 경사 이카트(wrap-ikat), 위사 이카트(weft-ikat), 이중 이카트(double-ikat, 경위사 이카트) 세 가지로 분류한다. 가장 일반적인 것은 경사에만 방염사를 사용한 경사 이카트이다.

위사 이카트는 인도나 아랍의 상인들에 의하여 소개된 것으로 추정된다. 팔렘방을 중심으로 한 남부 수마트라와 발리에서 주로 생산되고, 동부 자바와 롬복에서도 위사 이카트가 생산된다[51]. 수마트라의 이카트는 이슬람의 영향으로 기하학적인 무늬와 꽃무늬를 많이 사용하며, 은사를 사용한 송켓Songket 기술을 응용하여 화려하게 짜는 것이 대부분이다(그림 38).

세계적으로 극소수 지역에서만 제작되고 있는 이중 이카트는 발리에서 제직되는 제링싱Geringsing이 대표적이다(그림 39). 발리인은 제리싱에는 악마와 질병을 퇴치하는 주술적인 힘이 있다고 믿으며, 종교적인 행사나 통과의례시에 사용한다.

3) 송 켓

말레이인의 전통직물로 널리 알려져 있는 송켓은 금·은사나 금속사(絲)를 이용하여 무늬를 짜넣는 화려한 직물로서, 인도네시아에는 이슬람계의 해상 무역상인에 의해 소개된 것으로 추정된다. 수마트라와 발리, 슬라웨이 일부 지역 등에서 생산되며, 특히 위사 이카트 제직방법과 결합하여 짜는 수마트라의 팔렘방 지역의 송켓이 매우 화려하면서도 섬세한 것으로 유명하다.

이러한 송켓 직물은 한때, 순금이나 순은과 동일한 가치가 있는 것으로 취급될 정도

그림 37. **실을 방염하는 모습**
그림 38. **이카트와 결합한 송켓**
그림 39. **제링싱**

그림 40. 플랑기
그림 41. 뻬라다의 작
업모습
그림 42. 뻬라다·송켓
직물로 장식한 발리의
신랑·신부

로 귀중한 직물이었으며, 전통적으로 상류계층들만 착용하였다[52]. 오늘날에는 금·은사
대신에 다양한 색상의 금속사로 대치하여 대량으로 제작하고 있다.

4) 플랑기

플랑기*Plangi*는 인도네시아어로는 여러 가지 색, 또는 무지개를 의미한다. 가공하지
않은 소색의 천을 묶은 다음, 꿰매어 방염하는 홀치기 염색방법의 일종으로 반다나
*Bandhana*라고도 하고 춘리*Chunri*라고도 부른다(그림 40). 일본에서는 이 공정이나 제
품을 '묶다', '매듭'의 뜻으로 시보리(しぼり:絞り)라고도 부른다. 염색 후에 직물표면
에 생기는 섬세한 주름과 구김살이 특징으로 이것은 광택과 선명도를 높이는 효과를 낸
다. 바느질로 홀쳐매어 방염하는 방법은 복잡한 플랑기 효과 중의 하나로 트리틱(*tritik*)
이라고 한다. 트리틱을 할 때는 먼저 문양의 윤곽을 바느질한 후 홀쳐매고 문양 윤곽의
안쪽을 나뭇잎·종이·플라스틱 등을 덮고 실로 단단히 묶은 후 염색한다.

5) 뻬라다

뻬라다*Perada*는 금박을 입힌 화려한 직물이다(그림 41). 자바에서는 바틱의 효과를
증대시키기 위하여 금박을 바틱 문양 위에 겹치게 처리하거나, 윤곽선을 강조하는 등 바
틱과 함께 사용하는 경우가 많으나, 발리에서는 주황색·파란색·보라색·검은색·붉은
색 등의 선명한 색상 위에 금박을 처리하는 경우가 많다.

[미주]

1. 참파(Champa): 2세기말부터 17세기말에, 현재의 베트남 중부에서 남부에 걸쳐 인도네시아계인 참족 (族)이 세운 나라. 참족은 옛날부터 인도문화의 영향을 많이 받았으며, 2세기에는 힌두교, 10세기에는 이슬람교의 영향을 받았다.

2. 전경수(1993). 전경수의 베트남일기. 서울: 통나무. p.309.

3. 오구라 사다오 著, 박경희 譯(1999). 한권으로 읽는 베트남사. 서울: 일빛. pp.27-171.

4. 통킹만 사건: 북베트남군과 미군의 최초의 직접적·공개적인 접전(接戰)

5. 아오 응안: 북부에서는 'Ao canh', 남부에서는 'Ao baba' 라고 한다.

6. Tran Ngoc Them(2000). '베트남인의 상징-아오자이와 논 라', 「베트남연구」 제1호. pp.232-241.

7. 앞의 글. pp.241-250.

8. 오구라 사다오 著, 박경희 譯(1999). pp.103-104.

9. 파리어(Pali): 고대 인도어 표준문장어인 산스크리트어에 대하여 인도의 통속어나 불교 경전에 쓰인 말을 뜻한다.

10. 산스크리트어(Sanskirt): 인도 아리아어 계통인 고대인도의 표준문장어. 중국·한국에서는 범어(梵語) 라고도 한다.

11. 한국태국학회(1998). 태국의 이해. 서울: 한국외국어대학교 출판부. pp.36-41.

12. 앞의 책. p.23.

13. 정환승(1999). '다문화가 숨쉬는 나라, 태국', 「민족예술」 48권. pp.42-43.

14. Susan Conway(1992). *Thai Textiles*. London: British Museum Press. pp.95-97.

15. 앞의 책. p.29, pp.55-56.

16. 앞의 책. pp.98-99.

17. 한국태국학회(1998). pp.24-33.

18. Susan Conway(1992). pp.100-103, pp.113-114.

19. Sujit Wongtes(2000). *The Thai People and Culture*. Bangkok: The Public Relations Department. pp.69-70.

20. 온양민속박물관 학예연구실(1996). 동남아시아의 직물과 복식문화 – 온양민속박물관 개관 18주년기념학술회의. 아산: 온양민속박물관. p.58.

21. 파 사바이*Pha sabai*의 명칭은 매우 다양하여 *Pha biang, Pha prae wa, Phaa sabai, Phaa sabai chieng, Phaa phrae waa, Phaa pat chieng, Phaa hom, Chieng* 등의 여러 가지 명칭으로 부른다.

22. Mattiebelle Gittinger & H.Leedom Lefferts, Jr(1992). *Textiles and the Tai Experience in Southeast Asia*. Washington D.C. : The Textile Museum. p.44, p.223.

23. 앞의 책, pp.195-200.

24. 2차 세계대전 중에 피분 수상이 생활개선의 일환으로 파 충카벤의 착용을 금지시켰으며, 전후에는 금지가 해제되었다는 설(說)도 있다(田中薰·田中千代(1980). 原色世界衣服大圖鑑. 大阪: 保育社. p.36.).

25. Mattiebelle Gittinger & H. Leedom Lefferts, Jr(1992). p.206, p.258.

26. 松本敏子(1979). 世界の民族服. 大阪: 關西衣生活研究會. p.172.

27. Susan Conway(1992). pp.111-113.

28. 앞의 책. p.56.

29. 인도네시아와 말레이시아에서는 토착민과의 혼혈여부에 관계없이 수세대를 거치는 동안 종교·음식 등의 기본적인 생활양식 면에서만 고유문화를 유지하고 있는 중국인의 자손이 있는데, 이들을 '바바차이니스' 또는 '바바' 라고 부른다.

30. 梁承允(1994). 인도네시아사. 서울: 대한교과서주식회사. pp.1-2.

31. 양승윤·박재봉·김긍섭(1997). 인도네시아의 사회와 문화. 서울: 한국외국어대학교 출판부. p.37.

32. Michael Hitchcock(1991). Indonesian Textiles. London: British Museum Press. p.145.

33. 만디(mandi): 인도네시아의 날씨는 고온다습하기 때문에 강이나 작은 개울 등에서 하루에 여러 번 미역을 감는다. 만디는 실생활의 필요성과 함께, 하루에 다섯 번 메카를 향해 예배를 하는 이슬람교의 전통과도 관련이 있다.

34. Michael Hitchcock(1991). p.63.

35. 石山彰(1996). '인도네시아 사라사(更紗)와 의장(意匠)', 동남아시아의 직물과 복식문화 – 온양민속박물관 개관 18주년기념학술회의. 아산: 온양민속박물관. p.134.

36. Michael Hitchcock(1991). p.63.

37. 앞의 책. p.146.

38. 石山彰(1996). p.134.

39. Michael Hitchcock(1991). p.88, p.93.

40. 윤양노(1996). '동남아시아 민속복식의 유형과 착장', 동남아시아의 직물과 복식문화 – 온양민속박물관 개관 18주년기념학술회의. 아산: 온양민속박물관. p.70.

41. Djambatan Member of IKAPI(1976). Indonesian Women's Costumes. Jakarta: IKAPI. p.8.

42. 앞의 책. pp.8-9.

43. 론(lawn): 밀도가 성글고 얇은 평직의 면직물. 청량감(淸凉感)이 있으므로 한랭사(寒冷紗)라고도 한다.

44. Michael Hitchcock(1991). p.150.

45. Mattiebelle Gittinger(1990). Splendid Symbols, Textiles and Tradition in Indonesia. Oxford: Oxford University Press. pp.55-60.

46. Mattiebelle Gittinger(1990). p.61.

47. 吉岡常雄·吉本忍(1980). 世界の更紗. 京都: 京都書院. p.166.

48. Michael Hitchcock(1991). p.148.

49. Wanda Warming & Michael Gaworski(1981). The World of Indonesia Textiles. Tokyo: Kodansha International. pp.132-133.

50. 石山彰(1996). p.137.

51. Michael Hitchcock(1991). p.79.

52. Wanda Warming & Michael Gaworski(1981). p.131.

IV

남부아시아(인도)의 전통복식

South-Asia

인 도 *Republic of India*

파키스탄 *Islamic Republic of Pakistan*

IV. 남부아시아(인도)의 전통복식

남부아시아는 '인도'로 대표되는 인도아대륙(印度亞大陸)으로 인도·파키스탄·방글라데시·스리랑카 등을 포함하는 지역을 의미한다. 이 지역은 민족구성이 매우 복잡한데다가 언어 또한 다양하다. 불교의 발생지인 인도는 현재 대부분이 힌두교 지역이고 인도북부 지역과 파키스탄·방글라데시는 이슬람교, 스리랑카는 불교를 주로 믿는다.

방대한 인도아대륙은 지리학상으로 세 가지의 구조적 특성을 갖는다. 첫 번째로 히말라야산맥과 서북부에 있는 힌두쿠쉬(Hindukush) 산맥을 대표로 하는 산악지대로서, 이 지역은 동북부의 밀림지대와 함께 인도를 외부로부터 고립시켜 독특한 문화를 형성할 수 있는 환경적 조건을 만들어 주었다.

두 번째는 인더스강·갠지즈강·브라마뿌뜨라강에 형성된 평원지대이다. 이 지대는 역사적으로 문명의 중심지였을 뿐만 아니라, 현재에도 정치·경제활동이 가장 활발한 지역으로 인구밀도도 높다.

세 번째는 흔히 데칸(Deccan) 고원으로 알려져 있는 남부 고원지대이다. 이 지대는 북으로는 빈디아 산맥을 경계로 인도-갠지즈 평원지대와 분리되며, 남으로는 인도의 최

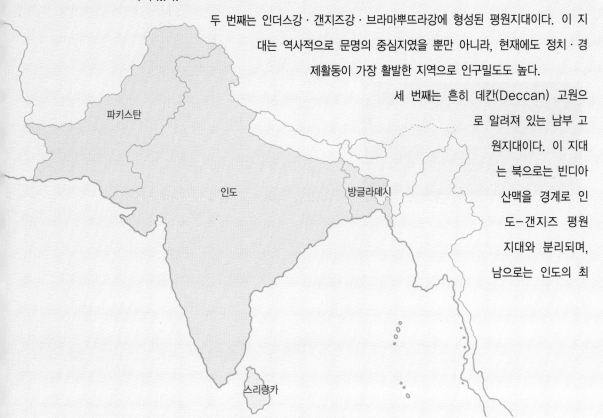

남단까지 전개된다. 지리적 · 자연적 경계 역할을 해온 데칸고원을 기준으로 북부인도와 남부인도의 문화가 달라지며, 고원지대 내에서도 동쪽과 서쪽의 양 해안지역에 각기 독자적인 문화권이 형성되어 왔다. 한 예로 데칸고원의 남쪽에 있는 네 개의 주(안드라 프라데시, 카르나타카, 케랄라, 타밀나두)는 북쪽의 아리안계 언어와 전혀 다른 드라비다계에 속하는 언어를 사용하며, 피부색도 북쪽 사람들에 비해 검은 편이다.

이처럼 인종 · 문화 · 종교 · 역사적으로 매우 복잡한 인도문화의 특성은 복식에도 반영되어, 인도의 복식은 지역과 종교, 그리고 종족에 따라 매우 다양한 특징을 지니고 있다. 또한 북인도 지역과 파키스탄 지역은 역사 · 문화 · 지역적으로 밀접하게 연관되어 있어 복식에서도 많은 공통점이 발견된다.

인도복식의 역사에서 찾아 볼 수 있는 가장 오래된 복식의 형태는 원시적인 도티나 사리형태의 권의형(卷衣型) 의복이다. 알렉산더 대왕의 동방원정 이후에는 그리스복식의 영향을 받아 옷의 외관이 풍성해지고 우아한 드래퍼리(drapery) 효과가 나타났다. 인도 역사에서 최초로 봉제의가 소개된 것은 북인도를 점령한 중앙아시아 계통의 쿠산 왕조대로 추정되지만 이러한 바지 · 코트형의 봉제의는 권의형이 중심인 기존의 인도복식에는 별다른 영향을 주지 못한 것으로 보인다. 그러나, 이슬람교가 전파된 후에는 바지 · 셔츠 · 코트 등의 봉제의가 많이 반영되기 시작하였다. 특히, 중앙아시아 출신의 투르크-몽골족인 바브르가 건국한 무굴제국 시대에는 이슬람교의 영향으로 터번과 모자, 다양한 바지류와 코트 등이 수용되어 인도복식의 기본이 형성되었다.

영국인과 함께 들어온 양복은 인도의 기후와 기존 복식의 영향을 받아 독특한 형태로 발전하였고, 여기에 기존 복식이 결합되어 현대의 전통복식이 나타나게 된 것이다.

니비형 사리를 입은 인도여성

인도 대도시의 중산층 여성들이 많이 착용
하는 가장 일반적인 형태의 사리Sari이다.
사리와 함께 상의로는 타이트하고 짧은 촐
리Choli를 받쳐 입으며, 하의로 패티코트를
받쳐 입기도 한다.

구르다 · 살와르 · 오드니 차림의 인도여성

긴 소매가 달린 헐렁한 구르다*Kurtah*와 파자마형의 긴 살와르*Shalwar*, 머리와 상체를 가릴 수 있는 커다란 오드나*Odrani*의 조합은 사리에 대응하여 미혼여성을 상징하기도 한다.

인도북부 구자라트의 여성

이곳의 전통복은 풍성하게 주름잡힌 가그라 *Gagura*라는 치마와 블라우스 형태의 촐리 *Choli*, 쓰개인 오르니*Orhni*로 구성된다. 구자라트는 묶거나 실로 꿰매어 염색하는 홀치기염이 유명하여 치마·쓰개 등에 많이 쓰인다.

인도 동북부 지역의 인도남성

도티Dhoti 위에 좁은 소매가 달리고 잔주름이 많이 잡힌 코트를 입고, 터번을 쓴 모습으로 코트에는 자수가 화려하게 놓여져 있다. 코트가 인도복식으로 정착된 것은 무굴제국 이후로써 지역마다 명칭과 형태가 다른 것이 특징이다.

인도
Republic of India

위치 __ 남부아시아

총면적 __ 328만 7,263㎢(세계 7위)

수도 및 정치체제 __ 뉴델리, 공화제

인구 __ 10억 476만명(2002년)

민족구성 __ 인도-아리안계(72%), 드라비디안계(25%), 몽골로이드 및 기타(3%)

언어 __ 제1 공용어는 힌디어, 제2 공용어는 영어, 헌법상 15개 공용어 인정[1]

기후 __ 지역마다 다르지만 다수의 지역이 열대 몬순형 기후로 혹서기(3~6월)·우기(7~9월)·건기(10~2월)로 구분됨

종교 __ 힌두교(83%)와 이슬람교(12%)가 주를 이루며 그 외 약간의 기독교·시크교·불교 신자가 있음

지형 __ 히말라야산맥, 인도 대평원(타르사막), 데칸고원, 해안과 도서(島嶼)의 4대 지형으로 구성됨

파키스탄
Islamic Republic of Pakistan

위치 __ 인도반도 북서부. 이란과 아프가니스탄, 중국, 인도와 접경하며 남쪽은 아라비아해에 임해 있음

총면적 __ 80만 3,940㎢(한반도의 약 3배)

수도 및 정치체제 __ 이슬라마바드, 공화제

인구 __ 1억 4,596만(2002년)

민족구성 __ 주민의 대부분은 인도 아리안계. 이 외에 드라비다족·희랍족·터키족·페르시아족·아랍족 등이 있음

언어 __ 우르두어

기후 __ 고온건조한 아열대기후. 영하에서 50℃까지 분포하며 북부 산악지방은 고산성 기후, 남부는 스텝과 사막기후

종교 __ 이슬람교(97%), 힌두교(1.5%), 기독교(1%), 기타

지형 __ 동북 및 서북지역은 산악지대, 인더스강 유역 주변은 평원지대

1. 인도아대륙(印度亞大陸)의 역사와 민족구성

인도의 고대문화 지역은 인도·파키스탄에서부터 중앙아시아의 아프가니스탄 일부까지를 포함한 인도아대륙 전역에 걸쳐있다. 현재 파키스탄을 이루고 있는 지역도 인도에 속해 있었으므로, 1947년 8월 영국으로부터 인도와 파키스탄이 종교적인 문제로 분리·독립하기 이전까지는 파키스탄의 역사가 바로 인도의 역사이기도 하다. 인도와 파키스탄이 인도에서 독립할 당시 파키스탄의 동(東) 파키스탄 주(州)를 형성하고 있었던 방글라데시는 1971년 3월 26일 파키스탄에서 분리·독립하였다.

오늘날 인도문화의 주류를 형성한 북부의 아리안족은 키가 크고 피부는 백색에 가까우며 코가 높고 눈이 깊숙한 용모로 유럽인에 가까우며 아리안계의 언어를 사용한다. 이들 아리아인들은 기원전 이천 년경에서 기원전 천오백 년경에 인도로 남하하여 선주민을 정복하고 인도북부의 중심에 정착한 민족이다. 이들은 점차 정복민족으로서 카스트(caste)의 상층부를 형성하고 인도문화의 주체로 등장한 것으로 보인다. 이렇게 서로 다른 언어와 문화를 갖는 광대한 지역이 하나의 인도문화권을 구성하고, 광대한 국가로 통일되기 시작하였다.

인도의 여러 가지 문화적 차이 중에서도 가장 두드러진 것은 북부인과 남부인 간의 차이이다. 문화적 차이는 언어에서 가장 뚜렷하게 나타나서, 남부인들은 주로 드라비다계에 속하는 언어를 사용하며, 북쪽은 주로 아리아계 언어를 사용한다. 한 학설에 의하면 피부색이 검은 편인 드라비드인들은 원래 인더스강 계곡에서 살았으나, 아리안족의 침략과 자연적인 재난에 쫓겨 남쪽으로 밀려 내려왔다고 한다. 무굴제국 기간에도 남부인들은 이슬람의 침입에 완강히 저항했기 때문에 이슬람세력이 남쪽의 중심부까지 영역을 확대할 수 있었던 것은 잠시뿐이었다. 주식(主食)에 있어서도 남부와 북부의 차이가 있어서 북부에서는 밀과 수수, 조 등의 잡곡류를 많이 먹지만 남부에서는 쌀이 주식이다.

파키스탄은 제1차 세계대전 후 인도에서 분리하여 독립한 이슬람 국가이다. 파키스탄을 탄생하게 한 역사적인 배경이 종교에 있었듯이, 파키스탄 주민의 99%가 이슬람교도이며, 기본적으로는 이슬람문화권에 속한다. 그러나 많은 주민이 인도로부터 이주해온 사람들이기 때문에 인도문화의 영향 또한 무시할 수 없다. 파키스탄의 인종은 인도-아리안계가 중심을 이루고 있으며, 기타 드라비다족[2]·희랍족·터키족·페르시아족·아랍족 등도 있다. 지방별로는 펀잡인(Punjabi)·신드인(Sindhi)·발루치인(Baluchi) 및 파탄인(Pathans)으로 구분하며, 이들 각 지방의 주민들은 상이한 문화와 특성을 갖고 있다.

그림 1. 간다라 지방
의 조각상
그림 2. 카니슈카 왕
의 조각상

2. 인도의 역사와 복식문화

인도의 역사는 현재 남인도에 살고 있는 드라비다인들의 조상(祖上)들이 사천 년 전에 인더스강 유역에서 이룩한 모헨조다로(Mohenjodaro)와 하라파(Harappa) 문명까지 거슬러 올라간다[3]. 이러한 인더스 문명은 유목민인 아리안 종족이 인도 서쪽 경계선을 넘어오기 시작한 기원전 천오백 년경에 무너지기 시작한 것으로 추정된다. 하얀 피부에 코가 높으며 키가 큰 아리안족과, 검은 피부에 키가 작은 편인 원주민 드라비다인과의 오랜 혼혈을 통하여 현재 인도인의 외형이 형성되었다고 한다[4].

고대 인도의 역사에 나타나는 인도복식의 형태는 '봉제되지 않은 한 장의 천을 허리에 두르거나 가슴을 감아주는 형식'의 권의형이었다. 이러한 간단한 형태가 점차 몸 전체를 감는 형태로 발전하여, 현재의 도티*Dhoti* 및 사리*Sari*, 오드니*Odrani* · 두파타*Dupatta*와 같은 베일, 터번을 형성한 것으로 보인다[5]. 기원전 4세기 알렉산더 대왕(재위 기원전 336~323)의 동방원정을 계기로 동서 간의 문화교류는 더욱 활발하게 진행되어, 5세기경에는 그리스 · 로마풍의 불교미술인 간다라 양식이 확립되었다. 복식에도 그리스복식의 영향으로 우아한 드래퍼리 효과와 실루엣의 변화가 일어나게 되었다(그림 1)[6]. 초기에 인도에서 착용된 튜닉형의 상의는 허리띠 · 끈 · 핀 등으로 고정한 그리스의 키톤과 유사한 것이었으나, 점차 바늘 사용이 일반화되면서 봉제된 형태의 상의가 나타났다[7]. 특히 그리스 문화를 좋아하여 간다라 양식을 꽃피운 쿠샨 왕조[8]의 카니슈카왕은 몸에 딱 맞는 코트와 바지를 입고 있는 모습의 조각상이 있어서(그림 2), 일반화된 것은 아니지만 당시에 이미 바지와 코트류가 인도에 소개된 것으로 보인다[9].

8세기 초, 신드 지방의 점령을 시작으로 이슬람세력의 인도 진출은 15세기까지 끊임없이 계속되어, 대부분의 펀잡 지역과 동부인도의 외곽지대는 끊임없는 이슬람의 침략에 시달려야 했다. 이들 이슬람 정복자들의 옷차림은 페르시아풍의 바지와 터번을 착용하고, 그 위에 좁고 긴소매가 달린 길고 폭이 넓은 코트를 입은 모습이었다. 그러나 이러한 복식은 더운 인도의 날씨에는 적합하지 않았으며[10], 이슬람 정복자를 야만적이고 불결하게 생각한 힌두교도들에게 그들의 복식은 크게 영향을 미치지 못했다. 이 시기에 인도 여성복에는 천 하나로 몸을 둘러 감는 간단한 사리 형태에서 발전하여, 옆선이 봉제된 치마와 상체를 가릴 수 있는 쓰개로 분리된 형태가 등장하였다(그림 3). 또한 가슴부위를 가리기 위하여 반소매 형태에 몸에 꼭 맞는 탱크탑 형태의 촐리Choli도 등장하였다[11].

중앙아시아의 티무르제국[12]의 후예였던 바부르(Babur)는 1526년 인도에 침입하여, 델리를 점령하고 인도대륙에 이슬람왕조인 무굴제국(Mughul, 1526~1857)[13]을 건설하였다. 무굴제국 시대에는 이슬람과 페르시아풍의 영향으로 캡과 터번, 바지, 다양한 종류의 코트, 소매가 달린 재킷 등이 인도복식에 수용되었다(그림 5, 6). 특히, 터번과 코트는 서구인들이 인도 무굴 스타일로 일컬을 정도로 빠르게 파급되어 갔다. 당시 무굴제국 귀족여성의 옷차림은 바지를 입고 그 위에 수놓은 긴 가운을 걸치고 작은 모자를 쓴 모습이었다. 페르시아적인 무굴제국의 여성복에 제일 먼저 영향을 받은 것은 인도 북서부 지역으로, 샬와르Shalwar·쥬디다르Churidar 등의 바지들은 더욱 우아하고 세련된 형태로 발전되었으며, 무굴제국의 바지와 코트류는 점차 힌두 여성에게도 보급되기 시작하였다[14].

18세기 중엽 무굴제국의 세력이 차츰 쇠약해져 지방 제후에 대한 통제력을 상실하

그림 3. 원시적인 형태의 촐리와 도티 차림(12세기 초)
그림 4. 상체가 노출된 형태의 사리(16세기)

그림 5. 무굴제국의
귀족남성
그림 6. 무굴제국의
귀족여성

자, 영국은 벵골 지방을 중심으로 인도를 장악하기 시작하였고, 19세기 중엽에는 전 인도를 장악하여 1947년 인도독립 전까지 인도대륙을 통치하였다. 영국인의 도착과 함께 도입된 서구의 복식은 인도의 기후와 기존의 복식의 영향을 받아 독특한 형태로 발전하였는데, 가장 먼저 변한 것은 코트류였다. 좁고 긴 끈을 이용하여 앞을 여미는 무굴제국의 헐렁한 코트는 영국재킷의 영향을 받아 단추로 여미는 날씬한 형태로 바뀌었다. 그와 함께 헐렁하던 바지도 서구적인 형태로 변하였다[15]. 또한, 남성 상체가 그대로 노출되는 것은 예의에 어긋난다는 유럽적인 사고방식이 보급되면서, 튜닉형의 구르다*Kurtah*나 칼라가 달린 셔츠형의 쿠미스*Qumiz*가 펀잡 지역을 중심으로 남성의 일상복으로 전파되어 농부들까지 착용하게 되었다.

펀잡의 젊은 여성들 사이에는 외관상으로는 기성세대의 옷차림과 크게 다르지 않으면서도, 무겁고 거추장스러운 패티코트형의 가그라*Gagura* 대신에 커다랗게 부풀려 마치 풍성한 치마처럼 보이는 샬와르와 튜닉을 입는 것이 새로운 유행으로 등장하였다. 초기의 풍성하고 넓은 샬와르는 점차 신세대 젊은 여성들의 취향에 맞게 간단하고, 산뜻하며 몸에 잘 맞는 형으로 바뀌었으며, 셔츠도 좀더 짧고 날씬한 형태로 변화했다. 짧은 촐리도 점차 튜닉형의 구르다로 대치되었다. 그러나 보수적인 라자스탄과 도그라(Dogra) 등의 전통사회의 농촌여성들은 여전히 패티코트형의 무겁고 주름이 많은 치마를 착용하였다[16].

3. 인도 전통복식의 종류 및 특징

1) 신성한 의복 : 권의형

(1) 도 티

도티*Dhoti*는 오랜 기원을 갖고 있는 인도남성의 대표적인 의복으로 면직물이나 면사와 견사를 섞어 짠 흰색의 천을 다리와 허리에 감아 바지처럼 착용한 것이다(그림 7, 8). 힌두교에서는 도티나 사리처럼 재봉한 솔기가 전혀 없는 옷을 깨끗한 옷, 정의(淨衣)이라 하여 현재에도 종교적인 행사 등 특별한 경우에는 전혀 바느질하지 않은 커다란 천형태의 도티를 착용한다. 힌두교도는 가장자리에 좁고 독특한 선 장식이 있는 흰색 천을 사용한다.

반면, 벵갈과 편잡 지역의 이슬람교도들은 가장자리에 넓은 격자무늬가 있는 천을 사롱처럼 허리에 둘러 입는데 이것을 룽기*Lungi*[17]라고 한다(그림 9). 룽기는 도티와 달리 뒷부분에 접어 넣은 부분이 없으며[18], 길이도 약간 짧은 편이다.

(2) 사 리

사리*Sari*는 도티와 함께 그 기원이 고대까지 거슬러 올라가는, 아주 오랜 역사적 기원

그림 7. 도티 착용법

그림 8. 도티와 숄을
착용한 모습
그림 9. 룽기를 착용
한 모습

을 갖고 있는 인도여성의 대표적인 복식이다. 인도 대부분의 지역에서 사리는 길고 넓은 천 하나를 몸에 감아 상체와 하체 모두를 가리는 방식으로 착용된다. 사리는 착용자가 소속된 종족이나 지위, 카스트[19] 등의 사회적 배경에 따라 직물의 종류, 색상과 문양의 선택 등에 제한을 받아왔으며, 이러한 전통은 과거보다는 많이 약화되었지만 아직도 영향력을 갖고 있다. 인도 북부지역에서 밝은 색상은 젊은 신부의 특권으로 간주되며, 선명한 붉은색은 힘과 기쁨을 상징하는 색상으로 여겨지고 있다. 관습적으로 미망인은 애도의 상징으로 흰색을, 나이든 기혼녀는 진한 파란색이나 수수한 색의 사리를 입는다.

사리는 세 부분으로 구분할 때, ① 사리의 세로방향으로 원단 양쪽 끝 가장자리 선 장식(border), ② 사리의 끝단 장식부분(endpiece), ③ 중심이 되는 넓은 바탕부분(field)으로 구성된다(그림 10). 오늘날의 선 장식은 전통보다는 유행을 따르는 경향이 있다. 그

그림 10. 사리의 부분 명칭
그림 11. 촐리와 사리 차림

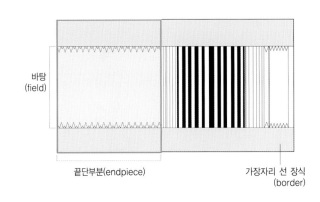

바탕
(field)

끝단부분(endpiece)

가장자리 선 장식
(border)

러나 아직도 각 지역 특유의 전통적인 배경을 가진 것들도 여전히 사용되고 있으며, 착용시기와 방식에 따른 사리의 화려함과 장식의 정도는 전통에 의해 결정된다. 특별한 경우에 착용하는 장식적인 사리는 평상시의 것보다 더욱 넓고 가장자리에 화려한 선 장식을 하는 것이 특징이다[20].

① 니비(Nivi)형 사리

외국인에게 가장 익숙한 형태로 인도 대도시의 중산층 여성들이 많이 착용한다. 허리부분에서부터 주름을 잡아주면서 몸을 감아 치마부분을 만들어준 후, 남은 천으로 상체를 대각선으로 감아 준다. 나머지 끝단 장식부분은 한쪽 어깨를 가리거나, 뒤로 늘어뜨리거나, 머리에 드리워 준다.

② 드라비디안형 사리

사리의 한쪽 끝을 앞쪽이나 어깨로 넘기거나 늘어뜨리는 대신에 엉덩이 주변에 감거나, 몸통둘레에 강하게 묶어준다. 남부인도와 스리랑카의 고유한 형태로 추정된다.

③ 북부형 사리

구자라트(Gujarat), 비하르(Bihar)와 오리사(Orissa) 지역에서 많이 착용한다. 치마부분에 주름이 있으며 사리의 끝부분은 등을 지나 앞으로 넘겨져서, 끝단의 장식부분이 착용자의 가슴부위에 오게 된다. 끝단의 장식부분이 가슴부위에 오기 때문에 장식이 눈에 잘 띄며, 다른 지역에 비해 끝단의 장식부위가 넓은 것이 특징이다.

④ 어깨고정형 사리

대개 길이가 약간 짧은 면으로 된 사리를 주름을 잡지 않고 입는다. 코올그스(Coorgs) 지역은 길이가 5.5m 되는 값비싼 견직물을 사용하여 뒷부분에 주름을 많이 잡아 핀으로 고정하여 착용하며, 아셈 지역은 한쪽 어깨에 묶어 고정한다.

⑤ 바지형 사리

도티처럼 바지모양을 만들어 입는 방법으로 데칸고원[21]의 마하라수트라·안드라프라데시·마드야프라데시 주(州)와 남부의 카르나타카·타밀나두 주에서 많이 착용한다. 마하라수트라 주에서는 카차차하*Kachchha*[22]라고 한다.

① 니비형 사리

② 드라비디안형 사리

③ 북부형 사리

④ 어깨고정형 사리

⑤ 바지형 사리

그림 12. 다양한 종류의 사리 착용방법

2) 페르시아 복식의 영향 : 파자마 · 쥬디다르 · 샬와르

현재 바지형 잠옷을 일컫는 파자마는 인도에서 유럽으로 전파된 것으로, 인도에서 파자마는 남성과 여성 모두가 착용하는 헐렁한 바지를 총칭한다. 가장 기본적인 것은 발목 길이에 바지통이 중간넓이 정도이며, 허리는 끈으로 고정하고, 바짓가랑이 밑위에는 무(gusset)가 달려 있는 형태이다.

인도의 파자마 중에서 가장 대표적인 것은 쥬디다르와 샬와르이다(그림 13). 쥬디다르*Chudidar*는 허리와 엉덩이 부분에는 여유가 있고 발목에서 무릎까지는 장화처럼 꼭 맞는 형태의 바지이다. 펀잡과 라자스탄 지역에서 많이 나타나며, 무굴제국 시기에는 이슬람교와 힌두교의 상류계층 여성들이 착용하기도 하였다[23]. 샬와르*Shalwar*는 터키의 하렘바지와 유사한 여유 있고 헐렁한 곡선형의 바지로써 바짓부리에는 빽빽하게 자수를 놓은 면 레이스를 달기도 한다. 허리부터 바짓부리로 갈수록 좁아지는 형태로 펀잡 지방에서는 남성과 여성 모두가 착용한다. 근래에는 기계로 생산한 4~5개 정도의 얇은 천을 사용하여 만들지만, 얼마 전까지만 해도 9m 정도의 두꺼운 홈스펀 직물을 사용하여 마치 치마처럼 보이는 풍성한 형태로 제작하였다. 남성용 바지는 주로 흰색의 면이나 면사와 견사를 교직한 소박한 천을 사용하지만, 여성용은 실크 · 벨벳 · 브로케이드 등의 다양한 천을 사용하여 멋을 부리기도 한다. 파키스탄 남부의 신드 지역에서는 남녀 모두가 무가 없는 유럽의 파자마와 비슷한 형태의 일자형의 헐렁한 바지를 입는다.

3) 여성용 상의

여성들은 사리를 입을 때 촐리*Choli*라고 하는 타이트한 상의와 함께 입는다. 촐리는 대개 반소매가 달린 형태로 허리가 노출되고 배꼽이 드러나는 형태이나 간혹 긴소매가 달리거나 소매가 없는 경우도 있다. 원래는 앞부분만 가리고 등이 노출되며 배꼽과 허리

그림 13. 다양한 형태의 바지

바지통이 좁은 쥬디다르

바지통이 넓은 샬와르

일반적인 샬와르

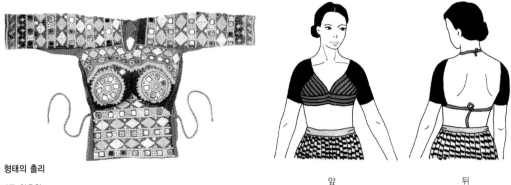

그림 14. **긴 형태의 촐리**

그림 15. **촐리를 착용한 모습**

앞　　　　　　뒤

가 드러나는 짧은 상의로써, 옷 아래에 달린 끈을 조여 입는 형태였다(그림14, 15). 그러나 요즘은 목선에 트임이 있는 짧고 몸에 잘 맞는 블라우스형으로 변형되었다[24].

4) 셔츠와 재킷들

남녀 모두가 착용하는 셔츠형의 헐렁한 상의는 깃이 없는 튜닉형으로 주로 바지 위에 입는다. 대개 소매는 길고 헐렁한 형태이나 요즘에는 커프스로 처리하는 경우도 많다. 길이는 엉덩이길이에서부터 무릎길이까지로 다양하며 때로는 양쪽에 불룩한 주머니를 달기도 한다. 북부 편잡 지방의 구르다가 대표적이나, 지역마다 형태와 스타일, 명칭은 조금씩 다르다. 칼라가 없으며 엉덩이를 덮지 않는 여성용 반팔셔츠는 구투리*Kutri*라고도 한다[25].

셔츠 중에서 쿠미스*Qumis*, 카메즈*Kameez*는 양복의 셔츠에 가까운 형태로써 구르다

그림 16. **다양한 형태의 구르디 · 샬외르 · 오드니 차림**

아시아 전통복식

보다 몸에 잘 맞으며 칼라와 단추가 달려 있다. 옆선에는 허리선까지 이어지는 긴 옆트임이 있으며, 앉았을 때 하복부와 허벅지를 가릴 수 있을 만큼 밑단을 넓게 처리하는 것이 특징이다. 펀잡지역 여성들이 착용하는 카메즈는 셔츠라기보다는 튜닉에 가까운 형태로써 반소매나 소매통이 좁은 긴 소매가 달린 무릎길이의 상의이다. 때로는 카메즈의 허리 아래에 주름이나 플래어를 처리하여 여유를 주기도 하며, 좀더 날씬하게 보이기 위하여 허리부분에 주름을 잡아 주기도 한다[26].

5) 코 트

인도에서 코트류는 대부분 남성들이 착용하며, 그 중에서 아츠칸*Achkan*은 무굴제국의 자마*Jama*라는 코트에서 발달한 것이고(그림17, 18), 샤르와니*Sherwani*는 영국의 코트에서 영향을 받아 서구화된 옷이다[27]. 가슴부위는 잘 맞고 아래 부위는 여유가 있는 무릎길이의 남성용 상의로, 목부터 허리선까지만 단추가 달리고 그 아래는 단추 없이 그대로 벌어지는 형태이다. 동부인도에서는 밴드칼라에 좁은 소매가 달린 무릎길이의 몸에 잘 맞는 튜닉형의 상의를 입는데, 이것을 쵸가*Choga*라고 한다(그림 19). 일반적으로 흰색의 린넨을 이용하여 만들지만 특별한 행사시에는 화려한 브로케이드로 만든 것을 입기도 한다.

그림 17. **라호르 지역의 아츠칸 I**

그림 18. **아츠칸 II**

6) 쓰개류

오드니*Odhnis* 또는 오르니*Orhni*[28]로 알려진 커다란 쓰개는 3~4m 길이에 약 1m 너비의 견 또는 섬세한 머슬린으로 만

그림 19. **전통형태의 쵸가**

그림 20. 가그라와 오
드니 차림
그림 21. 부르가를 착
용한 파키스탄 여성

든다. 일반적으로 가운데 부분을 머리 위에 얹어 자연스럽게 늘어지도록 착용하며, 이슬람 여성은 앞으로 늘어진 부분을 뒤로 돌려 감아서 머리와 목선을 완전히 가려준다. 오드니의 전통적인 디자인과 문양이 사리와 유사해지면서 오드니 고유의 디자인과 문양은 점점 사라져가고 있다[29].

구자라트 · 라자스탄 등의 서부지역에서는 긴 주름치마인 가그라*Gagura*[30]나 사롱형태의 룽기와 함께 오드니를 착용한다. 가그라는 주름이 많이 잡혀있어서 펼치면 원(圓)처럼 넓은 모양이 된다. 두파타*Dupatta*는 오드니와 비슷한 형태로 어깨 위에 드리우는 형태의 쓰개를 말하며, 춘아리*Chunari* 또는 춘니*Chunni*는 비교적 가벼운 소재를 홀치기염색해서 만든 것으로 주로 소녀들이 착용한다.

이슬람여성의 쓰개는 더욱 다양한데 그 중에 대표적인 것이 부르가*Burqa*이다. 아랍세계에서 전파된 부르가는 아주 조밀하게 주름을 잡고 앞길의 반 정도에 트임이 있는 형태의 쓰개이다(그림21). 밖을 볼 수 있도록 만든 사각형의 구멍을 잡고 앞길의 둥근형태의 장식이 있는 작은 모자(skullcap)로 구성된다. 몸 전체를 감싸는 형태로 길이는 발끝까지 오는데, 현대적인 부르가는 좀더 작고 몸에 맞는 세련된 형태로 변하고 있다.

7) 터번과 작은 모자류

인도에서는 터번을 파그리*Pagri*라고 한다. 인도 남부나 서부의 남성들이 즐겨 착용하는 머리장식으로, 착용방법은 지역 · 지위 · 종파 간에 차이가 나며 착용자의 사회적 신분과 교양을 상징하기도 한다.

그림 22. **화려한 색상의 터번을 착용한 모습**
그림 23. **다양한 형태의 토피**

라자스탄 지역의 터번은 지역에 따라서 다양한 형태가 남아 있어 어떤 지역에서는 격자무늬나 다양한 색상으로 염색한 터번을 착용하기도 하고[31], 터번의 한쪽 끝을 목덜미 부위에 늘어뜨려 주기도 한다(그림 22). 때로는 23cm 정도의 좁은 폭에 16~23m에 이르는 아주 섬세하고 긴 천을 사용하기도 한다[32].

시크교도(Sikhism)[33]들은 머슬린을 염색하여 만든 사파*Safa*라는 터번을 착용한다. 신드와 펀잡 지방에서는 좀더 작고 단단하게 감은 형태의 터번을 착용하거나, 챙이 없고 둥근 형태의 가볍고 장식적인 토그*Toque*를 착용한다. 이슬람교인이 많이 착용하는 페즈*Fez*는 터키에서 기원한 모자로, 붉은색 펠트로 만들며 검은색 술을 달아 장식한다[34]. 그 외에도 다양한 종류의 토피*Topi*가 착용되는데(그림 23), '*topi*'는 힌두어로 모자라는 의미가 있다[35].

8) 장신구

인도여성의 장신구는 대단히 화려하고 다양하여, 귀고리·목걸이·코걸이·반지·발찌 등 신체의 모든 부위마다 독특한 장신구들이 있을 정도이다.

이마를 장식하는 장신구에는 싱카*Shinka*·찬드라*Chanda*·찬드비나*Chandbina* 등이 있다. 싱카는 양쪽 이마 위에 늘어뜨리는 장신구이며, 찬드라는 작고 얇은 금이나 반짝이는 것으로 만든 작은 장식물을 말한다. 둥근 펜던트처럼 생긴 것을 이마 중심에 고정시킨 것을 찬드비나라고 하며, 이 외에도 금·은으로 만든 정교한 화관과 같이 만든

그림 24. 다양한 장신
구를 착용한 여성
그림 25. 헤나로 장식
한 신부의 손
그림 26. 헤나와 장신
구로 장식한 발
그림 27. 주티스

두나이*Dunai* 또는 신가 삐티*Singar patti*를 머리띠처럼 착용한다.

링처럼 생긴 코걸이는 나드*Nath* 또는 베사르*Besar*라고 하며, 손에는 다섯손가락이 서로 연결되어 있으며 작은 방울이 달린 하드풀*Hathphool*을 낀다. 이 외에도 지방과 신분에 따라 무수히 많은 장신구들이 사용된다. 손바닥과 발바닥에는 인도에서 자생하는 헤나(henna)에서 채취한 자연 염료로 상서로운 문양을 화려하게 그려 넣는다(그림 25, 26).

전통적으로 인도인들은 신발을 신지 않았으나 근래에는 현대적인 샌들이나 구두를 신는 경우가 많다. 전통적인 것으로는 주티스*Jootis*라는 신발이 있다(그림 27). 주티스는 실크와 금ㆍ은사로 화려하게 수를 놓은 장식적인 신발로써 남녀 모두 신는다. 여성용 주티스는 굽이 없고 밑창만 있으며 끝이 점점 좁아지는 슬리퍼 형태가 많다[36].

4. 인도 및 파키스탄 주요 지역의 복식

1) 펀잡 지방

1947년 인도와 파키스탄이 분리될 때 국경선이 한가운데를 가로지르면서 파키스탄과 인도로 나뉜 펀잡 지방은 인종과 종교, 언어가 다양한 지역이다. 파키스탄에 속한 펀 잡 지역에는 대부분 이슬람교도가 거주하고 있으며, 인도에 속한 펀잡 지역에는 비슷한 수의 힌두교도와 시크교도가 살고 있다.

다른 지역에 비해 도티는 많이 착용하지 않으며, 라자스탄 지역과 함께 쥬디다르를 많이 착용한다. 상의로는 구르다 외에도 서구형의 칼라가 달린 다양한 셔츠들을 착용한 다. 구르다와 함께 파자마를 입거나, 룽기의 일종인 타흐마드Tahmad란 요권의를 착용 하며, 특히 농촌지역은 보편적으로 바지보다 타흐마드를 많이 입는다[37]. 룽기는 지역에 따라 사롱과 같은 요의(腰衣)의 의미로 사용되기도 하고, 때로는 머리에 쓰는 터번을 지 칭하는 용어로 사용되기도 한다. 그러나 펀잡에서는 허리에 걸치는 요의만을 의미하며 터번은 페그Peg라고 부른다[38].

여성복은 샬와르, 튜닉 형태의 카메즈와 쓰개인 오르니로 구성된다. 전통적인 샬와 르는 윗부분에 여유분이 많고 주름이 많이 잡힌 불룩한 형태였으나, 근래는 날씬한 형태 를 즐겨 입는다. 베일로는 오르니 · 두파타 · 춘니 · 춘아리 등이 있으며, 대중적인 장소 에서 머리나 얼굴을 가리는 용도로 사용한다. 나이든 여성들은 머슬린 두파타 위에 견으 로 만든 두파타를 덧쓰기도 한다.

2) 라자스탄 지방

라자스탄의 남성복은 뒷중심에 주름을 잡아준 도티와 재킷의 일종인 앙가라카 Angarkha, 터번으로 구성된다. 앙가라카는 허리선이 높고, 가슴부위가 꼭 맞으며 치마 부분은 주름을 촘촘히 잡은 옷이다. 단추 대신에 끈으로 묶어 입으며, 소매는 팔길이보다 훨씬 길고 좁은데 이런 소매를 팔찌처럼 동그랗게 말아 입는다. 그러나 이러한 전통적인 상의는 점차 단순한 재킷이나 긴 셔츠로 대치되고 있다[39].

라자스탄의 여성복은 가그라(또는 가가라Gagara) · 촐리 · 오르니로 구성된다. 주름 이 전체적으로 골고루 잡힌 둥근형의 긴 치마는 가가라 또는 레흥가Lehnga라고 불리는 데, 주름이 많이 잡힌 풍성한 가그라를 만들 때는 18m 이상의 천을 사용할 정도이다. 머 리에는 커다란 사각형의 오드니 · 춘니를 쓴다.

3) 구자라트 지방

구자라트의 남성은 머리에는 터번을 쓰고 길이방향으로 선 장식이 있는 도티와 함께 칼라가 없는 흰색의 헐렁한 구르다나 서구화된 셔츠를 입는다. 이 지역의 구르다는 커프스가 없이 넓은 소매가 달리고, 길이는 허벅지 중간이나 무릎 정도인 헐렁한 셔츠 형태이다. 때로는 자와하르 재킷*Jawahar jacket*이라는 조끼를 구르다 위에 착용하며, 반디*Bandi* 또는 반디안*Bandiyan*이라는 조끼를 속옷처럼 입기도 한다.

여성복은 화려한 장식이 있는 가그라처럼 생긴 패티코트형 치마에 촐리를 입고 그 위에 사리를 두른다. 일반적으로 사리 밑에 착용하는 패티코트에는 아무 장식이 없는 것을 입지만, 구자라트 것은 가그라처럼 대단히 화려한 것이 특징이다. 이슬람 여성들은 구르다·샬와르·두파타를 착용하며 젊은 이슬람 여성은 샬와르 대신에 바지통이 넓고 주름장식이 있는 파자마형의 바지인 가라라*Garara*를 입기도 한다.

4) 우타르 프라데쉬와 비하르 지방

구르다나 셔츠와 함께 도티를 입는 것이 일반적이지만, 도티 대신에 파자마형의 바지를 입는 사람들도 많다. 이슬람교 남성들은 룽기를 많이 입는다. 칼라가 없고 커프스가 없는 긴소매가 달린 헐렁한 흰색 구르다 위에 자와하르 재킷을 입기도 한다. 반디, 또는 반디안을 속옷으로 착용하는데, 시골에서는 이것을 겉옷으로 착용하기도 한다[40].

여성들은 블라우스나 촐리 위에 사리를 입는 것이 보편적이나, 일부 이슬람 여성들은 두파타·쥬디다르·구르다를 입기도 한다. 시골에서는 평상복으로 가그라(이 지역에서는 레훙가*Lehnga*라고 부른다)와 촐리·오드니를 착용하는 여성들도 있으나, 도회지에서는 의례적인 경우에만 착용한다.

5) 자무와 캐슈미르 지방

이곳은 구르다 대신에 헐렁하고 길이가 발목까지 오는 튜닉형의 페론*Pheron*과 발목 부리에 수직상의 주름이 잡힌 헐렁한 샬와르를 입는다. 페론은 모직으로 만들며 남성들의 것은 여성의 것보다 짧다. 페론 위에는 자수가 놓인 벨벳 소재의 소매가 없는 재킷을 입기도 한다. 샬와르의 바짓부리에는 아름다운 자수를 놓기도 하고, 머리에는 자수가 놓인 동그랗고 챙 없는 모자(skullcap)를 오드니와 함께 착용한다[41].

아시아 전통복식

6) 벵갈과 오리사 지방

이 지역에서는 칼라와 커프스가 없는 구르다형의 상의인 펀자비*Punjabi*와 도티를 착용한다. 남성들의 머리장식은 완전히 사라져서 터번이나 모자류는 거의 사용하지 않는다. 또한 우토리오*Uttorio*라고 하여 스카프를 길이방향으로 반으로 접어 왼쪽 어깨에 걸치는 풍습이 있다. 이와 같은 우토리오 · 펀자비 · 도티의 조합은 이곳 남성의 정장차림이다[42].

7) 신드 지방

파키스탄에 속한 신드 지역은 서아시아에서 가장 다양하게 자수가 발달한 곳으로, 이곳에는 아직도 많은 여성들이 다양한 민속의상과 화려한 장신구, 가축을 장식하기 위한 공예품 등을 제작하고 있다. 이곳의 주민 중에 상당수는 거주지를 옮기면서 농업과 목축 생활을 겸하고 있으며 대부분은 이슬람교도지만 힌두교도도 있다.

건조한 사막지대인 타르 사막에 거주하는 타하리족(Tharri) 여성은 선명한 색상을 사용하는 것으로 유명하다. 이 지역의 여성들은 앞가슴에 패널장식이 있으며 화려하게 자수가 놓인 짙은 붉은색이나 검은색 면으로 만든 촐로*Cholo*라는 블라우스와 함께 화려하게 장식된 긴 치마인 가가라를 입는다. 일부 부족들은 샬와르를 착용하며 홀치기나 블록 프린트, 자수 등으로 꾸민 얇은 면직물로 만든 커다란 오드니를 숄처럼 둘러 착용한다.

파키스탄 남동부의 신드 주 아래쪽 타르파카(Tharparkar)에 사는 자트족(Jat)의 여성은 길고 풍성한 원피스형의 드레스인 초리*Chori*와 함께 샬와르 · 오드니를 입는다. 이곳의 초리는 겨드랑이 아래에 섬세한 주름이 잡혀있는 긴 원피스 형태로 새시로 허리를 묶어 고정한다. 초리의 색상은 착용자의 신분을 나타내는데, 일반적으로 붉은색은 신부와 어린 소녀나 멋 부리기를 좋아하는 젊은 여성들이 착용하며, 과부와 나이든 여성은 검은색 초리를 좀더 수수한 새시와 함께 착용한다[43].

5. 인도의 전통 직물

인도대륙에서 섬세한 직물을 생산하기 시작한 것은 유사 이전의 시대까지 거슬러간다. 지금부터 약 사천 년 전에 형성된 인더스강의 모헨조다로 유적에서는 당시 인더스 문명인들의 주요 수출품이었던 면직물 조각이 발견되었으며, 기원전 천오백 년경에서 기원전 이백 년경에 만들어진 힌두교 서사시와 불교 자료에서는 면 · 마 · 견직물 제직에 대한 기록을 찾아볼 수 있다.

기원전 육백 년경에 시작된 페르시아 제국의 영토확장으로 인더스강 유역과 지중해지역 간의 무역이 활성화되면서, 밝고 다채로운 색상의 인도직물이 페르시아와 그리스인들에게 선호되었다. 또한 알렉산더 대왕의 정복전쟁으로 지중해 항구부터 페르시아와 아프가니스탄을 거쳐 인도까지 연결되는 무역로가 형성되면서, 이를 통하여 다양한 인도의 직물들이 오리사와 벵갈 지역을 통해 실론(Ceylon : 스리랑카의 옛 이름)과 미얀마로 흘러나갔고, 아삼(Assam)과 미얀마를 횡단하는 동쪽 무역로를 통해서는 중국과의 무역이 이루어졌다. 그 후 바닷길을 통한 해상무역이 발달하면서 아라비아와 페르시아·메소포타미아 및 지중해를 향한 무역은 아라비아해와 인도의 캄베이만을 연결하는 해상로를 통해 이루어졌다. 그 결과, 인도 머슬린은 'venti (바람처럼 섬세하다)', 'nebula (자연의 안개)' 라는 이름으로 유럽에서 명성을 얻게 되었다[44].

무굴왕조가 영향력을 펼쳤던 16세기 초반부터 유럽 국가들은 무굴제국의 통치력이 미치지 못한 인도의 해안지역을 중심으로 식민지를 확보해나갔으며, 동시에 바다를 통한 인도·유럽 간의 무역을 시작하였다[45]. 이들 유럽상인들은 유럽에서는 생산된 적이 없는 선명하고 화려한 인도의 날염직물과 자수직물을 유럽시장에 소개하였다. 새롭고 아름다운 인도직물들에 대한 서구인들의 수요는 폭증하였고, 유럽직물 디자인에 새로운 영감을 주어 새와 꽃, 리본과 화환 같은 로코코 스타일의 모티브에 결합되었다. 17세기 후반 인도의 날염 면직물은 전통적인 인도의 디자인과 달리 인도·중국·유럽 디자인들이 한데 어울린 복합적인 디자인으로 발전하였고, 유럽에서는 이것이 '동양적 양식'으로 알려지게 되었다[46].

1) 친츠 · 칼리코 · 사라사

유럽에서 친츠Chintz, 칼리코Calico, 또는 사라사Sarasa로 불리던 식물들은 원래인도

그림 28. 칼람으로 염색한 인도의 방염직물
그림 29. 칼람으로 그림을 그리는 모습

의 면직물을 칭하던 것으로 이들 직물은 색상이 다채로우면서도 염색견뢰도가 우수한 것이 특징이었다. 당시에 인도에서 수입된 면직물을 유럽에서는 칼리코라 하였는데 이 것은 당시 인도의 중요한 항구였던 캘리컷 항(Calicut)에서 유래하였다 한다. 또한 인도의 방염(防染)직물을 친츠라고 하는 것은 인도어로 '점박이 직물'이라는 'chitta'에서 유래한 것이다[47]. 인도네시아의 바틱이 납방염법을 주로 사용하는 것과는 달리, 인도의 친츠는 매염제 날염과 납방염 수화(手畵)의 기법 등을 섞어서 염색한다.

먼저 부드럽게 처리한 목면에 철분액(鐵粉液)과 백반ㆍ탄닌 성분 등을 이용하여 미리 매염처리를 한 후, 대롱 형태의 펜이 달린 칼람(kalam)[48]을 사용하여 직접 그림을 그리고 원하는 색을 채워 넣은 다음에, 방염하고 싶은 부위에 초를 칠하여 방염한다(그림 29). 칼람의 앞부분을 밀랍이 담겨있는 그릇에 담그면 용해되어 있던 밀랍이 칼랍 속의 뭉치 속에 흡수되고, 압력의 조절에 따라 적당량의 밀랍이 펜촉 끝으로 흘러내리게 되는 원리를 이용하는 것으로, 기본적으로 인도네시아의 짠팅(canting)과 비슷한 역할을 한다.

한번 염색할 때 한 가지 색만 염색할 수 있었기 때문에 일차 염색(주로 인디고염색을 먼저 한다)을 한 후, 사용된 밀랍을 제거ㆍ건조시킨 후 남겨진 흰부분에 다시 납방염과 다른 매염제로 그림과 색을 첨가하는 과정을 반복함으로써 다양한 색을 표현할 수 있었다. 17세기말부터는 수화의 방법 대신에 목판으로 프린트하는 방법을 고안하면서, 날염 과정이 신속해지고 훨씬 저렴하게 생산할 수 있었다[49].

2) 반다니

세계적으로 유명한 인도의 홀치기 염색은 반다니Bandhani라고 하며 반다니는 구자라트어로 '묶는다'는 의미가 있다[50]. 반다니의 중심지는 인도 내륙지역의 라자스탄ㆍ구자라트ㆍ봄베이 주변 등으로 특히 목면이나 견직물을 홀치기한 것이 유명하다. 인도의

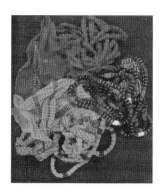

그림 30. 실ㆍ끈으로 묶어서 방염한 직물
그림 31. 실로 꿰매어 홀치기 염색한 직물
그림 32. 실로 꿰매어 문양을 만드는 모습

홀치기 직물은 지역과 문양에 따라 명칭이 다르다. 특히 구자라트에서는 다소 투박한 문양이 흩트려져 있는 붉은색 바탕에 흰색·노란색·초록색으로 염색한 홀치기 직물을 춘리Chnnri라고 부른다.

대부분의 홀치기염은 직물을 묶거나, 접거나, 바느질로 홀아 당겨주는 등의 다양한 방법으로 방염 처리한 다음(그림 30, 31, 32), 염액(染液)에 넣어 염색하고 한꺼번에 풀기 때문에 색채는 바탕색과 방염된 부분의 색으로 한정될 수밖에 없다. 따라서 다색염(多色染)을 하기 위해서는 이러한 공정을 되풀이해야만 한다. 즉, 색을 첨가할 때마다 문양에 따라서 다시 홀쳐서 방염하는 과정을 반복한다. 정교하게 홀치기한 터번이나 베일 하나를 만드는 데는 20~30일 정도가 걸리며, 그보다 큰 천은 2~3개월이 걸리기도 한다[51].

3) 이카트

천을 직조하기 전에 실의 일부를 묶어 방염한 후, 직조하여 무늬가 나타나게 하는 방법 및 직물을 이카트Ikat라고 한다. 인도에서 이카트의 기원은 오래된 것으로 6~7세기경에 제작된 아잔타 동굴벽화에도 이카트를 두르고 있는 모습이 그려져 있다(그림 33).

이카트는 대개 견이나 목면을 사용하지만, 때로는 경사에는 견사를, 위사에는 면사를 사용하여 경수자직으로 짠 직물을 사용했는데, 이슬람에서는 이 직물을 무슈루Mushru,('허용된'의 의미)라고 한다[52]. 무슈루는 직조방법상, 경사는 직물 표면에 드러나지만, 면사를 사용한 위사는 직물의 뒷면으로 온다. 이슬람 율법에 의하면 피부 바로 위에는 견사로 된 옷의 착용을 금하고 있는데, 이 직물은 표면은 견사지만 피부에 직접 닿는 부분은 면사이기 때문에 종교적으로 착용이 허용되었다. 오늘날은 경사로 화학섬유를 대신 사용하기도 한다.

그림 33. 이카트를 입고 있는 무희
그림 34. 이카트
그림 35. 파톨라

인도에서 가장 유명한 이카트는 경사와 위사를 모두 미리 염색한 후 무늬를 맞추면서 직물을 짜는 이중 이카트의 일종인 파톨라*Patola*이다(그림 35). 파톨라의 이러한 기술과 문양은 동남아시아와 인도네시아 군도에까지 영향을 준 것으로 보인다[53]. 파톨라는 항상 평직으로 직조하며, 경사와 위사의 색상이 의도된 디자인대로 정확하게 배치하는 것이 중요하다. 인도의 파톨라 외에 세계적으로 유명한 이중 이카트에는 인도네시아 발리에서 생산되는 제리싱과 일본의 에가스리(えかすり：繪絣)가 있다.

4) 문직(紋織)과 금직(金織)

6세기경 중국의 〈양서(梁書)〉 천축국조에는 '천축에서는 금루직성(金縷織成), 금피계(金皮罽), 섬세한 백천(白疊), 탑등(毾㲪)을 산출한다.'고 되어 있으며[54], 중국의 〈문헌통고(文獻通考)〉에는 '천축국의 토산(土産)에는 금루직성, 금계(金罽)가 있다.'고 기록되어 있다.

특히 무굴제국 시대에는 금사직물과 문직물이 많이 제직되어 무굴궁전을 방문한 유럽인들을 놀라게 하였으며, 오늘날의 인도에서도 섬세한 금사직물과 문직물이 많이 생산되고 있다.

5) 카슈미르 숄

카라코람 산맥의 기슭에 위치한 험준한 산악지대인 카슈미르 지역에서는 다채로운 색상과 페이즐리 문양이 특징인 카슈미르 숄Kashmir shawl이 생산된다(그림 36). 카슈미르 숄에 사용되는 캐시미어Cashmere, 또는 파시미나Pashmina라고 불리는 직물은 중앙아시아산 염소의 부드러운 속털을 빗질하여 얻어진 것이다. 카슈미르 숄의 모티브는

그림 36. 금직물

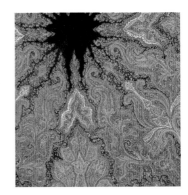

그림 37. 캐시미어 숄

유럽의 영향을 많이 받았으며, 한때는 유럽인의 취향에 맞는 패턴을 제작하기 위하여 프 랑스인들이 카슈미르를 왕래하기도 하였다[55].

6) 마드라스 체크

과거 마드라스(Madras)라는 이름으로 세계에 알려진 타밀나두(Tamilnadu) 주의 수도 인 첸나이(Channai)는 수직으로 짠 줄무늬나 격자무늬의 면직물로 유명하다. 이러한 남 인도의 마드라스 지방의 코튼을 마드라스 코튼이라고 부르며, 이 마드라스 코튼에다 초 목에서 빼어낸 자연염료로 물들인 세 가지 밝은 색조의 커다란 격자무늬를 마드라스 체 크라고 한다.

7) 미러 워크 직물

인도 남부지역의 구릉지대에 거주하는 부족들이 청록색 딱정벌레의 등딱지를 결혼 예복에 장식하였던 것이 미러 워크(mirror work)의 기원이라고 한다. 이러한 전통은 살 생을 금지하는 힌두교의 영향을 받아 딱정벌레 대신에 돌비늘(*mica*)을 사용하였으나 점 차 돌비늘 대신에 유리나 거울로 대치되어[56], 오늘날과 같은 형태로 발전하게 되었다. 특히 구자라트 지역에서 전문화되어 조개껍데기와 보석 등을 함께 사용하기도 한다.

[미주]

1. 1951년의 조사에 의하면 인도에서는 방언까지 합하여 700가지에 달하는 언어가 사용되었다고 한다. 인구의 약 90%는 아리안계의 9개 방언, 드라비다계의 4개 방언을 쓰고 있다. 그 중에서도 아리안계의 중심언어는 전 인구의 45%가 사용하는 힌디어로써, 헌법에 의해 인도의 장래 표준어로 채택되어 있다.

2. 드라비다(Dravida): 남(南)인도의 데칸고원에서 동해안과 스리랑카 북부에 걸친 넓은 지방에 대한 옛 명칭으로, 아리안인이 들어오기 전의 인도에 살던 드라비다인들의 거주지역을 말한다.

3. 스탠리 월퍼트 著, 이창식·신현승 譯(1999). 인디아, 그 역사와 문화. 서울: 가람기획. pp.68-70.

4. 정병조(1992). 인도사. 서울: 대한교과서주식회사. pp.25-26.

5. S.N.Dar(1982). *Costumes of India and Pakistan*. Bombay: D.B.Taraporevala sons & co private. p.89.

6. 앞의 책. p.21.

7. 앞의 책. p.26.

8. 쿠샨 왕조(Kushan dynasty): 기원 전후부터 5세기 중엽까지 북서인도에서 중앙아시아까지를 영토로 존재하였던 왕조. 중국문헌에서는 쿠샨족에 대해 대월지의 한 민족인 귀상족이라 적고 있다. 북서인도의 간다라(Gandhara) 미술과 인도중원의 마투라(Mathura) 미술은 쿠샨 왕조의 대표적인 미술 양식이다.

9. S.N.Dar(1982). p.35.

10. A.Biswas(1985). *Indian Costume*. Delhi: Ministry of Information and Broadcasting Government of India. p.18.

11. S.N.Dar(1982). pp.30-31.

12. 티무르 제국(1369~1508): 몽골제국 왕실의 후예로 알려진 티무르와 그의 자손이 지배하였던 왕조. 중앙아시아에서 발흥하였다.

13. 무굴 제국(Mughul, 1526~1858): '무굴'이라는 명칭은 북부의 몽골지방에서 온 새로운 사람들이라는 뜻을 갖고 있는 페르시아어에서 기인한다고 한다(발에리 베린스텡 著, 변지현 譯(1998). 무굴제국-인도이슬람 왕조. 서울: 시공사. p.26.).

14. S.N.Dar(1982). p.38, p.45, p.59.

15. A.Biswas(1985). p.31.

16. S.N.Dar(1982). pp.76-80.

17. 룽기*Lungi*: 일명 룽기스*Lungis*. 파키스탄의 신드 지방에서는 남성용 실크 터번이나 새시를 의미한다 (Nasreen Askari & Rosemary Chrill(1997). *Colours of the Indus*. London: Victoria & Albert Museum. p.54.

18. S.N.Dar(1982). p.58.

19. 카스트(caste): 족속·혈통·계보라는 뜻의 포르투갈어 및 스페인어인 '*casta*'에서 유래한 것으로 가문·결혼·직업에 의해 결정되는 특정한 지위를 가진 집단을 의미한다. 카스트 제도는 인도에서 가장 전형적으로 발달했으나, 위계적으로 유사하게 구분된 계층이 있는 다른 나라에서도 이 용어는 사용되며, 16세기에 인도를 여행한 포르투갈인들에 의해 처음으로 인도사회에 적용되었다. 인도어에서

카스트에 해당하는 말은 '종족' 또는 '고유 특징을 가진 집단'이라는 뜻을 가진 '자티'이다(브리태니 커대백과사전).

20. Lynda Lynton(1995). *The Sari*. London: Thames & Hudson. p.14.

21. 데칸고원(Deccan Plat.): 인도반도를 이루는 광대한 개석대지(開析臺地). 인도 고대문명의 발상지인 힌두스탠 평원과 격리되어 있어, 힌두스탠에서 발전된 아리안 문화의 침입으로부터 데칸의 드라비다 문화가 보호되었다. 따라서 이 지역은 문화적으로 북부와는 다른 독특한 특징을 이루게 되었다(두산 세계대백과 EnCyber).

22. 카차차하*Kachahha*: 산스크리트어에서 유래된 명칭으로 그 뜻은 옷의 밑단 부분을 모아 뒤로 올려 허리띠 안으로 접어 넣는다는 뜻이다. 따라서 '*Kachahha sari*'는 '다리사이로 접어 넣은 사리(tucking the Sari between the legs)'라고 볼 수 있다(Lynda Lynton(1995). p.19, p.182.).

23. A.Biswas(1985). pp.40-41.

24. S.N.Dar(1982). p.81.

25. 앞의 책. pp.91-95.

26. A.Biswas(1985). p.43.

27. 앞의 책. p.31

28. 오드니*Odhnis*: 일명 오르나*Orhna* · 오르니*Orhni*. 일반적으로 북부인도에서 사용되는 사리 절반 정 도의 쓰개를 의미하지만, 동시에 '천(sheet)'이라는 뜻도 있다(Lynda Lynton(1995). p.194.).

29. Lynda Lynton(1995). pp.14-24.

30. 가그라*Gagura*: 가가라*Ghaghra* · *Ghagra*라고도 한다.

31. S.N.Dar(1982). p.97.

32. A.Biswas(1985). p.44.

33. 시크교(Sikhism): 힌두교의 신애(信愛: 바크티) 신앙과 이슬람교의 신비사상(神秘思想)을 융합한 것으로 인도 서북부의 펀잡 지방에 퍼졌다(두산세계대백과 EnCyber).

34. S.N.Dar(1982). p.98.

35. 조규화(1994). 복식사전. 서울: 경춘사. p.576.

36. A.Biswas(1985). p.43.

37. Nasreen Askari & Rosemary Chrill(1997). p.54.

38. 앞의 책. p.43.

39. A.Biswas(1985). pp.43-44.

40. 앞의 책. pp.46-48.

41. 앞의 책. pp.37-38.

42. 앞의 책. p.50.

43. Naseen Askari & Rosemery Chill(1997). pp.28-29.

44. John Gillow, Nicholas Barnard(1991). *Traditional Indian Textiles*. London: Thames & Hudson. pp.7-8.

45. 앞의 책. p.11.

46. Jennifer Harris(1993). *5000 Years of Textiles*. London: British Museum Press. p.126.

47. 칵스 윌슨 著, 박남성·차임선 譯(2000). 직물의 역사. 서울: 예경. p.126.

48. 칼람(*kalam*): 전체 길이는 12~30cm로 다양하며, 크게 대나무 손잡이와 대롱형태의 철 펜촉으로 구성된다. 앞 끝에서 약 6cm 정도 떨어진 대롱 속에 마섬유나 야채의 섬유질, 천조각, 머리카락 등을 뭉쳐 감아 그곳에 밀랍이 고이게 한다(잭 레너 라센 著, 김수석 譯(1994). 세계의 염색예술. 서울: 미진사. p.79.).

49. 칵스 윌슨 著, 박남성·차임선 譯(2000). pp.127-129.

50. Lynda Lynton(1995). p.28.

51. 잭 레너 라센 著, 김수석 譯(1994). p.41.

52. John Gillow, Nicholas Barnard(1991). p.156.

53. 앞의 책. p.94.

54. 민길자(1998). 세계의 직물. 서울: 한림원. p.96.

55. 칵스 윌슨 著, 박남성·차임선 譯(2000). pp.201-203.

56. 앞의 책. p.200.

V

V. 서아시아의 전통복식

서아시아는 인도와 중앙아시아를 제외한 아시아의 남서부 지역을 가리키는 용어로 서남아시아 또는 근동(近東)·중동(中東)등으로 불린다. 이슬람·유목·오아시스·사막·석유로 특징지어지는 이 지역은 페르시아 문명과 기독교 및 이슬람의 발생지이기도 하다. 지리적으로 동양과 서양의 중간에 위치하고 있어 중앙아시아와 함께 동서문명의 주요 교역로였으므로, 예로부터 많은 교역도시가 발달되었다. 또한 이러한 독특한 지리적 특성으로 인하여 여러 주변 민족의 침입 대상이 되기도 하였다. 이곳의 복식문화는 복잡한 역사만큼이나 매우 다양하고 복잡하여, 화려한 페르시아적 복식에서부터 아랍적·사막적인 복식과 중앙아시아에서 이주해온 유목적인 투르크 복식의 요소들이 혼합되어 나타난다.

대부분 이슬람문화권인 이 지역의 복식은 동일한 의복의 명칭이 몇 개씩 되기도 하고, 때로는 다른 형태의 복식이 같은 명칭으로 사용되기도 한다. 이처럼 복식명칭에 대한 혼용 및 혼동이 심한 것은 이슬람의 전파와 함께 독자적인 문화와 언어를 갖고 있는 여러 민족 간에 의복의 의미와 형태가 혼합·분리되는 과정을 겪었기 때문이다.

그루지아
아르메니아
터키
시리아
레바논
이스라엘
요르단
이라크
이란
쿠웨이트
이집트
사우디아라비아
아랍에미리트
오만
예멘

한 예로 이슬람세계에 공통적으로 나타나는 T자형의 헐렁하고 긴 튜닉형의 외투를 일반적으로 아바야*Abaya*라고 하지만, 나라와 민족에 따라 명칭이 매우 다양하여 도브*Thawb*(사우디아라비아), 아바야*Abaya*(알제리), 쿠마쟈*Qmajja*(튜니지아), 간두라*Gandura*(모로코), 쿠프탄*Kuftan*·갈라비야*Galabiya*(이집트) 등으로 불리며 지역에 따라서는 사각형의 망토형 외투를 아바야라고도 한다. 또한 북부 아프리카 지역에서 많이 착용되는 모자가 달린 외투는 리비아·튜니지아·알제리아에서는 부르누스*Burnus*라고 하며 모로코에서는 실함*Silham*·아크니프*Akhnif*·자라바스*Jallabas* 등으로 다양하게 불린다[1].

서아시아에서 공통적으로 나타나는 베일의 풍습을 아랍어로는 '히잡*Hijab*'이라고 한다. 현대 이슬람세계에서 히잡은 같은 이슬람권이라도 각 민족·국가의 고유한 문화와 역사에 따라 다르게 표현되고 있다. 가장 일반적인 히잡의 형태는 긴 드레스나 긴소매의 셔츠와 함께 긴치마나 바지를 입고, 얼굴은 가리지 않고 머리와 목 주위를 스카프로 둘러 가리는, 좀더 간편한 유형으로 많은 이슬람국가에서 채택하고 있다. 그러나 아직도 많은 이슬람 지역에서는 전통적인 형식의 히잡이 채택되고 있다. 전통적인 히잡의 방법은 스카프나 천으로 얼굴과 상체를 가리는 형, 마스크와 비슷한 것을 쓰는 형, 몸 전체를 가리는 형으로 크게 나눌 수 있다. 얼굴 아랫부분과 가슴·목을 가리는 형태에는 리트함*Litham*, 밀파*Milfa*, 움 라우겔라*Umm raugella*, 타르하*Tarha* 등이 있으며 마스크형으로는 니캅*Niqab*[2]과 브르가*Burga*가 있고, 커다란 천으로 얼굴 및 몸 전체를 가리는 가장 보수적인 형태로는 차도르*Chador*·차드리*Chadri*가 대표적이다.

또 다른 서아시아 복식의 특징은 동쪽 이슬람세계와 서쪽 이슬람세계 간의 복식문화의 차이라고 하겠다. 동쪽에 위치한 아랍문화의 중심지는 터키와 페르시아 계통의 다양한 봉제의가 발달된 것에 비하여, 사막유목적인 복식이 유지된 서쪽지역의 의복은 기본적인 의복형태는 헐렁한 튜닉형과 모자 달린 외투, 권의형의 외투이다[3].

사우디아라비아 베드윈족 여성

전통형식의 도브*Thawb*를 입고 있다. 전통
적인 히잡 형태로서 동전과 구슬로 화려하
게 장식된 브르가*Burga*로 얼굴을 가리고,
아바야*Abaya*를 둘러써서 몸 전체를 가리
고 있다.

사우디아라비아 남성

밴드형 칼라가 달린 현대화된 도브*Thawb*
와 아바야*Abaya*(또는 비스트*Bisht*)를 입
고 있다. 머리에는 구트라*Ghoutra*를 쓰고
이갈*Igal*을 두르고 있다.

사우디아라비아
The Kingdom of Saudi Arabia

위치 __ 아시아 서쪽 아라비아 반도

총면적 __ 224만 8,000㎢

수도 및 정치체제 __ 리야드, 세습군주제

인구 __ 2,337만명(2002년)

민족구성 __ 아랍인

언어 __ 아랍어

기후 __ 고온건습한 사막기후. 겨울 평균기온은 14~23℃이지만 여름은 38℃가 넘고 종종 54℃까지 올라감

종교 __ 이슬람교(수니파 90%, 시아파 10%)

지형 __ 사막에 오아시스가 산재하는 건조지대. 국토 95%가 사막지대로써 모래폭풍과 먼지폭풍이 자주 발생함

1. 역사와 문화적 배경

세계 최대의 석유생산국이자 이슬람교의 성지 메카가 있는 사우디아라비아의 정식 명칭은 '사우디아라비아 왕국'으로 국왕이 수장(首將)인 국가이다. 국왕의 권한은 절대 적이지만 절대적인 국왕의 권한도 코란을 바탕으로 한 이슬람의 법체계인 '샤리아 법' 과 이슬람 계율에 의해 견제를 받는다.

이슬람의 발생지이며 성지 메카가 있는 사우디아라비아의 역사는 이슬람의 역사와 함께 시작된다. 7세기 초에 성립된 이슬람교는 빠르게 전파되어 곧 아라비아 반도가 종 교를 통하여 하나의 조직으로 통합되었으며, 종교를 기반으로 한 조직은 점차 국가의 형 태로 발전하였다. 마호메트가 숨진 뒤 몇 세기 동안은 아랍계 왕조가 아라비아 반도를 지배히였으나, 10세기경부터 점차 동쪽에서 이동해온 투르크족에게 이슬람 세계의 패권 이 옮겨지기 시작하였고, 15세기경에는 오스만투르크 군대가 아라비아 반도를 지배하게 되었다.

1744년에는 정통 이슬람 원리에 입각한 연합세력이 형성되었고, 19세기 초에는 이들 연합세력에 의해 현재의 사우디아라비아 지역이 통치되었다. 그러나 오늘날 사우디 왕 국의 기초가 형성된 것은 '건국의 아버지'라고 불리는 압둘 아지즈 이븐 사우드(Abdul Aziz Ibn Saud)의 등장 이후이다. 1902년 리야드를 점령한 이븐 사우드는 1932년에는 메 카 · 아시르 등 서부지역을 병합하면서 현재의 영토를 확정하고, 사우디 왕국을 건설하 였다. 1953년 압둘 아지즈 초대 국왕이 서거하고 그의 아들 사우드가 왕위를 계승하였

으며, 현재는 제5대 국왕인 파흐드(Fahd) 국왕이 재위중이다.

사우디아라비아는 남녀가 엄격하게 구별되는 사회구조이다. 유치원에서부터 남녀를 분리하여 교육하며, 대중음식점은 물론 공공장소에서도 남녀를 구분한다. 아버지나 남편 등 보호자가 없을 경우에는 외출이 불가능하며 걸프지역 국가들 중에서 유일하게 여성운전이 금지되어 있는 등 여성활동에 많은 제약이 있는 나라이다. 배우자 선택에 있어서는 중매결혼이 원칙이며 사촌 간의 근친결혼이 관습화되어 있다. 코란에 따라 일부사처(一夫四妻)까지 허용되고 있으나, 오늘날에는 일부일처제로 옮겨가고 있다.

사우디아라비아는 이슬람교의 종주국으로서 엄격하고 검소한 이슬람 교리와 사막의 전통적인 생활관습의 영향으로 이슬람권 국가 중에서 가장 엄격하고 보수적인 이슬람 관습을 지키고 있다. 그러나 서구문물의 유입과 도시발달, TV 등 대중매체의 영향으로 젊은층에는 핵가족화 현상 및 자유주의적인 서구생활 양상도 점점 확산되고 있는 추세이다.

2. 전통복식의 종류 및 특징

이슬람이 전파되기 전 아랍의 복식은 커다랗고 긴 천을 망토처럼 두르거나, 허리와 다리에 감아 입는 권의형이 기본이었다. 이러한 이슬람 이전의 권의형 의복은 마호메트가 직접 정하였다고 하는 메카순례복인 이흐람*Ihram*[4]에서 찾을 수 있다(그림 1). 이흐람의 형태는 봉제하지 않은 흰색의 천인 이자르*Izar*를 요권의처럼 허리에 감고, 상체에는 리다*Rida*라는 천을 한쪽 어깨를 노출시킨 채로 감아 착용하는 형태로써 고대 아랍복식도 이와 유사한 형태였을 것으로 추측된다[5].

오늘날 대부분의 서아시아 지역에서 착용되고 있는 헐렁한 튜닉이나 긴 외투를 여러 겹 겹쳐 입는 형식은 중세 이슬람복식에서 기원한 것으로 보인다. 당시의 아랍인들은 남녀 모두 셔츠형의 쿠미스*Qumis*를 속옷처럼 받쳐 입고 그 위에 다양한 종류의 로브와 튜닉을 착용하였다. 당시에 이미 페르시아에서 기원하는 헐렁한 바지형태의 시르왈*Sirwal*과 카프탄*Khaftan* 형태의 외투들이 전래된 것으로 보인다. 카프탄은 앞부

그림 1. 이흐람을 입은 메카의 이슬람 순례자

전통적인 형태 I

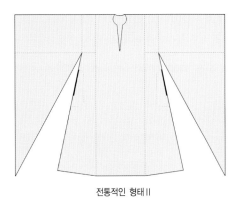

전통적인 형태 II

그림 2. 도브

현대적인 형태

분을 단추나 끈으로 여미는 형태의 길고 고급스러우며 헐렁한 형태의 외투로써 중세 후반에는 'Qaftan' 이라고 불리었던 것이 유럽인에 의해 'Caftan'으로 바뀐 것이다[6].

이러한 헐렁한 형태의 옷을 여러 벌 겹쳐 입는 복식은 뜨거운 열기로부터 신체를 보호해 주며, 바닥에 융단을 깔고 지내는 좌식생활에 적합한 구조와 형태이다. 오늘날 현대화된 도시인들도 얼굴의 일부와 손·발을 제외하고는 여전히 몸 전체를 덮는 의복을 착용하는 경우가 많은데, 이것은 태양빛과 모래 등을 막기 위해서 자연발생적으로 생겨난 의복의 형태가 이슬람권에서 관습화가 된 것이라고 볼 수 있다.

1) 남자복식

(1) 도 브

도브Thawb는 남자들의 가장 기본적인 의복으로 일상복과 예복으로 모두 도브를 입는다. 형태는 아주 단순하여 긴소매가 달린 발목길이의 헐렁한 원피스형으로서 대개 밴드칼라가 달리며 앞중심에 트임이 있다. 양옆선의 수직 절개선 안쪽으로 주머니를 만들어주며, 활동에 편리하도록 충분히 여유를 준다. 대부분 흰색 면직물이나, 합성섬유와 견사를 혼방한 소재를 많이 사용한다. 기온이 비교적 서늘한 시기에는 수수한 색상의 고운 모직물을 쓰기도 한다.

과거에는 소매 안쪽이 바닥에 닿을 정도로 긴 자락이 달린 형태도 많이 있었다. 지금도 특별한 행사에는 이러한 형태를 착용한다(그림2)[7]. 도브는 시르왈Sirwaal이라는 긴바지와 입는 것이 일반적이지만 베드윈족과 농촌지역에서는 바지 대신에 간단한 로인 클로스만을 입기도 한다.

(2) 비스트와 미스라

외출할 때나 손님을 접대할 때는 도브 위에 외투를 두른다. 남자용 외투를 비스트 *Bisht* 또는 미스라*Mishlah*라고 하며, 일부 지역에서는 아바*Aba* 또는 아바야*Abaya*라고도 부른다(그림 3). 남자용은 주로 금사로 테두리를 장식하는데 때로는 은사를 사용하기도 한다. 소재로 낙타모·양모·면·합성섬유 등을 사용하며, 색상은 검은색·갈색·베이지색·낙타색·소색 등을 사용한다.

여자들은 비스트를 머리 위부터 덮어써서 전신을 가리는 베일처럼 사용한다. 형태상으로는 남자용과 큰 차이가 없으나, 소재·색상·장식·착장 방법이 다르다.

(3) 머리장식

남자들의 머리장식은 대부분 구트라*Ghoutra* (일부 지역에서는 카피야*Kafiyya* 또는 하타*Hatta*라고 부른다), 구피야*Kufiyyah*, 이갈*Igal* 세 종류로 구성된다.

구트라는 사각형의 보자기처럼 생긴 것으로 흰색이나 흰색과 붉은색의 하운드투스 체크무늬를 가장 많이 사용하는데, 무더운 기간에는 흰색 구트라를 많이 착용한다. 격자무늬가 있는 것은 샤마*Shama*라고 부르며, 흰색 바탕에 검은색·녹색·파란색과 조합한 것도 있으나 많이 사용하지는 않는다.

구피야는 챙이 없는 작은 모자(일종의 skull cap)로써 일반적으로 구트라 아래에 착용하는데, 원래는 구트라에 머릿기름이 묻는 것을 방지하기 위한 것이라고 한다. 때로는 착용하지 않는 경우도 있다. 이슬람교도들이 기도를 드릴 때 이 모자를 많이 착용하기 때문에 예배모(禮拜帽, prayer cap)라고도 부른다. 세탁이 간편하도록 면직물을 많이 사용하며, 간혹 흰색 견직물을 사용하거나 금사로 장식하기도 한다. 색상은 흰색이 보편적이다[5].

이갈은 머리에 착용하는 관(circlet)형태의 것으로 구트라를 고정하는 역할도 한다(그

그림 3. 남성용 비스트
그림 4. 구피야

그림 5. 구트라와 이갈을
쓴 모습
그림 6. 구트라의 문양
그림 7. 이갈

림 7). 두 겹을 말아 만든 형태로써, 중심은 면사로 되어 있고 검은색 염소털과 양모로
겉을 감싸준 것이다. 금사로 감아주거나 뒷편에 술(tassel)을 늘어뜨려서 장식을 하기도
한다.

(4) 장신구

사우디 아라비아의 무기는 칼집이 있는 단검(*Jambiyyah · Khanjar*)과 칼집이 있는 장
검(*Saif*)으로 구성된다. 장검의 대표적인 형태로는 양쪽에 날이 있는 직선형의 검과, 얇고
초승달 모양에 한쪽에만 칼날이 있는 외날 검이 있다. 초승달 모양의 검(*Scimitar*)은 8~9
세기에 이슬람제국이 팽창하면서 외부에서 유입된 것으로 추정되며, 직선형 검이 더 오래

그림 8. 장검, 단검
등으로 장식한 전사의
모습

된 형태로 보인다. 아라비아인들에게 검은 특별한
의미를 갖는 것으로 현재에도 자신을 방문한 고관
(高官)에게 검을 선물하는 경우가 많다. 그리고 여
기에는 코란의 구절이나 제작일, 제작자의 이름
등을 조각하는 것이 대부분이다.

이 외에 버클 · 허리띠 · 탄약대, 뿔로 만든 화
약통 등에도 화려하게 세공을 하였으며, 이러한
물품들은 자신을 과시하기 위한 하나의 표현이었
다. 18세기 후반에 총포가 아라비아에 들어왔을
때도 이러한 무기에 화려한 장식을 하는 습관은
여전하였다. 그러나 현재는 의식적인 행사에만
무기를 착용한다[9].

아
시
아

전
통
복
식

2) 여자복식

(1) 베 일

아라비아 지역을 비롯한 이슬람권에 널리 퍼져 있는 여성의 베일 착용의 풍습은 기원전 천오백 년경 앗시리아 시대까지 거슬러 올라간다. 당시의 앗시리아 법전에 의하면 베일은 노예나 창녀는 착용할 수 없는 것으로 이들이 베일을 착용하면 벌을 받고, 반대로 기혼녀나 아버지가 있는 딸들은 반드시 베일을 착용하도록 하였다. 이러한 관습은 이슬람교의 전파와 함께 각 지역에 퍼져나가 오늘날 이슬람권 여성의 상징이 되었다[10]. 그러나 사막적 특성을 나타내는 대부분의 이슬람문화권에서 베일은 낮에는 강한 모래바람을 막아주고, 일사광선에 의한 시력장애와 피부손상을 방지해주며 밤에는 냉기를 막아주는 실용적 기능을 한다.

베일은 지방에 따라서 형태가 다르며, 같은 지방이라도 소속된 부족이나 관습에 따라서 다른 경우가 많다. 오늘날에는 마스크형(브르가·니캅)과 스카프형(밀파·쉬라)이 많이 사용된다(그림 9). 브르가는 가장 보수적인 형태의 얼굴 베일로 눈만 빼고 얼굴 전

얼굴용 베일 브르가

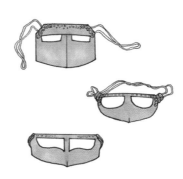

마스크형의 니캅

리트함

숄 형태의 타르하

그림 9. 다양한 종류의 베일

체를 덮는 모양인데, 옛날에는 메카 여성들이 브르가를 즐겨 착용하였다고 하여 '메카
(Mecca)의 베일'이라고도 불린다(그림 10, 11). 브르가를 착용할 때는 스카프형의 밀파
나 외투형태의 아바야를 같이 사용하는 것이 일반적이다.

지역에 따라 착용하는 베일의 명칭과 종류가 다양하여 아쿠바(Aquaba)에서 쿠웨이
트(Kwait)를 연결하는 선의 남쪽지방은 마스크 형태의 브르가를 많이 착용하고, 북쪽지
방에서는 얼굴의 눈 아랫부분만 가리는 검은색의 얇은 베일이나 스카프를 즐겨 한다. 특
히 도시여성의 대부분은 스카프 형태의 간단한 베일을 선호한다. 모로코 여성과 베르베
르인들이 사용하는 리트함과, 아라비아 반도 북서부지역의 여성들이 착용하는 검은색
밀파 · 미스파, 면직물로 만든 검은색 사각형 스카프인 움 라우겔라, 이집트의 타르하 등
은 모두 스카프 형태의 베일들이다.

서아라비아 여성들이 착용하는 전통형식의 베일은 제작하는 데 여섯 달 이상이 걸릴
정도로 정교한 것으로, 부적이나 진주 · 조개 껍질 · 흰색 단추 등으로 장식하고 은사나
금사로 만든 선을 장식하기도 한다. 구슬 · 자수 · 브레이드 · 술장식 등은 심미적인 기능
외에 강한 바람으로부터 베일을 얼굴에 고정시키는 역할도 한다. 서아라비아 베드윈족
은 마스크형 베일에 은동전을 많이 다는데 이것으로 부(富)의 정도를 나타낸다고 한다.

(2) 아바야

남자의 아바야*Abayab*는 외투로 착용되지만 여성의 아바야는 머리쓰개로 사용된다.
주로 검은색으로 만들며 한국의 장옷처럼 정수리부터 걸쳐 늘어뜨려서 온몸을 가리도록
착용한다(그림 12). 아바야를 착용하면 다른 옷은 밖으로 보이지 않기 때문에 외관상으

착용한 모습

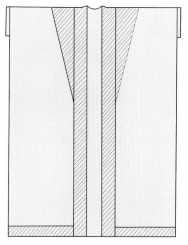
평면도

그림 12. **아바야**

로는 아라비아 여성들이 검은색 옷만을 입는 것처럼 보인다. 그러나 사실 아바야 아래에 는 화려한 색상에 사치스러운 직물을 사용한 옷을 입는 경우가 많다.

(3) 도브와 후스탄

여성용 도브는 남성 도브보다 헐렁하고 풍성한 형태로써 보다 전통적인 형태를 유지 하고 있다. 색상은 대부분 검은색이며 아플리케 · 자수 · 구슬 등으로 화려하게 장식하기 도 한다.

전통적인 도브보다 서구화되어 좀더 날씬한 형태에 길고 여유있는 원피스 형태의 옷 은 후스탄*Fustan*이라고 한다(그림 13). 깃은 없으며 앞중심에 트임이 있고 끈이나 단추 로 여미는 긴 원피스형으로 길이는 발목정도이다. 왕실에서는 위엄을 나타내기 위하여 뒷부분을 길게 만들기도 하며, 남부지방은 안에 입은 시르왈*Sirwaal*이 드러날 정도로 짧 게 입기도 한다. 색상이 매우 화려한 것이 특징으로 여러 가지 색을 다양하게 사용하며, 어두운 색상은 나이든 사람들이 즐겨 입는다. 스팡글 · 금속사 · 구슬 등도 사용하여 화 려한 외관을 만든다. 과거에는 독특한 무늬로 지방과 부족을 표시하였으나 현대에는 유 행을 따르는 경우가 많다[11].

(4) 도브 아래 착용하는 내의류

전통적으로 집을 소유하지 않고, 이동이 가능한 검은 천막에서 유목생활을 해온 아라 비아인들은 말이나 낙타를 타야할 경우가 많으며, 휴식을 취할 때도 책상다리를 하거나 비스듬히 기대어 있는 경우가 많았다. 또한 하루에 다섯 번 메카를 향하여 드리는 기도

155

그림 13. 후스탄

착용한 모습   평면도

와 예배는 아랍인의 생활에서 매우 중요한 일이었다. 따라서 이러한 생활에 적합한 형식의 복식이 발달하였는데, 가장 대표적인 것이 풍성하고 엉덩이부분에 여유가 많은 바지 형태의 시르왈이다(그림 14). 시르왈의 기원은 중앙아시아와 동북아시아로 추정되며, 오스만투르크 제국시대에 아라비아 반도 전역에 널리 전파된 것으로 보인다.

아프리카·터키·인도·아라비아의 바지는 명칭이나 형태적으로 상당히 유사하며 아직도 전통적인 제작 방법을 유지하고 있다. 이슬람문화권에서 공통적으로 나타나는 이러한 바지에서 지역적 차이가 나타나는 것은 세부장식이다. 페르시아 바지는 허리와

그림 14. 여성용 시르왈

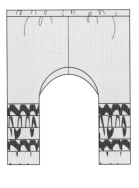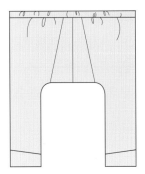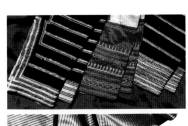

평면도   발목장식

발목에 별도의 폭을 더하고, 터키 바지는 큰 사각형 무를 앞허리에서 뒤허리까지 대어주기 때문에 훨씬 넉넉한 모양이 된다. 아프리카 바지는 보다 간단한 형태인데, 움직이기 편리하도록 바짓가랑이 선이 발목으로 갈수록 좁아지는 형태에 무를 넣어 준다. 인도 바지도 아프리카 바지와 같이 바짓부리가 좁아지는 형태이지만, 보다 품이 넓고 앞중심이나 뒷중심에서 섬세하게 주름을 잡아준 형태이다[12].

사우디아라비아의 남성용 시르왈은 대부분 면을 사용하지만 오늘날에는 합성섬유도 많이 이용한다. 남자용은 흰색이나 소색으로 도브와 같은 직물을 사용하여 만든다. 여성용은 보다 색상이 화려하고 발목에 레이스나 프릴을 달아서 장식하는 경우가 많다. 도시 여성들은 면직물 이외에 견직물과 새틴을 사용하기도 한다.

이집트

Arab Republic of Egypt

위치 __ 아프리카 대륙 북동부

총면적 __ 99만 7,739㎢

수도 및 정치체제 __ 카이로, 공화제

인구 __ 6,634만명(2002년)

민족구성 __ 헴족(이집트인과 베드윈으로 구성) 98%, 기타

언어 __ 아랍어

기후 __ 건조기후. 나일강 계곡과 지중해 연안의 좁은 해안지방을 제외하면 전국이 사막기후

종교 __ 이슬람교(93.7%), 콥트파(6.3%)

지형 __ 나일강 하곡(河谷)과 그 유역의 삼각주 평야, 수에즈 운하 연안과 넓은 사막지대로 구성

1. 지형과 기후적 특성

이집트는 대부분 건조기후 지역으로 나일강 계곡과 지중해 연안의 좁은 해안지방을 제외하면 전국이 사막기후이다. 내륙으로 갈수록 건조하고 기온이 높아져서, 서부나 남부 내륙지방에서는 수년간 비가 오지 않는 지역도 있을 정도이다. 지중해 연안은 지중해성 기후를 나타내며 여름과 겨울의 두 계절로 나뉜다. 옛날에는 하천 유수량을 조절하기 어려워 급격하게 유량이 변할 때는 심한 홍수가 나기도 하였다. 그러나 1971년 아스완하이댐의 건설로 인공호수인 나세르 호수가 생겨 관개를 통한 개발이 가능하게 되었다.

2. 역사와 문화적 배경

세계 4대 문명의 발생지 중의 하나인 나일강 상류에는 약 6만 년 전부터 인류가 살았으며, 기원전 3400년경에 이미 전제정치와 종교문화가 출현했다고 한다.

기원전 3100년경에 나일 삼각주의 하 이집트를 상류지방의 상 이집트의 메네스, 즉 첫 번째 파라오가 통일시키면서 파라오시대(기원전 3100~기원전 332)[13]라는 통일왕국이 성립되었다. 하지만 기원전 16세기부터 시작된 페르시아의 침공으로 왕국의 힘은 점차 쇠퇴해져서 결국은 페르시아의 지배를 받게 되었다. 기원전 332년, 페르시아를 물리치고 이집트를 점령한 마케도니아의 알렉산더 대왕이 바빌론에서 사망하자, 알렉산더와

함께 그리스를 떠나온 프톨레마이오스 장군은 스스로가 왕이 되어 이집트에 신왕조를 건설하였다. 프톨레마이오스의 통치 하에서 알렉산드리아는 고대문화의 중심이 되기도 하였으나, 내분과 왕가의 권력다툼으로 점차 쇠약해져 기원전 30년, 마지막 통치자인 클레오파트라 7세의 자살로 프톨레마이오스 왕조는 끝이 났다. 로마가 알렉산드리아를 점령한 기원전 30년경 이후부터 약 700년 동안, 이집트는 로마의 속주였으며 이 시기에 기독교 문명이 유입되기도 하였다.

이집트의 이슬람화는 아랍왕조가 이집트 전역을 점령한 640년 이후부터 서서히 진행되었다(640~1517). 점차 아랍어가 이집트의 콥틱어를 대체하였고 이집트인의 대부분이 이슬람교로 개종하면서 이집트에 이슬람문화가 정착하게 된 것이다.

1517년에는 오스만투르크의 술탄 셀림 1세(Selim I, 재위 1512~1520)의 침공으로 터키의 속주로 전락하기도 하였으며, 1798년에는 나폴레옹 보나파르트가 이집트를 점령하면서 1801년까지 프랑스의 지배를 받기도 하였다. 이집트에서 프랑스군의 철수 후, 이집트 내에서의 혼란은 계속되어 1914년에는 영국의 보호령이 되었다가 1922년에 이집트 왕국으로 독립한 후, 1953년 공화국이 되었다.

이집트인들의 생활양식과 풍습에는 이슬람문화의 자취가 많이 남아 있어 남녀격리의 습관, 남존여비의 경향 등이 있으며, 일부다처제가 인정되고 있으나 근대화와 더불어 점차 사라지고 있다. 그러나 농촌지역에는 아직도 전통적인 가족제도가 지켜지고 있으며, 메카 순례자를 존경하는 등 아직도 이슬람의 계율이 지켜진다. 하루 5회의 예배와 라마단이라는 단식월(斷食月)의 준수 등 이슬람교는 아직도 주민의 일상생활에 영향을 미치고 있다.

3. 전통복식의 종류 및 특징

1) 남자복식

(1) 로브와 외투

이집트 남성의 기본복식은 로브 형태의 갈라비야Galabiya와 머리쓰개로 구성된다. 갈라비야는 긴소매가 달린 튜닉형의 의복으로 사회적인 지위와 상관없이 모두 비슷한 형태이다(그림 15). 경제력의 차이는 장식의 정교함과 직물의 섬세함, 그리고 갈라비야 위에 덧입는 외투의 개수 등에서 나타난다. 여름에는 단색이나 다양한 색상의 줄무늬가

그림 15. 갈라비야를
입은 이집트 남성
그림 16. 다양한 종류
의 갈라비야

있는 면직물로 만들며 겨울에는 짙은 색상의 면 플란넬이나 모직으로 만든다. 하류계층
의 사람들은 간단한 속바지와 함께 갈라비야를 입으며, 추운 날씨에는 거친 모직물로 만
든 아바야를 겉옷으로 덧입는다. 반면 상류계층의 사람들은 바지와 셔츠를 입은 후에 시
다리*Sidari*라는 짧은 조끼를 덧입고 그 위에 소매통이 넓은 쿠푸탄*Kuftan*이란 외투를
입는다. 쿠푸탄의 넓은 소매는 손목까지 오며 손은 노출되는 것이 일반적이지만 신분이
높은 사람은 손등을 가릴 정도로 길게 입기도 한다. 쿠푸탄 위에는 헐렁한 망토처럼 생
긴 주바*Jubba*나 베니쉬*Benish*를 덧입기도 하고, 때로는 섬세하게 짜여진 검은색의 아바
야를 입기도 한다. 화라지야*Faragiya*라는 튜닉은 전문직 종사자들이 즐겨 입는다[14].

　　좀더 현대화된 갈라비야로는 사우디아라비아의 도브와 유사한 갈라비야 화란지
*Galabiya frangi*와 갈라비야 스칸다라니*Galabiya scandarani*(또는 Alexandrira style)가
있다. 이 두 형태는 전통적인 갈라비야보다 몸에 잘 맞는 것이 특징이다. 또한 가슴에
딜린 주머니와 깃·소매단·플라켓, 단추로 고정하는 앞여밈 등에서 서구의 셔츠와 유
사성을 찾을 수 있다. 두 양식의 차이점은 갈라비야 화란지는 셔츠형의 칼라가 달렸고,
갈라비야 스칸다라니는 밴드칼라가 달린 점이다.

(2) 머리장식

　　터번은 현재 착용되는 남성용 머리쓰개 중에서 가장 정교한 것이다. 터번은 긴 천을
사용하여 직접 머리에 둘러 감기도 하지만 이미 만들어진 모자형의 것을 착용하거나,
챙이 없는 타부쉬*Tarboosh*[15]라는 작은 모자와 함께 쓰기도 한다. 터번의 색상은 착용자

가 속한 계층과 종파를 상징하기도 하는데 하인들은 가장 전통적인 터번을 착용하며, 종교적인 일에 종사하는 경우에는 무크라*Mukla*라고 불리는 넓고 큰 터번을 착용한다.

현대의 터번은 여름에는 면, 겨울에는 모직물을 사용하여 맨머리에 스카프를 비틀어 사용하는 것과 같은 단순화된 형태로 변화하였다. 좀더 정성을 들여 쓸 경우에는 면사를 뜨개질해서 만든 구트라 형태의 모자를 쓰고 그 주위를 흰색의 천으로 커다란 터번형태를 만든다. 이러한 종류의 터번은 누비안(Nubian) 지역의 농장주들이 많이 착용한다[16].

2) 여자복식

이집트의 여성복은 원피스형의 드레스와 단순한 형태의 외투, 머리장식으로 구성된다. 드레스는 대개 크고 여유 있는 형으로 얼굴과 손, 발목아래 부위만을 제외하고 머리에서부터 발까지 전체를 덮는 헐렁하고 편안한 형태로써, 정교한 주름장식과 드레이프 방법으로 제작한다. 이집트 여성의 드레스는 지역에 따라서 그 형태가 다르기 때문에 복식의 형태에 따라 착용자의 출신지역을 쉽게 파악할 수 있다.

이방인들은 이집트 여성의 길고 치렁치렁한 드레스가 활동에 거추장스러우며 드레스에 주로 사용되는, 검은색은 강렬한 이집트의 태양빛을 흡수하여 무더울 것이라고 생각하지만, 이러한 형태의 의복은 이집트의 기후와 여성의 활동 모두에 매우 효율적이다. 길고 헐렁한 원피스는 여성의 신체를 적당하게 가려주면서, 동시에 활동을 자유롭게 한다. 또한 다리를 덮을 정도로 충분히 길어서 야외에서 일할 때 다리가 긁히는 것을 방지해 주기도 한다. 그리고, 가장 밖에 입는 의복의 색상이 검은색이므로 안에 입은 옷에 먼지가 묻거나 오염되지 않도록 보호해준다. 머리에 쓰는 스카프는 복사열을 막아주는 동시에 외부의 먼지와 기생충을 막아주는 역할도 한다[17].

(1) 로 브

이집트 여성의 드레스에는 갈라비아 비 위스트*Galabiya bi wist*(허리선이 있는 형태)와 갈라비아 비 수파*Galabiya bi suffa*(요크가 달린 헐렁한 형태) 두 종류가 있다(그림 17, 18). 두 종류는 이집트에서 가장 보편적인 의복으로 주로 중상류지역의 이집트와 삼각주 지역에서 착용된다. 다양한 부족이 살고 있는 나일강의 최상류 지역에서는 각 부족의 전통과 민족적 특징에 따른 다양한 형태의 복식을 착용한다.

허리선이 있는 갈라비아 비 위스트가 착용되는 지역은 베니 수에프(Beni Suef)부터 아슈트(Assyut) 지역의 남부지방이다. 옷의 형태는 몸판과 치마 두 부분으로 나누어져

그림 17. 갈라비야 비
위스트 차림
그림 18. 갈라비야 비
수파 차림
그림 19. 갈라비야 비
수파의 다양한 요크
형태

있으며 치마는 풍성한 종형태로 대개 치마허리에 주름이 잡혀 있다. 드레스의 허리선은 제 허리보다 약간 높은 편이며, 칠부 소매나 긴소매가 달린다. 몸판과 목둘레에는 장식테이프·주름·파이핑 등으로 장식한다. 길이는 무릎을 약간 가리는 정도가 일반적이다. 목선은 사각형, V형, 앞에 트임을 준 형, 서양식 칼라를 달아준 형 등으로 다양하다[18].

요크가 있는 헐렁한 스타일은 나일강의 삼각주 중심지 및 하류지역과 카이로와 같은 도심지에서 많이 입는다. 사각형 또는 둥근 형태의 요크가 있고 잔주름이 잡힌 부드러운 천으로 만든 긴치마가 달린 긴소매 드레스이다. 요크의 형태와 깊이는 다양하며 때로는 칼라를 달기도 한다(그림 19). 나일강 삼각주 지대의 여성이 즐겨 입는 요크형의 헐렁한 드레스는 여성의 외형을 감출 것을 요구하는 이슬람의 규범에 적합한 의복이기도 하다. 이처럼 상류지역과 하류지역 여성복식의 차이 때문에 착용자의 출신지를 쉽게 알 수 있다.

(2) 베일과 쓰개류

일반적으로 많이 사용되는 여성용 쓰개에는 세 종류가 있다. 가장 기본적인 것은 사각형의 스카프 형태인 샤르브*Sharb*이다. 다양한 색상의 사각형 천을 잘라 사용하는 것이 기본이지만, 때로는 끝부분에 실로 짠 레이스나 구슬·술을 달아 장식하기도 한다.

두 번째 종류인 타르하*Tarba*는 일반적으로 검은색이며, 2~4m 정도의 좁고 긴 형태로 얇고 가벼운 천으로 만든다. 턱부터 정수리까지의 머리부분을 몇 번 감아준 다음에

아시아 전통복식

나머지 천을 등 뒤로 넘겨 드리운다. 타르하는 일반적인 스카프보다 길어서 머리와 목 부위를 충분히 가릴 수 있다는 실용적인 목적 외에도 착용자가 움직일 때마다 긴 자락이 우아하게 흔들리므로 젊은 여성들이 즐겨 쓴다. 낯선 사람을 만날 경우에는 타르하의 자락으로 얼굴과 입을 가린다.

나일강 삼각주 지역의 많은 여성들은 주로 샤르브 형태의 머리쓰개를 하지만 긴 직사각형의 타르하를 하는 여성들도 적지 않다. 중상류 지역의 이집트 여성들은 일상생활에서는 샤르브나 타르하를 사용하나 좀더 의례적인 차림에는 폭이 2m 정도 되는 사각형 형태의 샤르*shaal*를 착용한다. 샤르는 면직물이나 레이온 또는 벨벳 등의 비교적 두터운 검은색으로 만들며 가장자리에는 술 장식을 달아준다. 무게감이 있기 때문에 묶어서 고정하기보다는 삼각형으로 접어 머리에 쓰고 어깨에 드리우거나 돌려감아 고정한다[19].

과거의 다양하고 독특한 머리쓰개는 점차 지역적인 특징을 잃어가고 있으나 몇 종류는 아직도 지역적인 특징과 관련을 갖고 있으며, 특히 농촌의 여성들은 독특한 형태의 머리쓰개를 어렸을 때부터 착용한다.

이 란
Islamic Republic of Iran

테헤란

위치 __ 서남아시아 페르시아만 연안

총면적 __ 165만㎢(한반도의 7.5배)

수도 및 정치체제 __ 테헤란, 회교공화국(최고지도자 중심제)

인구 __ 6,545만명(2002년)

민족구성 __ 페르시아족(51%), 아제르바이잔족(24%), 길락-마란다란족(8%), 쿠르드족(7%), 아랍족(3%) 등

언어 __ 이란어

기후 __ 건조한 내륙성 기후로 인해 연교차가 심하며 국토의 반 이상이 염성 사막으로 경지율이 낮음

종교 __ 이슬람교(시아파)

지형 __ 국토의 절반이 산악지대이며 1/4이 사막과 황야지대로 경작지가 거의 없음

1. 역사와 문화적 특징

이란의 정식 명칭은 이란이슬람공화국(Islamic Republic of Iran)이다. 과거에는 페르시아(Persia)라고 불렸으나, 1935년부터 '아리아인의 나라' 라는 뜻의 이란으로 개칭하였다.

유럽·아프리카·아시아 중간지대에 위치한 지리적인 특성상 동서문명의 가교역할을 해온 한편, 북방 유목민족의 문화와 인더스 문명, 메소포타미아 문명을 흡수하며 복합문화를 형성한 나라이다. 인종의 다양성에도 불구하고, 인구의 90% 이상이 시아파 이슬람교를 믿는 까닭에 국가의 단일성을 유지할 수 있었고, 이러한 종교적 단일성으로 인해 11세기에서 16세기에 걸친 셀주크 투르크, 몽골 등의 이민족 지배에도 동화되지 않았다.

이란고원에 처음으로 국가가 건설된 것은 기원전 559년 아케메네스 왕조의 페르시아 제국부터이다. 3세기 초 사산조 페르시아 왕조까지 약 400여 년간 페르시아계 제국의 영화를 유지하였으나, 651년 아랍인의 침입으로 페르시아 계통의 왕조는 멸망하게 되었다.

그 후 아랍인의 지배와 함께 이슬람화가 급속히 진행되어 전통적인 페르시아 문자 대신 아랍 문자가, 조로아스터교 대신에 이슬람교가 보급되기 시작하였다. 11세기부터 13세기까지는 셀주크 투르크 왕조의 지배를 받았으며, 16세기까지는 몽골계 티무르 제국의 지배를 받기도 하였다.

16세기 초 사파비 왕조(Safav, 1502~1763)가 일어나면서 강력한 이란 민족국가를 형

성하여 왕조의 수도 이스파한은 '세계의 중심'으로 불릴 만큼 큰 번영을 누렸다. 그러나 17세기 후반부터 사파비 왕조는 쇠퇴하기 시작하여 19세기 초에는 러시아의 압박을 받았으며, 1857년에는 아프가니스탄 문제로 영국과 싸워 패하였다. 제1차 세계대전 중에 국토는 싸움터로 변하였고, 이란에 진출하려던 영국과 러시아에 눌려 반(半) 식민국가 상태를 면치 못하였다. 이에 항거하여 이란 카자크 병단(兵團)의 대장 레자한이 무력 정치개혁을 일으켜 1925년 스스로 '레자샤'라 칭한 뒤, 팔레비 왕조의 기초를 닦았으며, 1935년에는 국호도 이란으로 바꾸었다. 1941년 아버지의 뒤를 이어 즉위한 모하마드 레자샤는 강력한 근대화 정책을 추진하였으나, 1979년 1월 반정부 이슬람혁명이 일어나 이슬람공화국이 수립되었다.

1989년 이슬람혁명을 주도한 호메이니가 사망하면서 전후(戰後) 복구 및 경제사회개발 5개년 계획을 수립하는 한편, 실용주의 정책을 채택하면서 점차 개방과 개혁정책이 진행되고 있다.

2. 전통복식의 종류 및 특징

1) 일반복식

이란 복식의 가장 큰 특징은 봉제의라는 공통점을 갖고 있는 오스만 투르크(터키족) 복식과 페르시아 복식이 상호간에 영향을 주면서도 각각의 독특함을 유지하면서 발달했다는 점이다. 몸에 잘 맞는 입체적인 구성법이 공통점인 두 복식의 상호교류는 사산조 페르시아 왕조[20]부터 아바시드 왕조[21], 셀주크 투르크 왕조[22]의 발생과 확산 및 아나톨리아 지역의 역사와 전통을 연결하여 설명할 수 있다[23].

페르시아의 직물산업은 고대부터 매우 발달하였으며, 복식문화도 매우 화려하였다. 오늘날 재킷의 기본형인 'Set-in-sleeve'는 페르시아 의복에서 처음으로 나타났으며, 안감을 넣은 옷도 페르시아 복식에서 찾아 볼 수 있다. 오늘날 우리가 사용하고 있는 '파자마Pajama'라는 말의 기원도 페르시아에서 시작되었다고 한다. 페르시아어로 '*pa*'는 다리, '*jamah*'는 옷을 의미하는 것으로 '*pajamah*'는 바지를 뜻하고, 이것을 영국식으로 표기한 것이 'pajama'이다[24].

(1) 셔츠와 내의류

이란 전통복의 밑받침 옷으로는 얇은 흰색의 면으로 만든 셔츠류와 리바스*Libas*라는

속바지가 있다[25]. 슈미즈 형태의 셔츠는 거의 모든 사람들이 착용하는 것으로 얇은 흰색의 면으로 만든다. 전체적으로 직물 표면에 주름이 살짝 잡혀있는 부드러운 천을 사용하며 소매는 여유있는 형태에서부터 딱 맞는 것까지 다양하다.

(2) 전통적인 바지 : 쉐르왈

이란에서는 남녀 모두가 허리를 끈으로 조여 입는, 여유가 많고 헐렁한 바지를 착용한다. 이러한 형태의 바지는 이슬람 전역에 공통적으로 착용되는 바지 형태로 터키에서는 샬바르Salvar 또는 샤르와르Chalwar, 아랍권에서는 시르왈Sirwaal이라고 하며 이란에서는 쉐르왈Sherwal·샬바르Salvar라고 한다(그림 20). 쉐르왈은 겉에 착용하는 바지만을 의미하며 바지 형태의 속옷을 호칭할 때는 리바스라고 한다.

쉐르왈은 시골과 산악지대의 사람들에게 광범위하게 착용되는 실용적인 옷으로 부유한 사람일수록 허리부분에 주름이 있는 넓고 여유가 많은 바지를 착용하였다. 얇고 섬세한 모직물로 만든 쉐르왈을 최상품으로 여긴다.

(3) 외투류

아바야Abaya는 망토 형태의 남성용 외투로, 페르시아 지역에서는 16세기경부터 착용되기 시작하였다. 대개는 짧은 소매에 길이는 무릎 정도의 것으로 커다란 직사각형의 것이다. 주로 남성이 착용하지만, 일부 이슬람여성들은 얇은 검은색의 천으로 만든 아바야를 외투나 얼굴을 가리는 베일과 함께 장옷처럼 뒤집어써서 몸 전체를 가리는 데 사용한다. 산악지대나 사막에서는 낙타털로 만든 아바야를 즐겨 입는데, 이것은 추위와 습기를 막아줄 뿐만 아니라 강렬한 태양열로부터 신체를 보호해 준다. 혹독한 기후일 때는 아바야를 머리에 뒤집어쓰기도 하지만 대개는 어깨에 느슨하게 걸쳐 입는다.

기후가 온난한 지역에서는 통기성이 높은 섬세한 모직물로 만든 아바야를 입는다. 상류층에서는 흰색이나 소색에 목둘레를 금사로 처리한 아바야를 착용한다[26].

2) 이중적 형태 : 여자복식

이란은 공적인 생활과 사적인 생활이 확연히 구분되는 이슬람국가이다. 공공장소에서의 이란 여성은 이란식 차도르나 스카프 및 망토를 두른 폐쇄적인 차림이지만, 집안에서는 옷차림에 제약이 없으며 심한 노출도 가능하다.

전통적으로 페르시아권은 남성들의 숙소이면서 동시에 손님을 맞이하거나 접대하고, 사업적인 일들을 처리하는 공적인 공간(Biruni)과 내부의 공간으로 여성의 영역이며 가까운 가족구성원과 여성 방문자들의 출입만이 허용되는 사적인 공간(Anderun)으로 구분된다[27]. 이러한 전통에서 여성들의 복식도 사적인 공간을 위한 비교적 개방적인 실내복과 방문이나 외출시 착용하는 폐쇄적인 외출복으로 분리되어 발전하였다.

(1) 실내복

전통적인 페르시아 여성의 실내복은 로브형·바지형·치마형의 세 종류로 나눌 수 있다. 로브형은 바지인 샬바르 또는 쉐르왈을 입고 그 위에 페티코트를 겹겹이 겹쳐 입은 후에 마지막으로 길고 풍성한 로브를 착용한다. 가장 밖에 입는 긴소매가 달린 드레스는 페르시아어로 피란Piran, 터키어로는 케넥Kenak이라고 부른다. 옆선에는 허리선부터 깊은 트임이 있어 화려한 페티코트가 자연스럽게 노출된다. 이 위에 벨벳으로 만든 짧은 재킷을 입기도 한다. 머리에는 긴 베일이 달린 쿠라카Qulaca라는 작은 모자를 쓴다[28]. 이러한 형태의 복식은 이란 남서부에 거주하는 카쉬카이족과 박트리아리족 여성들의 복식에서 볼 수 있다(그림 22). 이들의 여성복은 현재 이란에서 착용되고 있는 민속복 중에 가장 화려한 편이다. 과거에는 인도에서 수입한 섬세한 면 거즈를 사용하였으나 현재는 시장에서 구입한 면직물을 주로 사용한다.

그림 22. **박트리아 리족 여성**

그림 23. **치마형의 실내복 차림(19세기)**
그림 24. **튬분**
그림 25. **전통복을 입은 유목민 소녀(20세기)**

바지형은 화려한 브로케이드 직물로 만든 풍성한 바지인 쉐르왈과 엉덩이를 살짝 가리는 정도의 길이에 헐렁한 소매가 달린 튜닉형의 페르한*Perhan*으로 구성된다. 바지의 형태는 한쪽 다리에 몸 전체가 들어갈 수 있을 정도로 대단히 넓은 것으로, 착용하면 마치 풍성한 페티코트를 착용한 것처럼 둥글게 부풀어 보인다. 과거에는 열 벌에서 열한 벌의 바지를 겹쳐 입어 풍성한 외관을 만들었다. 바짓부리에는 화려한 장식테이프를 달아 장식한다. 이처럼 풍성한 바지를 몇 벌 겹쳐 입은 위에 페르한을 입고 그 위에 길이가 짧고 몸에 꼭 맞는 긴소매 재킷을 착용하였다. 여기에 진주를 꿰어 만든 줄과 다양한 종류의 팔찌, 목걸이 등으로 화려하게 장식하였다.

치마형은 속옷의 역할을 하는 무릎길이의 짧고 간단한 바지 위에 짧은 치마를 입는 형태이다(그림 23, 25). 19세기 중반경에 등장한 것으로 세 가지 형식 중에서 가장 마지막에 발달한 것으로 보인다[29]. 짧은 치마 위에는 흰색 또는 파란색의 넓적다리 중간까지 내려오는 긴 형태의 페르한을 상의로 입는데, 이때 페르한은 안이 비칠 정도로 섬세한 거즈 천으로 만들었다. 길이가 짧고 주름이 많이 잡힌 풍성한 형태의 치마는 튬분 *Tumbun*이라고 하고(그림 24), 견이나 벨벳, 캐시미어로 만들며 때로는 가장자리를 금사로 짠 레이스와 화려한 날염천으로 장식하기도 하며, 치마 위에는 많은 금속단추를 달아 장식하였다.

위에는 소매가 좁고 짧은 재킷을 입는데, 여름에는 앞을 여미지 않고 그대로 벌려서 착용하며, 겨울에는 안감을 넣은 좀더 도톰한 재킷과 함께 흰색 면양말을 신었다. 겨울에는 굽이 있는 아주 작은 슬리퍼를 착용하지만 여름에는 대개 맨발로 지냈다.

머리에는 자수를 놓은 견이나 면으로 만든 커다란 사각형 쓰개인 샬갓트*Charghat*를 덮는다. 샬갓트의 길이는 어깨를 덮을 정도이며 때로는 깃털과 보석으로 장식한 지카 *Jika*라는 장식을 머리 옆면에 달기도 한다[30].

(2) 외출복

도시지역의 여성이 사적인 영역에서 벗어나 다른 집을 방문하거나 외출을 해야 경우에는 몸 전체를 베일로 가려야 했다. 그러나 노동을 해야 하는 농촌과 유목민의 여성들은 몸 전체를 베일로 감싸는 것은 실용적이지 못하기 때문에 일상생활에서 베일을 쓰지 않기도 한다[31]. 베일을 착용함으로써 내부의 세계와 외부의 세계를 구분하는 전통은 현재까지도 이어지고 있으나, 점차 개방·개혁정책에 힘입어 이러한 관습이 퇴조하고 있다.

페르시아 여성의 전통적인 외출복 형태는 바지에 양말이 달려있는 형태의 착치르 *Chakchir*와 머리부터 발끝까지 완벽하게 가릴 수 있는 차도르로 구성되었다. 때로는 눈을 제외한 얼굴 전체를 가리는 루밴드*Ruband*라는 베일과 차도르를 같이 착용하기도 하였다(그림 26). 루밴드는 얼굴을 가릴 필요가 없을 경우에는 뒤로 넘겨 줄 수 있도록 구성되었으며, 주로 섬세한 흰색의 면직물로 만들었다. 사각형의 천 위에 소색의 견사로 작은 격자무늬 자수를 놓아 밖을 볼 수 있는 구멍을 만들어 주고 가장자리는 자수를 놓거나 실로 단단히 감아 모양을 내었다(그림 27).

점차 차도르·루밴드·착치르는 도시의 외출복으로 하나의 완성된 조합처럼 되었다. 이러한 외출복을 착용하는 방법은 먼저, 옷을 입은 상태에서 모든 옷을 덧바지인 착

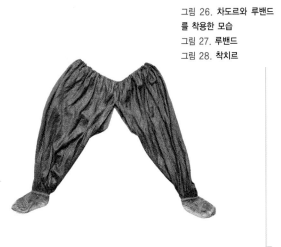

그림 26. **차도르와 루밴드를 착용한 모습**
그림 27. **루밴드**
그림 28. **착치르**

착용한 모습

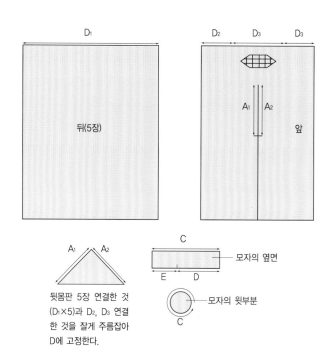

뒤(5장)

앞

뒷몸판 5장 연결한 것
(D₁×5)과 D₂, D₃ 연결
한 것을 잘게 주름잡아
D에 고정한다.

모자의 옆면

모자의 윗부분

그림 29. **아프가
니스탄의 브르가**

치르 안으로 밀어 넣고 허리에서 끈으로 고정시킨 다음, 루밴드를 고정한다. 다음에 차도르를 쓰고 나서 굽이 있는 슬리퍼나 굽이 있는 나막신을 착용하였다. 페르시아의 이러한 외출복은 인접국인 아프가니스탄에서 19세기에 착용한 '브르가'와 유사하였다(그림 29). 이것은 아프가니스탄의 서부지역이 오랫동안 페르시아의 지배권에 속해있었다는 역사적 배경과 관련이 있을 것이다[32].

현대 이란에서는 이러한 외출복을 히잡*Hijab*이라고 표현한다. 히잡은 피부가 드러나지 않도록 착용하는 이슬람식 복장으로 히잡의 의미는 '가리다, 장막을 치다'라는 동사에서 파생된 것으로 이것은 여성에게만 국한되지 않으며 남성도 지켜야 한다. 이러한 히잡을 의무적으로 착용하게 된 것은 1979년 이슬람 혁명 이후부터이다. 오늘날 이란에서 사용되고 있는 히잡의 대명사가 된 차도르는 원래 아랍인들의 것이며, 현재의 이란을 이루고 있는 페르시아 지역이 이슬람화가 된 이후에도 차도르는 그리 성행하지 않았으나, 16세기 사파비 왕조 때 시아 이슬람을 국교로 선포하면서 그 사용이 늘어났다고 한다.

차도르 대신 즐겨 입는 망토는 몇 년 전까지만 해도 무채색이 주류였으나 지금은 색상과 디자인이 다양하고 대범해졌다. 옆트임이 있는 것도 있고, 허리를 잘록하게 맬 수 있는 것도 있다. 외출시나 이슬람 샤원에 예배를 보러 갈 때는 반드시 검은색 차도르를 착용하고, 집안에서 기도할 때나 가까운 시장에 갈 때는 은은한 색상에 작은 꽃무늬가 들어간 차도르를 쓴다.

좀더 간소화된 히잡의 형태로는 머리에 쓰는 스카프 형태인 '루싸리'와 어깨까지 가

리는 형태의 '마그나에' 두 종류가 있다. 마그나에는 묶는 것이 아니라 머리 위로 덮어
쓰는 형태로 만들어진 것으로 초·중·고 학생들은 등교시에 마그나에를 착용한다. 루
싸리보다 종교색이 더 강하며 보온성이 높아 여름에는 좀 답답한 감이 있다. 반면 루싸
리는 훨씬 가볍고 발랄한 느낌을 주며 원단의 종류도 견에서 나일론에 이르기까지 다양
하다[33].

(3) 기 타

페르시아인들은 짙은 검은색의 머리카락과 눈썹·수염을 귀중하게 여겼다. 짙고 숱
이 많은 눈썹은 아름다운 것으로 평가되었고, 특히 양쪽 눈썹이 미간에서 서로 닿을 정
도로 길고 큰 것을 최고로 생각하였다. 과거에 페르시아 여성들은 평생 머리카락을 자르
지 않았으며, 짙은 색상의 머리카락을 갖지 못한 여성은 염색을 하거나 덧칠을 하여 검
은색 효과를 얻고자 하였다. 머리카락은 자연상태에서도 광택이 있는 검은색이었으나,
대부분 헤나(henna)나 인디고(indigo)를 사용하여 더욱 짙은 느낌의 검은색이나 검푸른
색조로 염색을 하였다. 헤나는 식물의 씨와 잎에서 추출한 짙은 주황색 염료로서 피부
온도를 낮춰주는 효과가 있어, 짙은색을 가하려는 심미적 목적뿐만 아니라 강한 열기로
부터 신체를 보호하기 위하여 손과 발에 발라주기도 하였다[34].

결혼을 앞둔 젊은 신부는 다양한 색상으로 화장을 한다. 뺨은 붉게, 목덜미는 하얗게
칠하는 반면, 속눈썹은 검은색의 화장용 먹(khol)을 사용하여 둥글게 그린다. 눈썹은 넓
고 서로 맞닿을 정도로 그려주며 매력점이나 별 모양을 턱과 뺨에 그린다[35].

터키 남부지역의 여성

샬와르*Shalwar* 위에 우쉐텍*Ucetek*을 입
은 모습으로 치마의 트임 아래로 풍성한 샬
와르를 볼 수 있다. 소매는 다른 색 천을 덧
대어 장식하였으며 작은 모자 위에 머릿수
건 형태의 베일을 쓰고 작은 동전으로 장식
하였다.

터키 가지안테프의 남성

상의로는 셔츠 형태의 고믈렉*Gomlek*을
입고, 그 위에 반팔 형태의 쎕켄*Cepken*을
덧입었다. 하의로는 샬와르*Shalwar*를 입
고 있으며 허리에는 쿠삭*Kusak*을 두르고
있다.

터키
Republic of Turkey

위치 __ 아시아대륙 서쪽 소아시아 반도

총면적 __ 178만 580㎢

수도 및 정치체제 __ 앙카라, 공화제

인구 __ 6,936만명(2002년)

민족구성 __ 터키족(90%), 기타

언어 __ 터키어

기후 __ 내륙지방은 대륙성 기후, 해안지방은 해양성 기후로 봄·가을이 짧고 건조하며 일교차가 심함

종교 __ 수니파 이슬람교

지형 __ 영토의 대부분이 아나톨리아 또는 소아시아로 알려진 아시아대륙에 위치

1. 역사와 문화적 배경

일반적으로 '투르크(Turk)'라는 말은 터키, 터키사람과 동일한 의미로 사용되기도 한다. 그러나 세계적으로 약 2억 5천만 명이 넘는 투르크족 가운데 터키 국토가 위치한 아나톨리아 반도에 살고 있는 터키 투르크족은 약 5천 6백만 명으로 터키 총인구의 86% 정도를 차지한다. 이처럼 투르크족은, 터키 외에도 중앙아시아의 우즈베키스탄·투르크메니스탄·키르기즈스탄·카자흐스탄·아제르바이잔, 중국의 신강위구르자치구 등 방대한 지역에 흩어져 살고 있으며, 그 외에도 그리스 북부지방 및 발칸 반도(불가리아·유고 등), 구소련 등에도 수백만 명의 투르크족이 분포되어 있다[36].

투르크족은 기원전 3세기 말엽부터 정령(丁零)·고차(高車)·철륵(鐵勒) 등의 명칭으로 중국의 사료(史料)에 등장하였으며, 6세기 중엽 이후 약 2세기에 걸쳐 몽골고원과 알타이산맥 지방을 중심으로 활약한 돌궐(突厥)족도 'Turk'란 용어를 한자로 옮겨 적은 것이다[37]. 이처럼 중앙아시아에서 활동하던 투르크족은 서부로 이동하면서 아랍·페르시아 지역의 이슬람교도들의 영향을 받아 이슬람화되었다. 현재의 이란지역인 페르시아 지역을 넘어 소아시아 반도까지 진출한 투르크족은 11세기에는 셀주크 투르크(Seljuk Turks) 제국을 건설하였고, 아나톨리아 지방에 정착하여 터키 이슬람문명을 이룩하였다. 이백여 년에 걸친 여덟 차례의 십자군원정에도 버텨냈던 셀주크 투르크 제국도 징기스칸의 강력한 몽골 군대에 의하여 세력을 잃고 13세기경에 멸망하고 말았다.

셀주크 투르크를 점령하였지만 몽골군대는 이미 깊숙이 뿌리내린 터키의 이슬람문화를 붕괴시키지 못하고 오히려 이슬람화되었으며, 13세기말에는 새로운 투르크 제국인 오스만 투르크 제국(1299~1922)이 성립하였다. 1453년에 비잔틴 제국을 멸망시킨 오스만 투르크 제국은 지속적으로 영토를 확장하여, 16세기에는 유럽·아시아·아프리카의 3대륙에 걸쳐 세력을 확장하였다. 그러나 유럽 열강들과의 영토분쟁에 의한 잦은 전쟁과 연합국의 공격을 버티지 못하고 점차 쇠퇴기에 접어들었다.

제1차 세계대전시 독일편에 가담하여 패전국이 되었지만, 무스타파 케말(Mustafa Kemal)이 주도한 독립전쟁의 승리로 1923년 터키공화국이 되었다. 공화국 성립 후 칼리프제가 폐지되었으며 정교분리·문자개혁·교육개혁 등 근대국가를 향한 노력이 진척되었다. 또한 케말 파샤는 이슬람의 율법 대신 스위스의 민법을 기본으로 한 근대 민법을 제정하였으며, 전통적인 복장의 상징인 터번과 원통형 모자인 페즈Fez(그림 30)의 착용을 금지하였다. 이러한 개혁정치로 현재 터키는 다른 이슬람국가보다 서구화가 많이 진행된 편으로 차도르Chador를 벗고 양장 차림에 세련된 젊은 여성들을 터키의 대도시에서 쉽게 볼 수 있다[38]. 그러나 농촌에서는 남녀가 농사를 짓기에 편리한 전통복식 형태의 바지를 즐겨 입으며, 특히 동부에서는 이러한 고유복장을 착용한 모습을 쉽게 찾을 수 있다.

2. 전통복식의 종류 및 특징

터키문화는 다양성과 복합성이라는 특징을 지닌다. 이것은 중앙아시아에서 이주해 온 터키민족이 소아시아 반도의 아나톨리아 고원지대에 정착하면서 주변의 여러 민족과 접촉할 수 밖에 없던 역사적 배경과 관련이 있다 하겠다. 10세기 초에는 중앙아시아 유목민족적 요소에 이슬람적 요소를 흡수하였으며 아나톨리아 지역에 진입·정착하는 과정중에도 기존의 정착민과의 문화적 교류가 이루어졌다. 또한 오스만 제국은 중동 지역 및 기독교권과 동유럽을 포함하는 광대한 영토를 통치하였기 때문에, 유럽 문화와의 문화적 교류도 빈번할 수밖에 없었다. 결국 터키문화의 가장 독특한 특징은 서로 다른 수많은 인종과 문화가 이슬람문화 내에 공존하면서 독특한 양식으로 발전하였다는 것이다.

11세기부터 채택된 이슬람문화 속에서 여성이

그림 30. **페즈를 착용한 모습**

베일로 얼굴이나 신체를 가리는 아라비아의 풍습은 터키식으로 정착되었고 이러한 전통은 전세계적으로 알려진 하렘[39]스타일을 형성하게 하였다. 그러나 1923년 이후 케말 파샤의 개혁정책에 따라서 여성들의 몸 전체를 가리는 베일이 폐지되면서 의생활은 서구풍으로 바뀌었고 그 이후로 하렘 복장은 일상생활에서 찾아보기 어렵게 되었다.

1) 남자복식

터키 남성복에는 중앙아시아에서부터 서쪽으로 이주해 온 터키의 역사적 배경이 잘 나타나고 있다. 예를 들면 터키 동부의 에르주룸(Erzurum) 남자복식에는 투르크 민족적인 기마민족의 특징이 많이 남아있으며, 터키 남부의 가지안테프(Gaziantep) 남자복식에는 농경민족과의 접촉과 융화에 의한 변화가 나타나고 있다[40].

(1) 가지안테프 지역

아나톨리아 지역의 남부 최대의 도시인 가지안테프는 주변이 평야지대로써, 옛날부터 밀과 벼 등의 곡물류와 포도와 올리브 등의 과일 집산지였다.

이 지역의 샬와르는 바지의 밑위 부분을 별도의 천으로 이어 여유를 준 자루처럼 생긴 형태로 한복 바지처럼 평면적인 형태이다(그림 32). 밑위가 넓어 엉덩이부위에 공간이 많으며, 허리부위에 풍성하게 주름을 잡은 넓은 바지로 허리부분에 끈을 묶어 입는다. 이란의 샬와르와 다른 점은 인도의 쥬디다르처럼 무릎 아래부터 바짓부리로 갈수록 바지통이 좁아지는 형태라는 점이다.

피부 바로 위에 입는 고믈렉*Gomlek*은 몸에 딱 맞는 셔츠로써 직물의 올방향이 소매

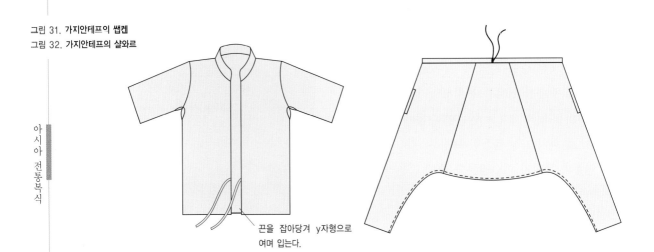

그림 31. 가지안테프이 쌥켄
그림 32. 가지안테프의 샬와르

끈을 잡아당겨 y자형으로
여미며 입는다.

길이와 같은 방향인 서양의 셔츠 재단방법과 달리, 소매너비 방향이 된다. 고믈렉 위에는 조끼 형태인 예렉Yeleck을 입고 그 위에 반소매 형태의 쎕켄Cepken을 오른쪽으로 여며 입는다. 맨 위에 착용하는 쎕켄은 재킷의 역할을 하는 것으로 소매는 꼭 끼지만 길이가 짧아 활동에는 지장이 없다(그림 31). 이렇게 여러 벌의 옷을 겹쳐 입는 것은 일교차가 심한 기후특성에서 적합한 착용방법이다.

머리에는 테르릭Terlik이라는 모자를 쓰고, 그 위에 푸수Pusu라는 검은색의 비단으로 만든 사각형의 보자기처럼 생긴 천을 삼각으로 접어 머리에 감고 좌측에서 묶어 길게 늘어뜨린다. 신발은 가죽으로 만든 단화인 예메니Yemeni를 신고, 지갑을 허리에 찬다. 마지막으로 쿠삭Kusak이라는 넓은 허리띠를 두른다[41].

(2) 에르주룸 지역

에르주룸은 북쪽으로는 흑해, 남쪽으로는 지중해쪽으로 가는 분기점으로 오래 전부터 대상무역의 거점으로 발달되었던 곳이다.

이 지역 남성복에서 가장 특징적인 의복은 엉덩이부분에 주름이 잡힌 지브가Zivga라

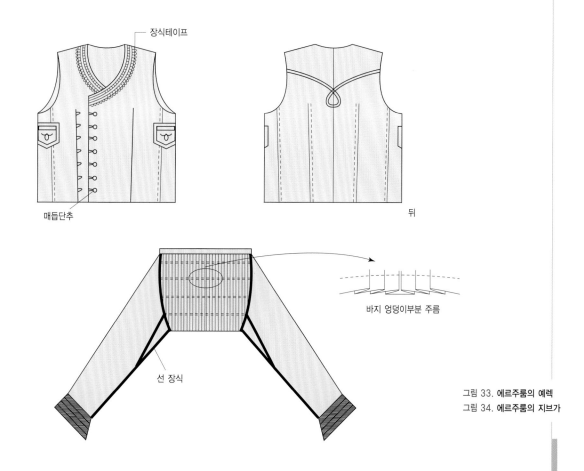

장식테이프

매듭단추

뒤

바지 엉덩이부분 주름

선 장식

그림 33. **에르주룸의 예렉**
그림 34. **에르주룸의 지브가**

177

는 독특한 바지이다(그림 34). 지브가는 중심을 향하여 양끝에서부터 일정한 간격(대개 1㎝ 정도)으로 주름을 잡은 다른 천을 엉덩이부분에 덧대준 형태이다. 바지와 덧붙인 천은 끈을 박아 연결하는데, 이것은 동물의 가죽을 이용하여 옷을 만들던 방식에서 기원한다. 안으로 접혀 들어가는 주름 분량은 겉주름의 1~1.5배여서 앉거나 활동에 편하다. 바짓가랑이 밑부분에는 삼각형의 무가 달려있으며 바짓부리에는 장화 윗부분을 덮을 수 있는 사다리꼴 덧단을 달아준다. 허벅지에서부터 발목까지 꼭 맞는 형태이지만, 엉덩이에 넉넉하게 주름이 잡혀 있어 말을 탈 때도 편안한 형태로 유목민족의 전통이 남아 있는 옷이라고 할 수 있다.

지브가 위에는 터키전통의 셔츠인 고믈렉을 바지 안으로 넣어 입은 후에, 매듭단추로 여며 입는 길이가 짧은 조끼인 예렉*Yelek*(그림 33)을 입는다.

배와 허리에 두르는 길고 넓은 새시천은 쿠삭*Kusak*이라고 한다. 쿠삭의 형태는 턱시도를 착용할 때, 허리에 두르는 커머밴드(cummerbund)와 유사하다. 쿠삭 위에는 멘디르*Mendil*라는 사각형의 천을 삼각형이 되도록 대각선으로 접은 후 허리에 묶어 늘어뜨려 주기도 한다[42].

2) 여자복식

여성복은 얇은 천으로 만든 셔츠 형태의 고믈렉과 짧은 속바지 형태의 디스릭*Dislik*

그림 35. 여성용 고믈렉

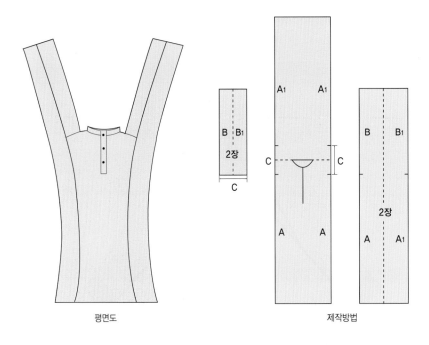

평면도   제작방법

등의 속옷류와 안에 받쳐 입는 조끼, 다양한 로브와 재킷·블라우스와 헐렁한 바지로 구성되는 겉옷류, 그리고 허리띠·양말·신발 등의 장신구로 나누어진다. 직선재단이 특징인 고믈렉(그림 35)과 디스릭은 속옷·밑받침옷으로 착용되며 대개 부드러운 면직물로 만든다.

(1) 로브

로브형은 크게 엔타리*Anteri*라고도 불리는 카프탄 형식의 우쉐텍*Ucetek*과 앞여밈이 없이 머리 위로 뒤집어서 입는 튜닉형의 원피스형인 이케텍*Ikietek*이 있다(그림 36, 37). 로브 밑에는 전통적인 풍성한 바지(샬와르)를 입기도 한다.

이처럼 긴 로브와 헐렁한 바지를 함께 입는 것은 가장 오래된 형태의 전통복이다. 상의로는 짧은 조끼형태의 페르메네*Fermene*나 짧은 재킷인 살타*Salta*를 같이 입는다. 로브의 형태는 카프탄 형태로 앞여밈이 있고 양 옆 허리선까지 트임이 있는 우쉐텍은 긴 트임이 있는 치맛자락의 앞을 그대로 열어서 착용하며, 때로는 허리에만 단추 몇 개를 달고 그대로 벌어지도록 입기도 한다.

로브의 소재로는 주로 벨벳을 많이 사용한다. 특히 결혼식에는 더욱 고급스러운 소재가 사용되며 경우에 따라서는 로브와 밑에 입는 바지를 같은 소재로 만들기도 한다. 바지는 주로 새틴을 사용하지만 일부 지역에서는 화려한 무늬가 있는 견을 사용한다. 허리에는 금이나 은으로 된 허리띠를 주로 착용하며 천으로 된 허리띠를 하기도 한다. 샬

그림 36. 우쉐텍·살타·샬와르 차림의 여성
그림 37. 이케텍 형태의 빈달리 차림의 여성

와르와 로브의 소재가 같은 경우에는 치마를 허리띠 안으로 살짝 접어 넣어 샬와르가 밖으로 보이도록 입는다.

가슴부위에 앞트임이 있는 원피스형의 로브는 이케텍이라고 한다. 이케텍은 카프탄 형태의 우쉐텍보다는 후대에 형성된 것으로 머리부터 뒤집어쓰는 방법으로 입는다. 양쪽에는 무릎까지 올라오는 트임이 있으며, 벨벳이나 조금 도톰한 견직물을 이용하여 만든다. 목중심에서 허리까지 오는 긴 앞트임은 대개 단추 한 개로 여며준다. 허리에는 금·은사로 자수를 놓아 장식하며 트임과 치마 주변은 금이나 은으로 화려하게 꾸민다. 특히 헐렁하고 긴 소매의 윗부분과 소맷단에는 같은 무늬의 자수를 놓아 장식한다. 화려한 보석으로 장식된 은사를 엮어서 만든 허리띠나 금 조각이나 구슬 등으로 장식한 고리 버들로 만든 허리띠를 찬다.

길이가 길고 자수가 놓여있는 로브는 빈달리*Bindalli*[43]라고 한다. 목선은 대체로 원형이나 사각형이다. 원형은 허리를 향하여 수직으로 앞트임이 있고 사각형은 겨드랑이를 향하여 사선으로 트임을 만든다. 소매는 상당히 넓고 긴 편이며 소매끝이 갈라진 형태도 있다. 때로는 흰색의 레이스가 소매와 치마, 목둘레에 달리는 경우도 있다. 머리에는 스카프나 얇은 천을 쓰며 은으로 된 머리띠인 카마르*Kemer*로 장식한다. 빈달리는 사람들이 가장 선호하는 형태로, 고급스러운 결혼 예복이나 축제의상용은 금사나 은사로 꽃무늬를 수놓은 자주색의 벨벳으로 만든다[44].

(2) 바지와 재킷

터키여성이 즐겨 입는 전통바지인 샬와르에는 약 90여 종의 다양한 종류가 있다. 몸

그림 38. 여성용 샬와르
그림 39. 샬와르·살타
페즈를 착용한 모습

아시아 전통복식

에 잘맞는 형태부터 주름이 많이 잡힌 여유있는 형, 발목을 묶는 형, 직선형, 둥근형 등 매우 다양한 길이와 형태가 있으며 지역에 따라 명칭도 다양하다(그림 38).

샬와르 위에는 짧은 치마를 덧입고 살타·페르메네·쌥켄과 같은 짧은 상의를 입기도 하는데(그림 39), 일부 지역에서는 단지 말을 탈 때나 젊은 여성들만 이러한 복장을 하기도 한다.

살타는 깃과 단추가 없으며, 소매끝에 긴 트임이 있는 긴소매가 달린 짧은 재킷을 말한다. 주로 벨벳이나 견직물로 만들며 소매와 소맷단 주변에 자수로 장식한다. 페르메네는 금·은사나 화려한 테이프로 자수가 놓인 화려한 조끼형태의 것을 말한다. 안감을 대주며 벨벳이나 브로케이드로 만든다. 쌥켄은 앞단 끝이 둥글거나 직선형으로 되어 있는 재킷이나 조끼를 말하는데 대개 샬와르와 치마를 같이 입을 경우에 착용한다.

(3) 베 일

다른 이슬람 국가에 비하여 서구화가 많이 진행된 터키에서는 베일 착용의 전통이 많이 약화된 편이지만 농촌지역에서는 아직도 베일의 흔적을 찾아볼 수 있다.

터키어로 야스막*Yasmak*은 베일과 동일한 의미로써 과거에는 외투형태의 페라스 *Ferace*와 함께 외출시에 착용하였다(그림 40). 야스막은 두 장의 망사처럼 얇게 짠 머슬린이나 거즈로 만든 사각형의 천 형태로 하나는 턱 아래에 고정하였고 다른 하나는 머리를 덮도록 구성되어 있다. 야스막은 어깨까지 드리우거나 페라스 안에 고정하여 착용하였으며 야스막을 쓰면 외부에 보이는 것은 단지 눈과 코의 일부분이었다.

샤르*Char*는 흰색 마직물로 만든 사각형의 숄로 머리·목·어깨를 가리기 위해 야스막과 함께 사용하였다. 샤르는 지역에 따라 격자무늬나 줄무늬가 있는 것도 사용한다.

(4) 머리장식

터키여성의 전통복식 중에서 가장 섬세하고 다양한 것은 머리장식이다. 머리형태는 같은 지역 내에서도 나이와 사회적 위치와 경제적인 상황에 따라 다르다. 어떤 지역에서는 결혼하기 전까지는 앞머리를 내릴 수가 없으며, 미망인이 재혼을 원하지 않

그림 40. 야스막과 페라스를 착용한 모습

는 표시로 스카프로 잔 머리카락을 덮기도 한다.

　머리장신구에는 모자형의 페즈부터 작은 베레모 형태, 금속이나 천으로 만든 관(冠) 형식의 것, 똬리처럼 둥근 것에 금화·은화·가넷·에메랄드·산호 등의 보석으로 장식한 것 등 매우 다양하다. 이러한 것들은 자수를 놓은 천, 스카프나 손수건 등에 함께 장식하기도 한다. 머리 장신구는 개인의 취향이 아닌 관습에 의해서 결정되는 부분이 많다[45].

[미주]

1. Yedida Kalfon Stillman(2000). *Arab Dress*. Leiden · Boston · Köln: Brill. p.173.

2. 니캅*Niqab*: 아랍어로 '*naqaba*'는 '구멍을 뚫다'라는 의미이다(앞의 책. p.142).

3. 앞의 책. pp.87-88.

4. 이흐람*Ibram*: 메카를 순례할 때는 메카 외곽에서 속옷까지 벗어버리고 두 장의 흰색 천으로 된 이흐람을 착용하는데, 한 장은 허리에 둘러 아래를 가리고 한 장은 어깨에 감는다(Yedida Kalfon Stillman(2000). pp.8-9.).

5. 앞의 책. p.22.

6. 앞의 책. p.47.

7. Heather Colyer Ross(1981). *The Art of Arabian Costume-A Saudi Arabian Profile*. Fribourg: Arabesque Commercial SA. p.41.

8. 앞의 책. pp.39-40.

9. 앞의 책. p.43.

10. 홍나영(1995). 여성쓰개의 역사. 서울: 학연사. p.34, pp.48-49.

11. Heather Colyer Ross(1981). pp.54-57.

12. 앞의 책. p.60.

13. 이집트의 통일 왕조는 대략 고왕국시대(기원전 3100~2160), 중왕국시대(기원전 2040~1785), 신왕국시대(기원전 1567~341)로 나눌 수 있다.

14. Andrea B.Roug(1986). *Reveal and Conceal: Dress in Contemporary Egypt*. New York: Syracuse University Press. p.17.

15. 타부쉬*Tarboosh*: 일명 페즈*Fez*라고도 하며, 나무 밑둥을 잘라버린 형태로 만든 붉은색 펠트모자를 의미한다. 고대 그리스에서 기원하였으며, '페즈'라는 명칭은 펠트를 염색할 때 사용하였던 원료인 크림슨 베리(crimson berry)에서 기원하였다고 한다(앞의 책. p.13.).

16. 앞의 책. p.13.

17. 앞의 책. p.12.

18. 앞의 책. pp.17-18.

19. 앞의 책. pp.20-24.

20. 사산조 페르시아 왕조(Sasanian Persia): 아르다시르 1세가 정복시기인 208~224년에 세워서 651년에 멸망한 이란계 이슬람 왕조. 사산(Sasan)이라는 왕조명은 이 왕조의 선조가 조로아스터교의 제주(祭主)였던 사산인 것에서 유래한다. 따라서 사산조 페르시아는 고대 페르시아의 고유전통을 계승하며 또한 고대 페르시아에서 만들어진 조로아스터교를 국교로 하는 신정국가였다.

21. 아바시드 왕조(Abbasid dynasty, 750~969): 이슬람 역사상 가장 크게 문화가 발전한 시대. 유명한 '천일야화'도 아바시드 왕조를 배경으로 하고 있다.

22. 셀주크 투르크 왕조(Seljuk Turks, 11세기~12세기경): '오구즈' 또는 '구즈 투르크멘'이라고 불리는 유목종족에서 파생한 셀주크족이 세운 왕조. 셀주크문화는 이란의 옛 전통을 살리면서 그것을 이슬람적으

로 꽃피운 수니 문화라 할 수 있다.

23. Jennifer Scarce(1987). *Womens Costume of the Near and Middle East*. London: Unwin Hyman. pp.132-133.

24. 황춘섭(2000). 世界傳統服飾. 서울: 수학사. pp.99-100.

25. http://www.geocities.com/ladysveva/clothing

26. Jay Gluck, Sumi Hiramoto Gluck(1977). *A Survey of Persian Handicraft*. Tehran: Survey of Persian Art. p.180.

27. Jennifer Scarce(1987). p.136.

28. R.W.Ferrier(1989). *The Arts of Persia*. New Haven: Yale University Press. p.169.

29. Jennifer Scarce(1987). pp.165-170.

30. 앞의 책. pp.170-171.

31. 앞의 책. p.136.

32. 앞의 책. p.178.

33. http://netizen.khan.co.kr/experience/iran/search.html(경향신문 검색)

34. Jennifer Scarce(1987). p.162, p.175.

35. 앞의 책. p.174.

36. http://www.turkeytour.co.kr/total_turkey.html(터키 정보 포탈 사이트)

37. 두산세계대백과 EnCyber

38. 권삼윤(2001). 차도르를 벗고 노르웨이 숲으로. 서울: 개마고원. p.171.

39. 하렘(harem): 이슬람세계에서 가까운 친척 이외의 일반 남자들의 출입이 금지된 장소를 의미하며, 하렘의 어원은 금단(禁斷)의 장소를 의미하는 아랍어 하림(*harim*)이 터키어 풍으로 변하여 형성되었다.

40. 松本敏子(1979). 世界の民族服. 大阪: 關西衣生活研究會. p.154.

41. 앞의 책. pp.153-154.

42. 앞의 책. pp.152-153.

43. 빈달리*Bindalli*: 금사나 은사를 사용하여 꽃무늬를 수놓은 자수법을 의미하기도 한다.

44. Middle East Video Corp(1986). *Historical costumes of Tukish Women*. Istanbul: Middle East Video Corp. p.9.

45. 앞의 책. p.10.

VI

VI. 중앙아시아의 전통복식

중앙아시아는 과거에는 '실크로드' 또는 '비단길'이라 불린 지역으로 동서교역사에서 중요한 역할을 한 지역이다. 중국은 일찍이 중앙아시아의 중요성을 인식, 전한(前漢, 기원전 202~기원후 220)시대 이래 서역경영(西域經營)에 힘써서 중국의 특산물인 비단이 실크로드를 통하여 서방에 전해졌으며, 서역의 문물도 동양으로 전파되었다. 9세기경부터는 투르크계 민족인 위구르가 남하하면서 투르크인의 영향에 들게 되었으며, 13세기 후반에는 대몽골제국에 속하여 차가타이 한국(汗國)이 성립되기도 하였다. 15세기에는 티무르 대제국에 속하였고 16세기 전반까지는 타타르족의 영향 하에 있었다.

중앙아시아에는 일찍부터 조르아스터교·불교·마니교·네스토리우스교 등이 전해졌으나 7세기 초엽 이래 이슬람교가 이란에서 전파되어 급속히 이슬람화되었다. 티무르 제국에 이르러 이슬람문화는 전성기를 맞이했으나, 남방 해상무역의 발전에 따라 중앙아시아의 육로무역이 쇠퇴하였다.

일반적으로 중앙아시아는 동(東) 투르키스탄[1]으로 불리는 파미르 고원 일대의 중국 신강위구르 자치구와 서(西) 투르

키스탄으로 불리는 투르크메니스탄·우즈베키스탄·타지키스탄·키르기즈스탄의 4개 공화국 및 카자흐스탄 남부를 합친 지역을 의미한다. 그러나 넓게는 몽골, 중국 청해성, 티베트고원, 아프가니스탄까지를 포함한다. 이는 강물이 외양으로 흘러나가지 않는 내륙 아시아와도 거의 일치한다. 중앙아시아는 복잡한 역사만큼이나 민족과 언어도 다양한 것이 특징이지만, 크게 구분하면 이슬람을 믿으며 투르크적인 특징이 나타나는 투르키스탄 지역과, 라마불교를 믿으며 몽골 인종적인 특징이 나타나는 몽골 및 히말라야 고원지역으로 나눌 수 있다.

이슬람이 중심 종교인 투르키스탄 지역의 남성들은 면직물로 만든 헐렁한 셔츠나 조끼와 함께 바지를 입으며 추운 계절에는 패딩이나 퀼팅 처리된 카프탄 형태의 외투를 걸친다. 이 지역에서는 여성들도 바지를 입으며, 바지 위에는 꾸르따Kurta라는 길고 여유있는 튜닉(tunic)을 입고 경우에 따라서 다양한 종류의 외투를 그 위에 착용한다.

역사적·정치적으로 많은 관련을 맺어온 투르크멘(Turkman)과 우즈베크(Uzbek) 그리고 타지크인(Tajik)들의 의복은 기본적으로 비슷한 형태로써, 중국 신강위구르 자치구에 살고 있는 위구르족이나 다른 이슬람 계통의 소수민족들의 복식·직물·장신구 등과도 많이 유사하다. 그러나 신강위구르 자치구나 서구화된 도시에서는 서양옷이나 서양의 원피스처럼 변형된 꾸르따를 스타킹과 함께 입기도 하는 반면, 이슬람적인 전통이 강하게 남아 있는 지역에서는 여성의 다리가 노출되는 것을 품위 없게 여겨 꾸르따 아래에 바지를 착용하는 것이 일반적이다.

인종학적으로 몽골인종적 특징을 가지며 불교(라마교)를 신봉하는 히말라야와 몽골고원의 민족들은 척박한 고원지대에 적합한 의복을 입는다. 특히 현재 중국의 서장(西藏) 자치구에 속해 있는 티베트와 몽골은 역사적·종교적·문화적으로 연결된 곳으로써 복식문화에서도 많은 공통점이 나타난다. 두 곳 모두 거대한 여성용 머리장신구가 발달된 것이 특징이며 모피나 가죽으로 만든 외투와 모직물의 이용이 두드러진다.

국민 대부분이 티베트 계통인 부탄은 풍속과 습관에서는 티베트와 유사한 점이 많으나 티베트보다 온화한 기후적 특성 때문에 부탄 특유의 독특한 복식문화를 형성하고 있다. 대표적인 차이점이 티베트인들이 다양한 머리장식을 즐기는 것에 비하여, 부탄인들은 남녀 모두 머리를 짧게 자르며 신발을 신지 않는다는 점이다.

네팔은 주요 종족을 남부의 인도 아리안 계통과 북부의 티베트·버마 계통으로 나눌 수 있듯이 복식에서도 인도와 유사한 권의형이나 요권의가 주를 이루는 중간 산악지대의 복식과, 티베트 복식과 유사성을 보이는 히말라야 산악지대인 북부의 복식으로 나누어진다.

타지키스탄
Republic of Tajikistan

위치 __ 중앙아시아

총면적 __ 14만 3,100㎢

수도 및 정치체제 __ 두샨베, 공화제(대통령제)

인구 __ 670만명(2002년)

민족구성 __ 타지크인(64.9%), 우즈베크인(25%), 러시아인(3.5%), 기타(6.6%)

언어 __ 타지크어(공식어), 러시아어, 터키어

기후 __ 대륙성 건조기후

종교 __ 이슬람교(수니파 85%, 시아파 5%), 그리스정교(10%)

지형 __ 국토의 90%가 파미르 고원으로 남쪽은 아프가니스탄, 동쪽은 중국, 북쪽은 키르기즈스탄 및 우즈베키스탄과 국경을 이룸

1. 역사와 문화적 배경

타지키스탄은 고대 동서문물의 교역로인 '실크로드'의 중심지에 위치한 국가로써 선사시대부터 동서남북 문화교류의 중심지였을 뿐만 아니라, 기마유목민족과 오아시스의 농경민족이 공존하며 생활하던 곳이기도 하다.

페르시아계 타지크인(Tajik)들은 중앙아시아에 아직 정착문화가 형성되지 않았던 기원전 2세기경에 중앙아시아로 이동해 왔다. 이들은 이란고원과 카스피해, 그리고 중국 변경의 오아시스까지 널리 분포하여 독자적인 정착문화를 형성해 왔으며 일찍부터 중국·인도·페르시아를 연결하는 국제무역의 중심적 역할을 해왔었다. 타지크라는 종족 명칭은 고대 페르시아의 '타지(王冠, 花冠)'라는 말에서 유래하였는데, 이것은 당시에 조로아스터교를 숭배한 타지크인들이 조로아스터교의 상징인 독특한 모자를 썼기 때문이라고 한다[2]. 7~8세기경, 이슬람군이 중앙아시아에 진출하여 이 지역을 점령하면서, 타지크인들도 이슬람으로 개종하였다. 이슬람화된 이들을 투르크인들이 '타지크'라고 부르고, 이들도 스스로를 투르크인과 구별하기 위하여 타지크라 부르기 시작하면서 점차 종족명칭화하였다.

1860년대에는 타지키스탄 대부분을 러시아제국이 통치하게 되었으며, 1917년 공산혁명 후에는 투르키스탄 자치국과 부하라 인민사회국으로 양분되었다. 1924년에 이 두 타지크 집단이 통합되어 새로운 타지크 자치국이 탄생하였다가, 1929년에 독립하여 소련연방에 가입하였다.

현재 타지크인은 타지키스탄에 약 400만명과 아프가니스탄에 아프간 인구의 1/4인 약 600만명이 있으며, 그 밖의 구 소련 독립국과 중국 신강성에 수백만 명의 타지크인들이 소수민족으로 거주하고 있다.

다른 중앙아시아 국가들이 터키 계통의 언어를 쓴 것에 비하여 타지키스탄은 남서 이란어 계통인 타지크어를 사용하지만, 아직까지도 러시아어가 많이 사용되고 있다. 타지크인들은 수세기를 거쳐 내려오면서 우즈베크족과 혼혈되어서, 우즈베크인들과의 민족적 유대가 깊다[3].

2. 전통복식의 종류 및 특징

일반적으로 중앙아시아 남자복식은 튜닉형의 상의, 바지, 두루마기 형태의 외투, 허리띠 · 장화 · 모자로 구성된다.

계곡이나 사막을 떠돌아다니면서 살아가는 유목민은 독특한 부적이나 상징적인 문양을 장식하고 무(gusset)와 주름이 많은 여유있고 활동적인 의복을 주로 입는다. 또한 유목적인 전통이 강하게 남아있어서 금이나 은, 아름다운 보석과 진귀한 돌을 귀하게 여기고, 이러한 장식들로 의복을 꾸미거나 집안 장신구를 만들기도 한다(그림 1). 과거에는 금니를 갖고 있는 것이 아름다움과 부의 상징이어서 건강한 이를 제거하고 대신 순금의 이를 해 넣는 풍습이 있었다(그림 2).

타지크인의 전통적인 주거형태는 집 한가운데 사각형의 마당이 있고 작은 방들이 토담처럼 둘러싸여 있어서 외부에서는 내부를 볼 수 없는 밀폐된 흙집 형태이다. 방입구에서 신발을 벗고 들어가며, 방바닥에는 융단을 깔아서 생활한다. 식사 때에도 융단 위에

그림 1. 화려한 머리장식의 투르크멘 여자
그림 2. 앞니를 금으로 한 여자(오른쪽)

그림 3. 츄베테이카 · 꾸르따 · 에조르차림

넓은 천을 깔고 그 위에 둘러앉아 식사를 한다. 이와 같이 주로 융단 위에 한쪽 무릎을 세우고 앉기 때문에, 여성들은 발이 보이지 않을 정도로 길이가 길고 통이 넓은 원피스 형태의 꾸르따*Kurta*를 입고 남성들은 통이 넓은 바지인 에조르*Ezor*를 입는다.

타지키스탄에서는 이슬람율법을 지키는 오랜 전통 때문에, 복식풍습에 있어서도 새로운 것을 쉽게 받아들이지 않는 경향이 있었다. 그러나 러시아령에 들어간 이후에는 복식을 포함해서 생활양식 · 풍습 등에 많은 변화가 나타났으며, 특히 제2차 세계대전 후에는 더 많은 변화가 일어났다. 현재 도시에 사는 사람들은 대부분 서구적인 의복을 착용하고 있으며, 남아있는 전통적인 복식은 챙이 없는 둥근 형태의 모자인 츄베테이카 정도이다. 특히 남자복식의 변화가 심하여 차판 형태의 카하라트*Khalat* · 터번 · 꾸르따 등의 민속의상은 노인이나 어린이만 입고 젊은 남성들은 종교적인 행사나 혼례식 · 장례식 등에서 예복으로만 사용하고 있는 실정이다. 여성의 경우는 남성들보다 변화가 적어 전통의상을 많이 착용하는 편이다[4].

1) 여자복식

여자들은 일반적으로 셔츠와 부리가 좁은 긴 바지(에조르)를 입고 그 위에 헐렁한 튜닉형의 꾸르따를 입은 후에, 검은색 빌로드 조끼를 덧입는다. 기혼여성은 장식과 오염방지를 목적으로 둔부 전체를 가리는 커다란 스카프 형태의 뒷치마를 입으며, 허리에는 무늬가 있는 폭이 좁은 천을 둘러맨다[5]. 날씨가 추울 때는 겉에 차판을 덧입는다. 여자들은 색채가 화려하고 아름다운 것을 좋아하는데 특히 붉은색을 즐겨 착용한다. 머리에는 정수리가 둥글고 전체적으로 자수가 놓인 작은 모자인 츄베테이카(중국 위구르족은 이와 같은 모자를 두오파라고 한다)를 쓴다. 외출할 때는 큰 사각두건인 쁠라토오크*Platok*를 덧쓰는데 일반적으로 흰색을 좋아하고 소녀는 노란색, 신부는 붉은색을 쓰며 검은색은 싫어한다[6].

머리는 대개 두 가닥 이상으로 땋으며 끝부분에는 은색 · 붉은색 · 녹색 실로 장식한다. 또한 장식을 좋아하여 모자 테두리에 선명한 구슬과 작은 은사슬을 이용하여 장식을 하기도 하고 목에는 여러 줄의 구슬목걸이를 감고, 귀걸이나 원형의 은으로 된 가슴장식, 팔찌 등을 즐겨한다. 옷에도 치마단·목둘레·소맷부리·바짓부리에 아름다운 자수를 놓는다.

(1) 꾸르따

꾸르따[7]는 19세기 중엽까지 전 중앙아시아 지역에서 광범위하게 착용되었던 전통적인 튜닉형 원피스로, 지금도 산악지대와 이슬람교국 여러 곳에서 많이 착용하고 있다. 꾸르따의 형태와 제작방법은 지역에 따라 조금씩 다르지만, 일반적으로 긴 천을 접어서 앞뒤 몸판을 포개어 재단한 후, 직선 형태의 소매를 달고 겨드랑이 밑에는 삼각형이나 마름모꼴의 무를 대고 몸판 옆선에는 두루마기의 무처럼 커다란 삼각형의 천을 덧대어 준다(그림 4). 소매는 곧고 길어서 손끝이 보이지 않을 정도이고 수구와 팔꿈치 중간에 제Zeb라는 자수가 놓여진 테이프를 붙여 장식하기도 한다. 19세기 전까지는 소매 중간에 붙인 자수테이프 사이에 트임을 만들어주어 손을 내밀거나 소매를 걷어올릴 때 사용하였으나 현재는 장식으로만 남아 있다.

꾸르따의 목선과 앞트임은 매우 다양한 편으로, 목선의 모양으로 기혼과 미혼 여부를 알 수 있다. 미혼의 경우, 목선과 트임은 어깨와 수평이 되게 하고 목선에는 다른 색의 천이나 자수테이프를 사용하여 장식한다. 반면, 기혼인 경우는 앞중심에서 수직으로 트임을 만들어준다. 역시 장식용 천이나 띠를 이용하여 장식하지만 브로치로 여미기도 한다. 특히, 브로치 장식은 첫날밤을 치러야만 사용할 수 있어 기혼여성의 상징이기도 하다[8].

집에 있을 때는 보통 한 벌의 꾸르따를 입지만 다른 집을 방문하거나, 추운 겨울에는 여러 벌을 겹쳐 입는다. 축제 때 부유층 사람들은 대부분 서너 벌을 겹쳐 입는 풍습이

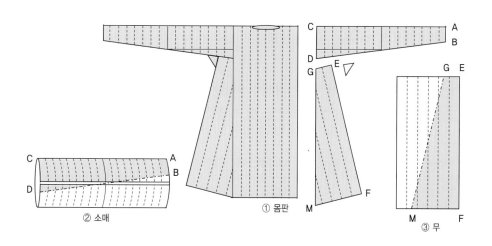

그림 4. 꾸르따의 재단법

① 몸판
② 소매
③ 무

있으며, 겹쳐 입는 옷의 벌 수는 입는 사람의 경제력과 비례한다. 가장 속에 입는 꾸르 따는 흰색이나 엷은 색으로 만들고 겉에 입는 꾸르따일수록 짙은 색이나 화려한 직물을 사용하는데, 속에 입은 것일수록 소매길이가 더 길기 때문에 몇 벌을 입었는지 소매를 보면 알 수 있다. 그러나 현대에는 좀더 편리하게 변화되어 속에 입는 꾸르따는 소매가 짧거나 없는 경우도 있으며, 블라우스처럼 된 것도 있다[9].

(2) 에조르

여성의 기본복 중에 꾸르따 밑에 입는 에조르*Ezor*라 하는 바지가 있다. 서 파미르지 방에서는 딴본*Tanbon*이라고 하며 일부 지방에서는 뽀이쵸마*Poichoma*, 또는 로지미 *Lozimi*라 부르기도 한다. 에조르는 한 벌에 두세 종류의 천을 사용하여 만든 것이 많은 데, 꾸르따 아래로 노출되는 에조르의 아랫부분은 좀더 고급스러운 천을 사용한다. 또한 바지 밑단은 자수를 놓거나 다른 화려한 천을 붙여 장식한다. 신혼여성의 에조르는 행복 하고 유복하게 생활하라는 뜻으로 흰색 무명을 사용하는 관습이 있다고 한다.

중앙아시아의 이슬람교는 서아시아에 비해서 철저하지 않은 편으로 차도르나 베일 착용이 많이 약화된 편이다. 그러나 에조르는 이슬람적 관습을 상징하는 의복으로 꾸르 따 밑에 에조르를 입지 않아 여성의 맨다리가 노출되는 것은 예의에 어긋난 것으로 여긴 다.

(3) 쓰개류

타지키스탄의 여성용 머리쓰개로는 뻴라토오크*Platok*·챠슘반드*Chaschemband*·파 란쨔*Faranghi*와 챙 없는 둥근 모자형태의 츄베테이카를 들 수 있다.

뻴라토오크는 정사각형의 스카프나, 얇은 면직물이나 견직물, 아마 등으로 만든 긴 직사각형의 천을 이용하여 머리를 두르는 것인데[10], 보통 흰색의 견직물을 사용하여 만든다. 뻴라토오크 위에는 사루반다크라고 불리는 자수를 놓은 머리띠를 두르기도 한다.

챠슘반드는 얼굴을 가리는 베일의 일종으로 뻴라토오크를 쓴 후에 착용한다. 형태는 검은 말총으로 약 50~60cm 정도의 망을 짠 후에 가장자리를 검은 무명으로 마무리한 형태이다[11].

타지크인과 우즈베크인들에게는 파란쨔[12]라는 한국의 장옷과 매우 흡사한 외투형 쓰 개가 있다. 이 쓰개는 주로 도시여인들이 이용하는데, 완전히 성장을 한 후에 뻴라토오 크와 챠슘반드를 두르고 머리 위에 걸쳐 쓴다(그림 5). 장식용 가짜소매와 화려한 자수

앞　　　　　　　　　뒤

그림 5. **파란짜**

가 특징이며 여성의 모습을 머리끝에서 발끝까지 가린다[13].

2) 남자복식

타지키스탄의 남성들은 헐렁한 바지와 자수가 놓인 여유있는 면셔츠를 입고 그 위에 조끼를 걸친다. 중앙아시아의 바지는 허리와 엉덩이 부위는 넓고 발목으로 갈수록 좁아지는 형태로 허리단에 끈을 넣어 입는다. 그 위에 방한이나 의례를 목적으로 카프탄 형태의 길고 헐렁한 외투를 덧 입는다.

외투의 종류가 다양한 편으로 기후나 착용하는 목적에 따라 다른 종류의 외투를 입는다. 퀼팅한 면직물로 만든 풍성한 형태의 차판*Chapan*이 가장 일반적이다. 겉은 장식이 없는 모피나 양가죽을 쓰고, 안쪽에 견직물로 안감을 댄 고급스러운 외투는 포스틴*Postin*이라고 한다. 카하라트*Khalat*는 면사나 견사로 짠 이카트 직물로 만든 좁고 긴 소매가 달린 외투를 말한다. 특히 견사로 만든 카하라트는 귀한 손님을 위한 선물로 사용되기도 하였으며, '통치자를 위해 종사한다.' 는 영예의 상징으로 여겨지기도 하였다. 카하라트는 소매에 손을 꿰어 입기도 하지만 대개는 망토처럼 어깨에 걸쳐 입는다. 카하라트의 단과 가장자리는 손으로 만든 정교한 루프장식을 하거나, 견직물로 만든 화려한 장식테이프로 장식하기도 한다[14].

후타*Futa*는 면직물로 만든 긴 끈과 같은 것으로 허리에 둘러 감아 착용하며, 주머니

그림 6. 삼각형으로
허리띠를 두른 모습

나 담배 쌈지를 끼워 고정하기도 한다. 때로는 보자기 형태의 천을 허리띠처럼 접어 비스듬히 매기도 한다 (그림 6).

(1) 꾸르따

전통적인 남성 꾸르따는 여성용 꾸르따와 비슷한 형태로 직선과 사선으로만 재단한다. 전통적인 꾸르따는 무릎길이 정도지만, 젊은 사람들은 길이가 짧은 것을 선호하며 중년 이상의 연령층은 무릎길이보다 길게도 입는다. 꾸르따에는 발목까지 오는 것도 있는데 이것을 '나마즈호니'라 한다. 나마즈에는 회교도들의 의무사항인 정시 기도 때 입는다는 의미가 있다. 현재는 길이가 많이 짧아져서 젊은 사람들은 엉덩이 정도의 길이를 선호한다.

전통적인 꾸르따에는 깃이 없는 형태였으나 20세기 초부터는 꾸르따에 깃(주로 밴드 칼라)이 달리고 가슴을 고리단추로 고정시키는 것이 유행하기 시작하여 현재까지 이어지고 있다. 또한 전통적인 직선 재단방법에 서구적인 테일러드 칼라를 달기도 한다.

(2) 에조르

남자들이 착용하는 헐렁한 형태의 바지는 여성의 바지와 마찬가지로 에조르 또는 딴본이라고 한다. 형태는 폭이 넓은 것에서부터 좁은 것까지 다양하다. 착용법은 에조르 허리부분을 바깥쪽으로 접어 끈이 통과할 수 있는 공간을 만들고 그 곳에 끝을 꿰어 입는다. 바지단을 장화 속에 넣어 입기도 하며, 추울 때나 일을 할 때는 에조르 위에 한국의 행전(行纏)과 비슷한 것을 두르고 장화를 신는다.

타지키스탄의 전통적인 바지는 상의인 꾸르따와 같은 천으로 만드는 경우가 많다. 수직목면으로 된 바지는 마르디나라고도 하며 맨살에 직접 입는다. 가공되지 않은 모직물로 만든 바지는 쇼라그쟈, 또는 샤르보르 라그쟈라 하여 맨살에 직접 입기도 하지만, 주로 안에 목면으로 된 에조르를 입고 덧입는다. 쇼라그쟈의 색상은 회색·검은색으로 농사·여행·수렵을 할 때 입는다. 현재에는 이러한 모직바지가 노동용이나 목동들의 바지로 남아 있다.

남성용 에조르의 제작법은 여성용 에조르와 동일하지만 여성의 것에 비해서 바지폭이 넓고 길이가 짧은 편이다. 에조르에 사용하는 허리끈은 모직물을 사용하여 폭을

그림 7. 츄베테이카의 일종인 사능화모를 쓴 모습
그림 8. 양털모자를 착용한 투르크멘 남자

3~3.5cm 정도의 겹으로 만들고 양쪽은 방울지게 한다. 신랑의 바지끈은 양끝에 붉은 비단실로 방울을 붙여 장식하기도 한다.

(3) 볘스까프 · 바스까프

볘스까프 *Veoskat*와 바스까프 *Vaskat*는 조끼로서 꾸르따 위에 착용하는데, 이것은 풍성한 꾸르따를 조여주는 기능을 하여 활동하기 편하게 해줄 뿐만 아니라 의복의 실루엣에도 변화를 주는 기능을 한다. 다르와쟈 · 카라테킹 · 서 파미르 지방에서는 볘스까프 또는 바스까프라고 부르고 사마르칸트 지방에서는 바스까프라고 부른다[15].

(4) 모자류

중앙아시아의 각 민족들은 자신들만의 독특한 모자나 쓰개가 있는 것이 특징이다. 대개는 챙이 없이 머리에 꼭 맞는 납작한 모자를 즐겨 쓰며 구성방법은 민족과 지역에 따라 사각 · 오각 · 육각형에서 원통형에 이르기까지 다양하다(그림 7).

투르크멘은 거친 털로 뒤덮힌 크고 둥근 형태의 양털 가죽으로 된 모자를 쓰고(그림 8), 카자흐인과 키르기즈인은 펠트로 만들고 이음선이 없는 매끄러운 모자를 쓴다.

카자흐스탄 기혼여성

끼메세께Kimeshek로 목과 머리를 감추고 그
위에 독특한 형태의 전통모자인 좌울릭
Zhaulyk을 쓰고 있다.
술장식이 달린 드레스 위에 조끼형태인 까므졸
Kamzols과 카프탄 형태의 외투인 차판
Chapan을 덧입고 있다.

카자흐스탄 남성

머리에는 펠트로 만든 칼팍*Kalpak*을 쓰고 튜닉형의 셔츠인 줴이데*Zheide* 위에 차판 *Chapan*을 입고 있다.
신발은 가죽으로 만든 장화인 사쁘따마 *Saptama*로, 좌우 구분이 없는 것이 특징이다.

카자흐스탄
Republic of Kazakhstan

위치 __ 중앙아시아

총면적 __ 272만 4,900㎢(세계에서 9번째)

수도 및 정치체제 __ 아스타나, 공화제

인구 __ 1,488만명(2002년)

민족구성 __ 카자흐인(53.4%), 러시아인(30%), 기타(16.6%)

언어 __ 카자흐어, 러시아어

기후 __ 대륙성기후로써 여름은 덥고 건조하며, 겨울은 비교적 따뜻함. 연평균 강수량은 250㎜ 내외

종교 __ 이슬람교

지형 __ 초원지대. 서부는 카스피해와 맞닿아 있고 동부와 남부에는 톈산산맥, 알타이산맥이 위치함

1. 역사와 문화적 배경

카자흐스탄이라는 나라이름은 '카자흐족의 나라'라는 뜻이지만, 실제로는 러시아 인·우크라이나인·독일인·타타르인 등 약 120개의 민족이 거주하는 다민족 국가이다. 연해주에 거주하던 한민족(韓民族)도 이주되어 약 10만 명(0.6%)이 거주하고 있다. 그러나 본 장(章)에서는 주요 민족인 카자흐족을 중심으로 설명하겠다.

투르크족의 하나인 카자흐족(Kazakh)은 대부분 카자흐스탄에 살고 있지만, 몽골·우크라이나·러시아에도 상당수가 거주한다. 카자흐족이 처음으로 개별 민족으로 등장하는 것은 15세기경이다. 몽골제국 4개의 한국(汗國) 중의 하나인 킵차크 한국이 붕괴된 후, 15세기 중기에 아불 하일 한(汗)이 우즈베크족을 이끌고 서(西) 투르키스탄에 왕국을 세웠는데, 이때 일부가 분리·독립하여 카자흐족을 형성하였다. 카자흐란 터키어로 '반노(叛徒)', 즉 '본국에서 떨어져 나와 자유행동을 취한 사람들'이란 뜻이다. 러시아에서는 카자흐족을 '코사크'라고도 하는데, 이것은 러시아어인 '카작(Kasak)'이 변형된 것이다[16].

17세기 중반에 카자흐족 사회는 3개의 오르다(지역집단), 즉 대(大)오르다(발하슈호 주변에서 시르다리야강 유역)·중(中)오르다(키르기즈초원 중부)·소(小)오르다(아랄해 북부의 초원)로 나뉘어 카자흐 전체의 칸은 없어지게 되었다. 18세기 초, 몽골계통인 준가르(Jungar)의 침략을 받으면서 카자흐족의 한(汗)과 왕족은 차츰 러시아에 의존하기 시작하여 1850년경에는 카자흐스탄의 대부분이 러시아령에 속하게 되었다.

1917년 카자흐스탄의 민족주의자들이 카자흐스탄의 완전 자치를 요구하면서 자치정부가 수립되었고, 1920년에는 카자흐를 포함한 키르기즈 자치공화국으로 발족하였다. 1925년에는 카자흐스탄 자치공화국이 되었고, 소련이 붕괴하면서 1991년에 독립을 선언하였다.

이처럼 민족의 이동과 성쇄가 복잡하였던 카자흐족의 민속복에는 투르크적인 것부터 러시아적인 것에 이르기까지 다양한 요소들이 나타나고 있다. 투르크·킵차크의 영향은 좌임(左衽)과 후드 모양의 여자용 쓰개인 끼메세께*Kimeshek*, 자수법 등에 나타나며, 러시아·타타르의 영향은 남자용 베쉬멧*Beshmet*의 재단법과 여자용인 쿨리쉬 꼬이렉*Kulish koilek*의 플레어스커트 등에 나타난다.

2. 전통복식의 종류 및 특징

카자흐족은 이동식 가옥인 유르트(Yurt)에 살면서 유목생활을 하였으나, 점차 상공업과 농업에 종사하면서 현재는 정착생활을 하는 경우가 많다. 수니파(派) 이슬람을 믿으나 기본적으로는 유목민의 관습법에 따른다.

복식에서는 유목생활의 영향으로 덮개가 없는 입술형 주머니(slit pocket)나 삼각무가 달린 바지 등 기마생활에 편리한 형태가 발달하였다. 장식적인 요소도 많이 발달하여 금사·은사·구슬 등으로 장식을 하고, 진주·보석·금속장식품 등을 많이 착용한다. 축제복은 대부분 벨벳·견·브로케이드, 모피 등을 사용하며, 여러 벌의 옷을 겹쳐 입기도 한다. 동방무역로인 실크로드의 중심에 위치하므로, 외투류에는 벨벳·브로케이드, 날염 견직물(printed silk) 등의 화려한 소재를 많이 사용하며, 색상은 파란색·갈색·낙타색이 많다. 19세기 후반부터 급격한 사회·경제변화를 겪으면서, 서양 현대복이 많이 반영되었고 특히 러시아의 영향이 많이 나타난다.

그림 9. 카자흐족 청년

1) 남자복식

남자복식은 여자복식보다 정형화된 편이다. 일반적으로 상의로는 쒜이데*Zheide*와 차판*Chapan*을 입고, 하의로는 심*Sym*·사쁘따마*Saptama* 등을 착용한다. 심은 가죽

바지, 사쁘따마는 펠트스타킹이 내부에 있는 장화이다. 청년들은 밴드칼라가 달린 셔츠 형태의 꼬이렉*Koilek*[17]과 바짓부리로 갈수록 폭이 좁아지는 바지를 입는다. 바지는 윗부분을 접어서 허리띠를 넣는 방식으로 입는다.

(1) 셔 츠

줴이데*Zheide*는 품이 넉넉한 긴소매 셔츠로, 주로 면직물로 만든다. 목둘레에 삼각형의 트임이 있고, 트임 둘레는 자수로 장식하거나 누벼서 처리한다. 진동은 넉넉한 편이며 어깨선은 사선으로 재단한다. 깃은 없거나 밴드칼라·턴다운칼라(turn-down collar)를 단다. 초기에는 머리를 넣을 수 있도록 앞트임을 넣고, 레이스 끈을 달아서 묶었는데, 지금은 단추나 고리로 여미는 경우가 많다.

(2) 바 지

바지 중에서 심*Sym*은 폭이 넓은 바지로 원래는 소색(素色) 양가죽으로 만든 것이나 모직물로 만들기도 한다. 대부분 바짓부리를 신발에 넣어서 입는다. 바지에 절개선을 넣기 시작한 것은 약 19세기 후기로, 러시아의 재단법에서 영향을 받은 것으로 추측된다. 청년용과 장년용은 차이가 있어 청년층은 사슬수(chain stitch)와 장식끈(braid)으로 장식하고 늘씬한 형태의 가죽바지를 많이 입으며, 장년층 이상은 바지보다는 얇은 모직물로 만들고 품이 넉넉한 형태를 즐겨 입는다.

(3) 외 투

외투의 명칭은 지역마다 약간씩 다르다. 동부와 북부지역에서는 베쉬멧*Beshmet*이라고 하며, 중부지역에서는 꼬끄레끄쉐*Kokrekshe*라고 하는데, 대부분은 소매가 있는 것을 베쉬멧, 소매가 없는 것을 꼬끄레끄쉐라고 한다. 외투는 보온과 함께 장식적인 기능도 있기 때문에 벨벳이나 브로케이드 등의 화려한 견직물로 만드는 경우가 많다. 고급품은 수달피나 담비털로 가장자리 장식을 하고, 추운 겨울에는 양가죽으로 만든 또나*Tona*나 늑대가죽으로 만든 뚜루파*Tulup* 등의 털코트를 입기도 한다.

차판은 긴소매가 달린 헐렁하고 긴 외투로, 안쪽에 두꺼운 천을 대준 다음에 누벼준다. 남녀공용이고 장년층 이상의 남자들이 많이 착용하며 허리띠로 묶어서 고정한다.

그림 10. 중국 카자흐족
의 다양한 모자
그림 11. 칼팍
그림 12. 탁야를 착용한
중국 타지크족 여자

(4) 모 자

추운 겨울을 보내면서 유목생활을 하는 카자흐인들에게 모자는 필수적인 것이며, 그 종류도 다양하다(그림 10).

보릭*Boric*은 벨벳으로 만든 원통형 모자로 가장 많이 착용한다. 아랫부분에 둥글게 털을 둘러서 보온·장식효과를 준다. 타지크족에게도 보이는 모자이다. 뜨이막*Tymak*은 한국의 풍차(風遮)와 비슷하게 여우털로 만든 귀마개와 뒷쪽 바람막이가 있는 겨울용 모자로, 스텝 지방의 추운 겨울철에 필수적이다. 칼팍*Kalpak*은 검은색 챙이 있는 흰색 펠트 모자로 챙을 내리면 빛과 모랫바람을 막는 역할을 한다(그림 11). 금은사로 식물무늬를 수놓은 아이르칼팍*Aiyrkalpak*, 자홍색 벨벳으로 만든 무락*Murak*도 칼팍의 일종이다. 흰색 깔빡은 키르기즈족에게도 보이는데, 키르기즈 고대의 지혜로운 왕이 군대의 사기를 높일 목적으로 군대를 비롯한 백성들의 복장 통일정책의 일환으로 고안한 것이라고 한다[18].

탁야*Takya*는 납작한 원통형 모자로 중앙아시아 지역에서 많이 착용한다. 겨울에는 안감에 벨벳을 넣어서 만든다. 어린이나 청소년들이 많이 사용하며, 남성들은 탁야 대신에 보릭이나 칼팍을 즐겨 쓴다. 여성용에는 깃털을 장식하는 경우가 많은데, 이 때 깃털은 용기와 의지를 상징한다. 타지크족은 탁야에 화려하게 수를 놓고 별도의 천을 뒤에 늘어뜨린다(그림 12).

(5) 신 발

카자흐스탄은 기후적으로 서리가 많고 바람이 차가운 지역이다. 따라서 남녀 모두 장화를 신는데, 좌우 구별은 없다. 거친 가죽으로 만든 사쁘따마가 가장 대중적이고, 안에는 바람과 한기를 막아주기 위하여 펠트 스타킹인 바이봐꼬브*Baipaks*를 신는다. 축제용으로는 녹색 가죽으로 만든 꼬끄사위르*Koksauyr*가 있다[19].

2) 여자복식

여자들은 기본적으로 붉은색을 선호하고, 나이가 많은 사람들은 흰색이나 검은색을 좋아한다. 그러나 요즘에는 이러한 경향도 변화하고 있으며, 여자들이 실내복이 아닌 외출복으로 바지를 입기도 한다[20]. 일상복과 축제복의 기본형태에는 큰 차이가 없는데, 축제복의 종류가 좀더 다양하고 장식이 화려하다. 반면 연령과 결혼 여부에 따른 차이는 엄격한 편이다. 미혼여성은 정교한 아플리케·사슬수 등의 자수, 유리구슬·산호·터키석 등으로 화려하게 장식하고, 모자는 깃털로 장식한다. 이 외에 두꺼운 직물로 만든 조끼인 꼬끄레끄쉐Kokrekshe, 흰색 면직물로 만든 머리장식인 좌울릭Zhaulyk 등을 착용할 수 있다. 머리카락을 내놓고 외출할 수 있지만, 집안일을 할 때는 여러 가닥으로 머리를 길게 땋아야 했다[21].

(1) 튜닉형의 옷과 치마

카자흐 여성들은 튜닉형의 긴 드레스를 즐겨 입는데 치마의 자수나 프릴, 또는 술 등의 장식 유무에 따라서 명칭이 달라진다. 대표적인 드레스에는 꼬이렉·까세떽·벨데므쉬 등이 있다. 과거에는 기혼여성은 프릴이 달리거나 자수가 놓인 밝은 색 옷을 입을 수 없었으며 외출할 때는 반드시 머리쓰개를 착용해야 했다.

헐렁한 튜닉형에 장식이 없는 옷은 꼬이렉Koilek이라고 한다. 같은 명칭인 남성용 셔츠보다 넓고 길며 일직선의 앞트임을 버클장식으로 여며 고정하는 원피스 형태이다. 초기에는 깃이 없거나 턴다운칼라가 달린 것이 대부분이었는데, 19세기 후반부터 밴드칼라가 달리기 시작하였다.

까세떽Koseteks은 '스커트를 두개 입는다.'는 뜻으로, 2~3층의 프릴장식이 있는 옷이다. 깃과 소매에도 프릴장식을 하는 경우가 많으며, 꼬이렉보다 많은 지역에서 착용된다.

벨데므쉬Beldmshe는 술장식이 있거나 자수를 놓은 치마이다. 일반적으로 남부 카자흐스탄에서 많이 착용하는데 벨벳이나 얇은 포플린으로 만들며, 허리에 같은 소재로 만든 끈으로 주름을 잡고 단추나 버클장식으로 여민다. 사슬수를 놓는 경우가 많으며, 가장자리에 털을 달아 장식하기도 한다.

(2) 외투

여자도 외투로 차판을 착용하며, 부유층은 모피로 만든 이쉬끄Ishik라는 외투를 착용

그림 13. 끼메세께를 착용한 중국 카자흐족 여성
그림 14. 사우깰레를 착용한 모습
그림 15. 좌울릭

한다. 그 외에 소매가 없는 긴 조끼형태의 까므졸*Kamzols*이 있다. 까므졸은 앞여밈분이 없이 마주보는 형태의 외투로 단추나 버클장식으로 고정한다. 카자흐스탄 중부에서는 이 버클장식이 낙타의 무릎관절과 형태가 유사하다는 의미로 '보따 트리엑*Bota trsek*'이라고도 한다. 동남부 지역의 나이든 여성들은 새틴이나 면직물로 만든 허리띠를 사용하기도 한다. 까므졸은 대부분 길이가 긴 형태인데 지방에 따라 짧은 것도 있다.

(3) 쓰개류

카자흐의 전통사회에서 여자들은 외출할 때 머리를 가리는 풍습이 있었으며, 이러한 풍습은 다양한 머리장식과 쓰개를 발달시켰다. 특히 기혼여성은 반드시 머리를 덮는 쓰개를 착용하여야 했다. 카자흐의 외출용 쓰개에는 턱부터 가슴까지가 봉제된 두건형 스카프인 끼메세께*Kimesbek*(그림 13)와 터번 등이 있다.

축제나 결혼식 때에는 사우깰레*Saukele*·좌울릭*Zhaulyk*과 같은 원뿔형 모자를 착용한다(그림 14, 15). 특히 신부가 착용하는 사우깰레는 중세시대부터 전해 내려와 신성시되는 모자로 얇은 펠트나 섬세하게 누벼준 벨벳으로 겉을 씌워 만든다. 모자 전체에 진주·터키석 등의 보석으로 장식하고 모자 정상부터 신부의 몸을 다 덮을 정도의 긴 베일을 늘어뜨린다[22].

네팔
Kingdom of Nepal

위치 __ 인도 및 중국(티베트)지역과 접경한 히말라야산맥 중앙의 내륙국

총면적 __ 147,000㎢(한반도의 2/3)

수도 및 정치체제 __ 카트만두, 입헌군주제

인구 __ 2,369만명(2002년)

민족구성 __ 아리안족(80%), 티베트·몽골족(17%)

언어 __ 네팔어(공용어) 외 20여 개의 소수부족어

기후 __ 고도에 따른 변화가 심하나 대체로 우기와 건기로 구분되는 아열대 몬순기후(2~40℃)

종교 __ 힌두교(89.4%), 불교(9%), 이슬람교(1.6%)

지형 __ 산림지대가 절반에 가까우며, 국토 중 경지가 17%, 초원이 15% 정도

1. 역사와 문화적 배경

네팔의 국토는 대체로 대(大)히말라야산맥·소(小)히말라야산맥·시왈리크산맥·타라이 저지대라고 불리는 4개 지역으로 나뉜다. 기후는 전반적으로 몬순의 영향을 크게 받으나 남부 테라이지방은 고온다습한 아열대기후를 이룬다. 고도에 따른 변화가 심하며, 겨울에는 쾌적하고 서늘한 편이다[23].

주민의 인종구성은 매우 복잡한 편이지만, 크게 보면 남부의 인도 아리안 계통과 북부의 티베트·버마 계통으로 나눌 수 있다. 주요 종족은 중부의 네와르족·구르카족, 북부의 부티아족·세르파족, 서부의 마가르족·구룽족, 동부의 렙차족·림부족 등이다. 그 중에서도 지배적인 민족인 구르카족은 인도의 라지푸트 계통으로 알려져 있고, 각국의 등반대에 고용되어 유명해진 세르파족은 몽골인종의 티베트계 종족이다.

네팔의 국교는 힌두교로 대부분의 사람들이 힌두교를 믿는다. 그러나 네팔의 힌두교는 불교와 결합된 형태로써 힌두교 사원 내에 불상이 있기도 하고, 불교 사원과 힌두교 사원이 공존하기도 한다.

네팔의 고대사는 전설과 사실(史實)이 분명하지 않으나, 전설에 의하면 석가모니는 네팔의 타라이 저지대의 룸비니에서 태어났다고 한다. 또한 네팔은 7세기 초에는 티베트의 속국(屬國)이기도 하였다. 9~15세기에 걸쳐서 이슬람교도의 침략에 쫓긴 인도의 라지푸트족이 이주하면서 인도적인 요소가 많이 섞이기 시작하였고, 현재 지배민족인 구르카족은 라지푸트족과 선주민(先住民)인 네와르족과의 혼혈이라고 한다.

1769년에 구르카 왕조가 네와르족을 정복하여 현재까지 이어지는 왕조의 기초를 마련했으나, 1814년 영국과의 전쟁에서 패배하면서 제1차 세계대전까지는 영국의 간섭을 받기도 하였다. 제1차 세계대전 이후에는 독립을 인정받아 1951년에 왕정(王政)이 부활되었고, 1960년 12월 마헨드라 왕은 의회를 해산하고 헌법 일부를 수정하여 국왕의 친정(親政)을 폈다. 1962년 12월에 다시 국왕이 기초한 신(新)헌법이 제정되었다.

2. 전통복식의 종류 및 특징

1) 중간 산악지역

카트만두와 포카라 분지는 인구가 남부의 저지대까지 확산되기 전까지 네팔 인구의 대부분이 살았던 곳으로 아직도 인구의 40% 이상이 거주하고 있는 네팔의 중심지이다.

이 지역의 의복에서 가장 먼저 눈에 띄는 것은 복잡한 문양과 다채로운 색상이 특징인 남성용 모자인 토피*Topi*[24]이다(그림 16, 17). 토피의 형태는 터키의 토크*Toque*와 비슷한 형태이나 토크는 모자의 윗부분이 평평한 것에 비하여, 토피는 앞에서 뒤로 경사가 진 것이 특징이다. 가장 일반적인 것은 이카트직물로 만든 데카 토피*Dhaka topi*이다. 모자의 윗부분의 지름은 16㎝ 정도이며, 앞의 가장 높은 부분은 14~16㎝, 뒷부분의 가장 낮은 부분은 6.5㎝ 정도이다[25].

(1) 남자복식

중간 산악지대의 남자들은 머리에는 토피를 쓰고, 길이가 허벅지 중간 정도까지로 길며 초승달처럼 휜 독특한 앞여밈이 있는 라베다*Labeda*[26] 또는 보토*Bhoto*[27]라는 상의

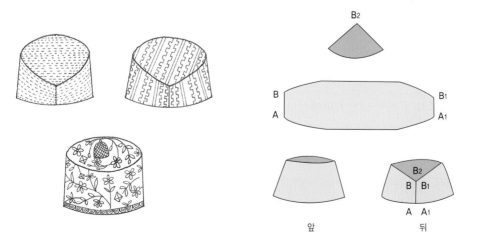

앞　　　뒤

그림 16. 토피
그림 17. 데카토피의 재단법

205

그림 18. 라베다
그림 19. 수르왈
그림 20. 네와르족
남성

와, 무릎 윗부분은 여유가 있고 발목에서 무릎까지는 꼭 맞는 수르왈*Suruwal*이란 바지를 착용한다(그림 18, 19).

겨울이나 의례적인 경우에는 서양의 재킷이나 조끼를 라베다 위에 입기도 한다(그림 20). 허리에는 천을 둘러 감거나 허리띠로 고정하며, 간혹 네팔의 전통적인 단도인 쿠쿠리*Kukri*를 앞에 찔러 넣어 장식하기도 한다[28].

고산지대 부족의 남성들은 킬트[29]형의 치마인 자마스*Jamas*를 허리띠로 고정하여 입고, 가슴을 비스듬히 가로질러 어깨에 거는 걸망(sling bag)형태의 카디*Khadi*[30]를 두른다. 카디는 사각형 보자기의 모서리를 묶어 준 형태로써 일반적으로 물건을 운반하는 자루처럼 사용하나(그림 21), 때로는 등부분을 바람과 추위로부터 보호하거나 손을 따뜻하게 유지하는 용도로도 사용된다. 오늘날에도 젊은이 사이에서 서구적인 의복과 함께 카디를 착용한 것을 쉽게 발견할 수 있으나, 이러한 카디는 동부 네팔지역에서는 전혀 착용되지 않는다[31].

일교차가 심한 고산지대에서는 양모로 만든 숄을 즐겨 사용한다. 특히 우기에는 양털이나 야크 털로 두텁게 짠 후에, 펠트(felt)처리한 담요처럼 생긴 라리*Rari*라는 천으로 만든 숄을 많이 착용한다. 라리는 펠트효과 때문에 방수효과가 있어 우기에는 우산대신으로도 사용된다.

모자가 달린 외투처럼 생겼으며 추위와 비를 막기 위하여 입는 두터운 모직 담요처

206

그림 21. 자마스와 카
디 차림
그림 22. 쿠흠라리를
입은 모습

럼 생긴 외투를 쿠흠 라리*Ghum rari*라고 한다(그림 22). 만드는 방법은 담요처럼 두터
운 모직을 너비방향으로 반으로 접고 한쪽 면의 반 정도만 바느질하여 만든다. 한쪽 솔
기의 윗부분은 커다란 구멍이 있는 형태로써, 다른 한 쪽은 꿰매지 않고 사용한다. 평상
시에는 바느질이 되어있지 않은 쪽을 앞으로 하여 손으로 여며 입고, 추울 때는 꿰맨 부
분을 앞으로 하여 모자를 쓴 것 같은 효과를 갖는다[32]. 쿠흠 라리의 크기는 다양하며, 작
은 것은 70×150㎝ 정도이다.

(2) 여자복식

차운반디*Chaunbandi*[33]는 초승달처럼 휜 앞여밈이 있
는 여성용 상의로, 네 곳을 끈으로 묶어 고정하는 것 등 모
든 면에서 남성의 라베다와 거의 같지만 허리를 간신히 가
릴 정도로 짧은 것이 특징이다(그림 23)[34]. '차운반디'에는
'네(*char*) 곳을 끈으로 묶어(*bande*) 고정한다.'는 뜻이 있
다. 도시지역에서는 차운반디 위에 사리를 함께 둘러 입기
도 하지만, 대부분의 시골지역에서는 사롱 형태의 룽기나
인도의 사리처럼 감아 입는 파리야*Phariya* (또는 *Guniu*)[35]
를 함께 입는다(그림 23, 24).

파리야는 40cm 폭에 길이가 3m 이상의 면직물로 만든
파투카*Patuka*라는 긴 허리띠를 여러 번 감아 고정한다.

그림 23. 차운반디와
파리야 차림

**그림 24. 파리야
착용법**

넓고 긴 파투카의 접힌 주름 사이사이에 중요한 물품을 끼워 주머니처럼 보관하기도 한다[36].

그 외에도 젊은 여성들 사이에는 인도풍의 사리와 함께 블라우스를 입거나 인도 펀잡 지방의 전통복과 비슷한 긴 튜닉에 샬와르처럼 헐렁한 바지를 입기도 한다.

선선한 계절에는 다양한 종류의 숄을 착용하는데, 산양털로 만든 섬세한 파시미나 숄과 고운 머슬린 사이에 날염 면직물을 끼워 세 겹으로 만든 면직물 숄이 유명하다[37]. 도라이*Dolai*는 여러 겹을 겹쳐서 만드는 숄의 일종으로 제일 위층에는 거즈처럼 얇고 투명한 마직물이 오도록 한다.

여자용 장신구에는 커다란 귀고리와 팔찌·발찌·코걸이, 다양한 디자인의 목걸이 등이 있으며, 남성들도 15세 이상이 되면 은으로 된 팔찌와 단순한 형태의 귀고리를 한다[38].

2) 히말라야산맥 북부지역

네팔 북부지역은 매우 척박하며 아주 짧은 여름을 제외하고는 기온이 영하 20℃까지 내려가는 황량한 지역이다. 주민의 대부분은 티베트지역에서 이주해왔거나, 과거 티베트와 네팔의 국경지역에서 살다가 네팔 국민이 된 사람들이다. 주민들의 대부분은 그 근원지가 티베트에서 시작되었고, 그들의 정신세계에 불교가 지대한 영향력을 미치고 있다는 점에서 티베트와 많은 공통점이 있다[39].

이 지역의 대표적인 종족은 티베트의 캄지역에서 이주해 온 티베트족의 후손인 세르

파족(Sgerpa)으로 이들은 히말라야 등반대의 안내원으로 유명하다. 서구의 산악등반대
와 함께 일하는 세르파족의 남성들은 서구화된 옷차림과 전통복식을 조합하여 입는 경
우가 많다. 하지만, 결혼식이나 축제와 같은 경우에는 아직도 많은 사람들이 전통적인
옷차림을 한다.

(1) 남자복식

세르파 남성의 전통복은 카프탄 형식의 투둥 *Thedung*이라는 상의와 모직으로 된 바
지를 입고, 그 위에 길고 헐렁하며 긴소매가 달린 긴 외투형의 츄바 *Chuba*를 덧입는 것
이다. 츄바는 앞여밈을 깊숙이 겹쳐 여민 후, 천으로 된 끈으로 허리를 고정하여 입는
데, 이때 옷의 길이가 종아리나 무릎길이 정도가 되도록 옷을 허리끈 위로 잡아당겨 허
리부분이 불룩하게 되도록 입는다(그림 25, 26). 츄바는 존경심을 표시하는 경우에만
두 소매를 다 꿰어 입으며, 대개는 한 쪽 소매만 꿰어 입거나, 두 소매를 허리에 묶어
준다[40].

(2) 여자복식

세르파 여성의 대표적인 전통의상은 소매가 없는 길고 헐렁한 외투처럼 생긴 안지
*Angi*이다. 과거에는 집에서 직접 짠 수직(手織)의 모직물로 안지를 만들었지만 현재는
대부분 수입한 모직물을 사용하여 만든다. 안지의 여유분은 양쪽 가장자리 부분으로 잘
정리한 후, 마치 맞주름을 잡듯이 뒷중심을 향하여 접어 넘긴 후 끈으로 허리를 묶어서

그림 25. **츄바를
입은 모습**
그림 26. **츄바**

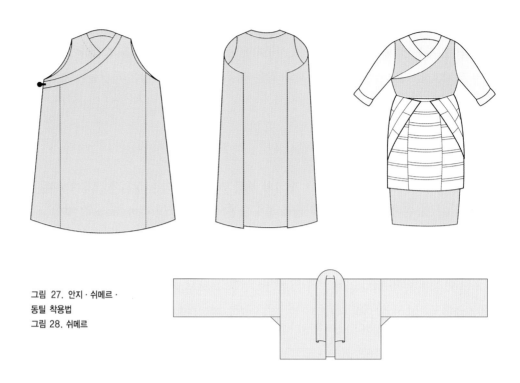

그림 27. 안지·쉬메르·
동틸 착용법
그림 28. 쉬메르

고정한다(그림 27). 때로는 장식적인 허리끈을 사용하기도 한다.

안지 밑에는 견이나 면으로 만든 블라우스의 일종인 쉬메르*Shemjer*[41]를 입는다(그림 27, 28). 쉬메르는 허리선 정도의 길이로 목둘레에는 널찍한 숄 칼라가 달려있다. 숄 칼라는 위에 덧입은 안지의 목선 안쪽으로 밀어 넣어서 마치 머플러를 한 것처럼 입는다. 손이 덮일 정도로 긴소매는 그대로 길게 내려뜨려 입거나, 팔꿈치 길이까지 접어서 입기도 한다. 쉬메르에는 단추가 없으며 왼쪽이 오른쪽 위로 오도록 여며서 입는다[42].

세르파 여성의 전통의상에서 가장 아름답고 독특한 것으로 동틸*Dongtil*과 지바틸*Gyabtil*이라고 부르는 것이 있다. 이것은 다양한 색상으로 만들어진 덧치마로 이러한 형태의 덧치마는 티베트 지역에서도 많이 착용된다. 동틸은 앞에 입는 치마를, 지바틸은 뒤에 덧입는 치마를 의미한다[43].

앞치마인 동틸은 화려한 가로줄무늬가 짜여진 좁은 폭의 직물을 세 폭 연결하여 만든다. 연결할 때 줄무늬를 정확하게 맞추지 않고 세 폭을 연결하기 때문에 연결된 후에는 전혀 다른 느낌을 준다. 안지 위에 착용하며 앞치마 양쪽에 연결된 두 개의 끈으로 감아 고정한다. 앞치마보다 큰 뒷치마인 지바틸은 좁은 폭의 직물을 다섯 폭을 연결하여 만든다. 앞치마인 동틸보다 좀더 어두운 색상의 가로줄무늬를 사용하여 만들며, 사용하는 색의 숫자도 앞치마보다 적다. 가로줄무늬가 나타나도록 입는 앞치마에 비해서, 뒷

아시아 전통복식

치마는 식서방향이 허리선과 나란하도록 입기 때문에 짧은 수직의 줄무늬가 나타나며, 뒷치마의 크기 때문에 뒷치마의 끝부분은 앞쪽으로 넘어와 앞치마와 겹치게 된다(그림 27 오른쪽). 겨울의 혹한 속에서 이러한 덧치마는 우수한 보온효과를 주는 동시에 외관을 아름답게 하는 기능을 한다[44].

시콕*Sikok*은 소매가 없는 무릎길이의 외투로 축제나 결혼식, 또는 귀한 손님을 맞이하는 것과 같은 특별한 경우에 세르파 여성들이 입는 특별한 의복이다(그림 29). 시콕의 다른 이름은 안지 땅쯔아*Angi tangtza*[45]로써 다채로운 줄무늬의 모직물과 붉은색이나 검은색 모직물을 교대로 연결

그림 29. **시콕차림의 여성**

하여 만든다. 또한 어깨부위는 화려한 실크 브로케이드 직물을 사용하고 목둘레와 앞여밈에는 머플러처럼 숄 칼라를 전체적으로 둘러 단다[46].

몽골 남성

머리에는 펠트로 만든 말가이*Malgai*를 쓰
고, 델*Deel*은 허리띠인 부스*Bus*로 고정하였
다. 옛날에는 남자만 부스를 착용할 수 있었
으나, 현대에는 남녀 모두 착용한다. 발에는
고틀*Gotl*을 신고 있다.

몽골 기혼여성

소뿔 형태의 머리모양인 떼르구르 우스
*Teregur ushi*를 하고, 높이 솟은 소매형태
인 모드라그*Modraga* 소매가 달린 델*Deel*
을 입고 있다. 델 위에는 소매가 없는 긴 옷
인 우지*Uudji*를 입고 있다.
발에는 끝이 뾰족한 장화인 고틀*Gotl*을 신
고 있다.

몽골 Mongolia

위치 __ 중앙아시아

총면적 __ 156만 6,500㎢(한반도의 7배)

수도 및 정치체제 __ 울란바토르, 공화제

인구 __ 245만명(2002년)

민족구성 __ 몽골족(80%), 카자흐족, 기타

언어 __ 몽골어

기후 __ 온대기후에 속하나 건조하고 강우량이 적으며 겨울이 길고, 기온의 일교차와 연교차가 큼

종교 __ 불교

지형 __ 바다가 없는 고원내륙 국가로서 전국적으로 초원지대

1. 역사와 문화적 배경

몽골은 전통적인 유목국가로서, 몽골족이 이룩한 원제국(元, 1271~1368)은 동서양의 문물교류에 큰 영향을 주었던 거대한 세계제국이었다. 고려도 후기에는 몽골의 침략을 받아 원의 부마국으로 정치·사회·문화면에서 직접적인 영향을 받았고, 고려의 풍습이 '고려양'이라는 이름으로 원에 유행하기도 하였다. 따라서 몽골복식은 자료가 부족한 고려복식 연구는 물론이고, 원제국 당시의 세계적인 복식을 이해할 수 있는 단서가 되기도 한다.

몽골은 실위(室韋)[47]로 총칭된 종족의 한 부족으로, 에르구네(Ergune) 하(河)의 계곡 부분에 거주하고 있었다. 이들은 주변국이 약해진 틈을 타서 서쪽으로 이동하였고, 1206년에는 징기스칸(太祖)을 중심으로 유라시아에 걸친 대몽골제국(Yeke Monggol Ulus)을

그림 30. 12세기말 북방민족의 모습
그림 31. 집사에 나타난 몽골 남자

그림 32. 몽골의 귀부인
그림 33. 원세조의 비
그림 34. 반비를 입은 원
대 여자

탄생시켰다. 1260년에 등극한 쿠빌라이 칸(世祖, 재위 1260~1294)은 국호를 원(元, 1260~1368)으로 개정하였다. 그리고 몽골전통을 유지하면서도 중국복식의 곤면제도(袞冕制度)[48]를 도입하는 등, 중국 황제로서의 면모를 갖추기 위한 노력을 계속하였다. 그 후에도 원제국은 영토확장을 거듭하여, 1276년에는 남송(南宋)의 항복을 받고 인도차이나까지 평정하였다. 또한 킵차크・차가타이・일 한국 등의 다른 한국(汗國)과 서로 연합함으로써 유라시아대륙은 '타타르의 평화'를 누리게 된다.

당시 몽골족의 남자복식은 금・여진과 유사하게 소매통이 좁고 앞을 오른쪽으로 깊숙이 여민 커다랗고 긴 장포(長袍)에 허리띠를 두르고, 바지와 장화를 착용한 차림이었다(그림 30). 원의 전성기였던 1310년에 완성된 『집사(集史)』[49]의 세밀화에 나타난 원대와 몽골족의 복식을 살펴보면, 남자의 기본 복식은 긴포(長袍)・반소매 포(半袖袍)・외의(外衣)・바지(袴)・화(靴)로써, 바지와 장포만을 입거나 그 위에 반수포 또는 외의를 입고 있다(그림 31). 귀부인들은 대의(大衣)・고고관(姑姑冠)・운견(雲肩)을 착용하고, 긴포 위에 조끼 형태의 양당(裲襠)이나 반비를 착용하기도 하였다[50]. 고고관은 복타크 *Boghtag*라는 여장용 모자에서 기원한 것으로 한국 족두리의 원형으로 추측되기도 한다. 13세기에 몽골에 왔던 선교사 카르피니(Plano Carpini)는 복타크를 설명하면서 몽골의 부인들은 높이가 한 팔꿈치 정도 되는 높은 모자를 썼는데, 이것은 가느다랗고 긴 나무껍질로 만들며, 위는 네모지고 아래는 넓게 만든다고 하였다. 또한 맨 위에는 금은 장식품이나 짧은 나무막대기, 깃털 등을 장식하였으며, 선홍색 면이나 비단으로 겉을 싸주었다고 한다(그림 32, 33)[51].

강대했던 원제국은 14세기 중엽에 계속되는 자연재해와 경제정책 실패로 농민반란이 전국적으로 나타나면서 점차 쇠약해져, 결국 1368년 주원장(朱元璋)을 중심으로 한 명(明)의 군대에게 수도인 대도(大都)가 함락되었다. 이때 원은 아시아대륙의 북쪽 끝으로 후퇴하여 북원(北元)을 건설하였으나, 중앙의 내몽골(동몽골)은 17세기말에 청조(淸朝)에 편입되었다. 1691년에는 북몽골의 할하(Khalkha)[52]가 외세의 침입을 피하여 청의 보호를 요청하고 만주황실의 봉록(俸祿)을 받는 대신, 조공을 하는 관계가 되면서 원조(元朝)의 자손은 모두 청조로 흡수되었다. 청은 몽골의 귀족들에게 청의 작위를 부여하고 청의 공주들과 혼인하도록 하였으며, 청의 황제들 역시 몽골 귀족여자들을 정식부인으로 맞아들였다. 점차 몽골의 귀족들은 청의 관복을 수용하게 되었고, 청의 황실도 혼인예물로 궁중관복(宮中官服)을 사여하면서, 몽골복식 변화에 가장 큰 영향을 준 외세요인이 되었다[53]. 이러한 역사는 내몽골지역이 몽골의 다른 지역보다 청대(淸代) 복식의 영향이 크게 나타나는 원인이기도 하다.

외몽골은 청 말기의 혼란을 계기로 1911년 독립을 선언한 후 1924년 몽골인민공화국을 성립하고, 1992년에는 몽골(蒙古, Mongolia)로 국명을 개칭하였다. 한편 내몽골은 국민당 정부와 일본의 통치를 받다가 1947년 중국의 자치구가 되었다.

현재 몽골인 대다수가 믿는 불교는 1577년경에 티베트에서 유입된 것으로 일반적으로 '라마교'라고 부르지만, 몽골과 티베트에서는 라마교[54]라는 단어를 사용하지 않는다. 티베트 몽골의 불교인 라마교는 기본적인 교리 면에서는 일반 불교와 큰 차이가 없지만, 음악이나 법기(法器), 사원의 건축양식이나 불상의 형태 등에 극적이고 신비적인 측면이 강하다. 따라서 인적이 드문 대초원에서 고독한 생활을 하는 유목민들에게 매력적이며, 살생을 금하고는 있지만 육식생활을 부정하지 않는 점, 출가승이라도 가족과 연계를 맺게 하여 씨족의 구성원이라는 인식을 잃지 않게 해준다는 점이 몽골이나 티베트 등의 유목문화권에서 환영받는 요인이 되었을 것이다[55]. 한편 불교의 번성은 라마교적인 요소들이 복식에 유입되어 라마교의 팔길상문(八吉祥文)이 직물과 장신구 등의 문양으로 선호되었으며, 종교색인 노란색과 붉은색이 의복에 널리 나타난다. 그러나 금색을 띤 순황색(純黃色)은 라마승만이 사용할 수 있다[56].

2. 전통복식의 종류 및 특징

1) 의복류

몽골은 차갑고 건조하기 때문에 두꺼운 의복이 필수적이다. 외국인의 여행기에는 몽골인들이 옷을 빠는 것을 금기시하였다는 기록이 나오는데, 몽골인들이 입는 장포인 델 *Del*은 모피나 솜을 누벼서 만들기 때문에 사실상 세탁을 하는 것이 어렵다. 『대야사』에는 징기스칸이 천이 완전히 낡기 전에 의복을 세탁하는 것을 금하였다는 내용이 나오는데, 이것은 겨울에는 영하 30~40℃인 혹한지대에서 세탁을 하면 사람과 의복이 모두 상하기 쉽기 때문이었을 것이다. 반면, 세탁을 하지 않아도 괜찮을 정도로 땀의 분비가 적고 건조한 지대이기 때문에 가능한 금령으로 생각할 수 있다[57]. 몽골족의 복식은 유목생활의 특성상 옷에 옆트임·뒤트임이 많으며, 기후적 특성상 양·사슴·담비·수달 등의 동물가죽이나 털을 주로 사용한다.

전통 혼례복으로, 신랑은 붉은색 델Deel과 한타즈Hantaaz(망토)를 착용한 다음, 황금색 부스Bus(허리띠)를 두르고 장화 형태의 고틀Gotl을 신는다. 머리에는 말가이Malgai(모자)를 쓰고, 어깨에는 활을 메고 부스에는 화살이 담긴 화살통과 담뱃대·칼·젓가락·부싯돌 등을 얽어서 찬다.

신부복으로는 델을 입고 소매가 없는 긴 옷인 우지Uudji를 걸친다. 델은 긴소매에 모드라그Modraga라는 높이 솟은 어깨모양이 특징으로, 소매 중간에는 델의 천과는 다른 천을 사용하여 선장식을 하였다. 델의 색상으로는 검은색·노란색·파란색·붉은색 등을 많이 사용하였다. 머리는 두 가닥으로 묶은 똘고이Tolgoi를 한다[58].

(1) 델

남녀 모두가 입는 긴 포(袍)로는 델Deel이 있다(그림 35, 36). 기마와 활동에 편리하도록 허리에 주름을 잡은 것이 특징이며 비스듬한 앞단을 오른쪽으로 여며 입는다. 깃은 없거나 밴드칼라형이며, 소맷부리는 마제수(馬蹄袖)라는 말발굽형으로 생긴 형태의 것이다.

소매길이가 길기 때문에 자연스럽게 손을 내리면 손등을 덮을 정도여서, 손을 보온하는 데도 도움이 된다. 매듭단추나 금속단추로 여미며, 깃둘레·목둘레·소맷부리·밑단·트임 등에는 별도의 선 장식으로 한다. 이러한 장식은 지위와 종족 등을 상징하는 역할을 하였다. 기본적으로 델의 형태는 남성용과 여성용이 같고 단추의 숫자가 보다 많

그림 35. 부인용 델
그림 36. 남성용 델

고 화려한 것이 여성용인 경우가 많을 뿐이다. 역사적으로도 남자와 미혼여성의 의복에는 큰 차이가 없었으나[59], 부인용은 소매가 높이 솟은 모드라그 형태로 윗부분에는 주름을 잡고 다양한 색상의 직물로 가로선 장식을 넣어 다른 델과 구분된다. 남성의 델은 중국복식의 영향을 받아 중국의 포와 비슷해진 반면 여자용은 비교적 변화가 적은 편이다 (그림 37).

　소재에 따라서 단델·테르렉·네흐델로 나누며, 단델은 사계절용 홑옷으로 시골여자들이 많이 착용한다. 테르렉은 솜을 얇게 누벼서 덧댄 옷으로 봄·가을이나 집안에서 주로 입는다. 네흐델은 양털을 덧댄 것으로 겨울용으로 많이 착용한다.

　현재 여름용 델은 주로 견이나 면으로 만들고 겨울용은 겉감은 면이나 견을 사용하고 안감은 새끼양의 털을 붙여서 만든다. 그러나 시골에서는 계절을 가리지 않고 새끼양의 모피를 사용하는데, 이는 질이 좋을 뿐만 아니라 털이 잘 빠지지 않아서 기온변화가 심한 몽골의 기후에 적합하기 때문이다. 평소에는 회색이나 갈색을 많이 입지만, 명절에는 녹색·자주색·파란색 등을 입고 이와 대비되는 색상의 부스를 착용한다. 시골사람들은 축제 때 한타즈를 델 위에 입었는데 한타즈는 망토와 같은 옷으로 갈색이나 검은색의 수놓은 천으로 만들었다[60].

(2) 우 지

　여자들은 델 위에 우지를 입었다(그림 38). 우지는 대부분 소매가 없는 긴 옷이지만,

그림 37. 몽골남자
그림 38. 부인용
델과 우지의 모습

몽골부족의 하나인 부리얏족(Buriat)은 우지의 길이가 차츰 짧아져서 20세기부터는 조끼처럼 짧게 입기도 한다[61]. 형태는 델처럼 생긴 것과, 앞중심에서 직선으로 여며 주는 것이 있다.

전통적인 몽골부인의 옷차림은 헐렁한 델 위에 우지를 입고 부스는 착용하지 않은 차림이었다. 따라서 옛날에는 기혼녀를 허리띠가 없다는 의미로 부스귀*Busgui*라고 하였으며, 남자는 허리띠가 있다는 의미로 부스테이*Bustei*라고 하였다. 현대에는 여성존중과 평등을 나타내는 의미로 모든 여성이 허리띠를 착용한다[62].

(3) 어머드

어머드*Umde*는 바지로, 양가죽이나 면으로 만든다. 남녀 모두 착용하며, 쇼마크(안에 입는 짧은 바지), 질벵긴볼트(추울 때 델의 앞자락을 묶어주는 버클이 달린 끈) 등을 같이 착용한다[63].

2) 두식 · 장식류

(1) 머리형태

13~14세기에 몽골에 온 사신과 여행자들은 몽골인들의 습관과 모습에 관하여 많은 기록[64]을 남기고 있다. 그 중에서 맹공(孟珙)은 '위로는 징기스칸으로부터 아래로는 일반 백성에 이르기까지 모두 변발을 하고 있다. 중국의 어린 아이들이 하는 머리모양처럼 세 부분으로 나눈 테베크[65]를 두고 있다. 정수리 위에 있는 것은 조금만 길어도 자르며, 뒷머리에 있는 두개는 위로 묶어 어깨에 늘어뜨린다.'고 기록하고 있다. 이러한 머리모양은 다른 기록과 몽골의 석인상(石人像) 등의 유물과 일치하는 것이며, 이러한 남자들의 머리형태가 만주형 변발로 바뀌게 된 것은 대부분의 몽골지역이 만주 지배하에 들어

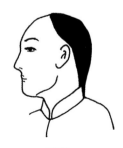

그림 39. 북방민족의 머리형

거란족　　　　　　　몽골족　　　　　　　만주족

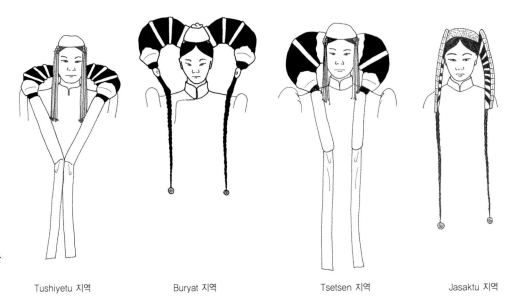

그림 40. 다양한
형태의 떼르구르
우스

| Tushiyetu 지역 | Buryat 지역 | Tsetsen 지역 | Jasaktu 지역 |

간 17세기 이후부터라 생각된다. 만주형 변발이란, 청나라 시대의 변발과 같은 형태로 이마에서부터 정수리 부근까지 삭발하고 그 뒤의 머리카락을 한 갈래로 꼬아 묶어서 등 뒤로 길게 늘어뜨린 모양이다(그림 39)[66].

근대에 몽골의 소녀들은 16세가 되면 한 가닥으로 길게 땋은 머리를 뒤로 늘어뜨리고, 관자놀이 양옆에는 각각 열두 가닥으로 땋은 머리를 늘어뜨렸다[67]. 혼인을 하면 머리를 두 가닥으로 나눈 다음 포마드(pomade)나 아마씨 기름(linseed oil) 등을 발라서 판판하게 만든 후, 관자놀이 부분에서 어깨까지 늘어뜨리고 핀으로 고정시켰다. 머리끝은 땋아서 주머니에 넣은 다음, 은세공품이나 보석으로 장식하고 모자를 착용하였다. 이처럼 두 가닥으로 묶은 머리를 똘고이라고 하며, 할하족에서는 여자가 이혼할 경우, 머리를 다시 한 가닥으로 묶었다고 한다[68].

외몽고 지역의 할하 몽골족[69]에서 보이는 기혼녀 복식의 가장 큰 특징인 대형두식(大形頭飾)은 '떼르구르 우스Teregur ushi (둥근머리)'라고 한다. 떼르구르 우스는 머리를 양쪽으로 가른 다음, 아교류를 써서 커다란 소뿔 형태의 골격에 빗어 붙인 후에 핀을 방사선으로 꽂아 고정하여 만든다. 때로는 광택을 주기 위하여 아교를 대신하여 양기름이나 버터를 쓰기도 한다[70].

떼르구르 우스의 모양에 대해서는 몇 가지 유래가 있는데 할하족에게 우유를 주었던 암소의 목축(牧畜) 성공을 기념하고, 소들에게 야생 상태에서 누렸던 자유로움을 계속 느끼게 하기 위하여 기혼녀들은 머리를 소뿔처럼 하고, 델의 소매모양도 소의 뒷부분처럼 하였다고 한다. 또한 몽골인들이 양에서 음식물 뿐만 아니라 옷이나 이동식 천막집인 게르를 만들 수 있는 재료를 대부분 얻으므로, 그들에게 중요한 동물인 양의 뿔을 형상

아시아 전통복식

화한다고 보기도 한다[71]. 그리고, 독수리가 날개를 편 형상과 비슷해서, '난로를 지키는 독수리 민속과 관련하여 난로를 지키는 여성의 임무를 표현한다고 보기도 한다[72].

(2) 모 자

유목민족은 모자와 허리띠를 권위의 상징으로 생각하여, 집에 들어가서 모자를 벗을 경우에는 가장 높은 곳에 두고, 범죄자는 모자와 허리띠를 벗겼다[73]. 현대에도 몽골인들은 모자를 쓰고 팔뚝을 옷으로 가려야만 예의를 갖춘 것으로 생각한다. 실용적인 목적에서도 모자는 겨울에 머리를 보호하는 중요한 역할을 하는데, 혹한으로 피부가 지나치게 축소되면서 혈관이 압박되고, 뇌에 혈액공급이 줄어들면 움직일 수 없을 정도로 머리가 아프기 때문이다. 따라서 몽골이나 러시아 등의 북반구에서 모자는 겨울복장의 필수품이다[74].

몽골의 대표적인 모자는 펠트로 만든 말가이*Malgai*라는 챙모자가 있다. 이것은 청의 관리들이 사용한 관모(官帽)에서 기원한 것으로 몽골에서는 남녀 모두 착용하였으며, 현재도 나담축제의 씨름선수들이 착용한다. 소재는 대나무가지·면·견·양모(펠트)·털 등을 주로 사용하고, 모자의 가장자리에 두르는 선은 대부분 면을 사용한다. 색상은 대부분 의복과 같은 색을 쓰는데, 붉은색과 검은색이 많은 편이며 노란색은 라마승만 착용한다. 장식으로 정수리에 공작깃털을 꽂거나 구슬이나 보석을 단다.

땀받이 부분에는 누비를 하고 가장자리에는 금색과 검은색이 들어간 직물로 안단을 댄다. 정수리에는 지위를 상징하는 유리나 금장식품 등을 고정하고, 여기에서 붉은색 견사로 꼬아서 만든 줄을 모자가 덮힐 정도로 넓게 늘어뜨린다(그림 42).

그림 41. 모자를 쓴 몽골 여성
그림 42. 다양한 형태의 몽골 모자

챙이 뚜렷하게 구분되는 형태의 모자는 중앙부분과 챙은 검은색·붉은색·파란색·녹색 견 등을 사용한다. 챙의 바깥부분에는 검은색 벨벳이나 털을 대기도 한다. 정수리에는 붉은색 견사로 만든 큰 매듭을 고정하고, 여기에서 붉은색 견사로 꼬아서 만든 줄을 모자가 덮힐 정도로 넓게 늘어뜨린다. 바람막이로 사용하지 않을 때는 챙을 위로 올려서 착용한다. 이러한 모자의 각 부위는 몽골과 세계를 상징하는 의미가 있어, 관모의 정수리와 매듭 사이의 타브*Tav*(붉은색 뭉치)는 태양을, 모자의 세로 누빔선은 몽골부족의 연합을, 부치*Buch*(붉은색 뒷드림)는 몽골의 독립을 위하여 최후의 한 명까지 투쟁할 의지가 있음을 상징한다고 한다. 다른 한편으로 정수리의 둥근 은장식은 만년설, 붉은색 술장식은 몽골족의 상징인 햇살, 파란색 몸체는 신성한 산, 검은색 챙은 바이칼 호수의 검은색 물과 같은 바다를 의미하므로 세계나 부처의 거처를 표시한다고 한다.

남녀가 함께 쓰는 모자로는 토르촉(육합모)이 있다. 원제국 무렵부터 착용한 것으로 보이며, 견이나 펠트를 많이 사용한다. 정수리에 보석장식이 있고, 뒷쪽에 모피나 천을 둘러서 착용하는 경우가 많다[75]. 이 외에 한국의 남바위와 비슷하지만 정수리가 막힌 유덴*Yuden*, 한국의 조바위와 비슷하게 정수리가 뚫린 여자용 모자 등이 있다[76].

(3) 허리띠

몽골에서는 허리띠를 부스*Bus*라고 한다. 실용적인 용도를 살펴보았을 때 매서운 추위로부터 체온을 유지할 수 있도록 해주고, 말을 탔을 때는 옷매무새를 반듯하게 유지하도록 도와주며, 칼·화살통·활집 등의 소지품을 휴대하는 주머니 역할을 하기도 한다. 옛날부터 유목민족은 부싯돌·숫돌·담배·총알·화약 등의 작은 용품을 넣는 자루를 허리띠에 다는 풍습이 있었다[77]. 13~14세기 몽골의 칸이나 귀족들은 알탄부스(황금허리띠)로 혈통과 지위를 상징하였는데, 이것은 그 자체를 황금으로 만든 것이 아니라 가죽허리띠 위에 황금으로 만든 버클이나 장식품을 부착한 것으로 보인다. 버클이 있는 가죽허리띠와 함께 부드러운 견으로 허리띠를 하는 습관도 있었는데, 오늘날에는 면이나 견으로 만든 허리띠가 주류를 이루고 있다. 허리띠는 길이가 아주 길어 7~8m에 이르는 것도 있으며, 델 위에 여러 번 감아서 두른다[78].

(4) 신 발

13~14세기 몽골 석인상을 살펴보면 신발의 대부분은 끝이 뾰족하거나 둥근 신발코 모양인데, 일부 석인상의 신발은 신발코가 위로 솟아오르고 밑창이 두껍다. 이 중에 끝이 뾰족한 신발은 현재에도 이어지고 있으며 이를 고틀*Gotl*이라고 부른다[79]. 고틀은 밑창이

평평한 것과 'ㄴ'자형으로 꺾어진 것으로 크게 구분된다. 신발코가 위를 향하고 굽이 없는 것은 라마교의 가르침에서 성스러운 땅을 깨우고 짓이기지 말라는 뜻과, 발이 쉽게 빠지는 것을 방지하기 위한 용도라는 설(說)이 있다[80]. 가죽·면·펠트·벨벳·새틴 등을 주로 사용하며, 솜을 넣거나 누비를 하는 경우도 있다.

밑창은 배접한 면이나 펠트를 사용하고, 무두질을 하지 않은 가죽을 덧대었다. 고틀은 남녀공용으로 좌우 구별이 없지만, 대부분 검은색 면을 사용한 것은 남자용이고, 붉은색·파란색·녹색·보라색 견을 사용한 것은 여자용이다. 의복의 경우와 마찬가지로 종교관습상 노란색은 사용하지 않는다.

『집사(集史)』에는 '몽골인들은 신발 속에 펠트제 양말을 신고 있다.'는 것이 기록되어 있는데, 이처럼 신발 속에 펠트제 양말을 신는 관습은 오늘날에도 이어져 내려오고 있다[81]. 고틀과 유사한 형태로 바닥을 별도로 재단하는 것이 특이하다. 면도 사용하지만, 때로는 솜을 넣고 누비를 하기도 한다. 색은 갈색·흰색 등이 있다[82].

사Sha라는 밑창이 평평한 신발도 있는데, 주로 여자용이며 중국에서 전해진 것이 많다. 밑창은 발크기보다 앞쪽이 약간 짧은 형태이며, 면이나 종이 등을 두껍게 배접하여서 만들었다. 윗부분은 파란색·검은색 새틴과 벨벳 등을 주로 사용하며, 진홍색 바탕의 견에 꽃과 나비를 수놓은 것도 있다. 청대의 여자신발처럼 굽이 높은 형태의 신발도 착용하였다[83].

(5) 화 장

몽골계의 여자들이 얼굴에 붉은 칠이나 짐승의 분비물을 바르기 시작한 것에 대한 정확한 기원과 원인을 규정하기는 어렵지만, 원대에도 붉은 안료(顔料)를 얼굴에 펴바르는 것은 지속적으로 이어진 것으로 보인다. 붉은색 화장품인 연지(燕支)는 산 전체가 붉었던 흉노지역의 연지산(燕支山), 혹은 흉노 비(妃)였던 알씨(閼氏)가 하였던 붉은 화장에서 이름이 유래하였다고 전해진다. 남북조시대에 연지에 소의 골수나 돼지기름 등을 첨가하여 기름진 고체형으로 만들고 윤활효과를 주면서 현재의 연지(臙脂)가 되었다고 한다. 그러나 점을 찍는 형식의 연지화장법이 나타난 것은 청 간섭기 이후로 보인다[84].

그림 43.고틀과 고틀용 양말

부탄
Kingdom of Bhutan

위치 __ 서남아시아 내륙, 히말라야산맥 동부
총면적 __ 47,000㎢
수도 및 정치체제 __ 팀푸, 군주제
인구 __ 72만 1000명(2002년)
민족구성 __ 부차족(60%), 네팔족(25%), 몽고족(드라비다계, 티베트계)
언어 __ 드종카어, 영어
기후 __ 아열대기후에 속하나 고산지대여서 온대지역보다도 기온이 낮음.
종교 __ 라마교(75%), 힌두교(25%)
지형 __ 국토의 대부분이 해발고도 2,000m 이상의 산악지대로써 경작이 가능한 땅은 약 2%

1. 역사와 문화적 배경

육지로만 둘러싸인 부탄은 대략 스위스와 같은 크기이다. 북쪽과 북서쪽은 티베트와 마주하며 나머지 부분은 인도를 향해 살짝 들어가 인도와 경계를 이루고 있다. 국토의 대부분이 산악지형으로 북쪽의 높은 히말라야산맥과 중앙의 고원과 계곡지역, 그리고 남쪽의 기슭과 평원지역으로 나눌 수 있다. 몇 세기에 걸친 쇄국주의와 적은 인구, 지형 지세 덕택에 부탄의 생태계는 거의 손대지 않은 상태로 남겨져 있다.

현재 국가명인 부탄(Bhutan)은 그 유래가 불분명하나, 산스크리트어로 '티베트의 끝', '고지대'라는 의미의 'bhot ant', 또는 'bhu'uttan'에서 온 것으로 추정된다[85]. 부탄 사람들은 그들의 나라를 '드룩 율(Druk Yul, 용의 나라)'로 부르며, 자신들을 '드룩파(Drukpas)'로 부른다.

부탄 역사의 기원은 7세기경으로 보고 있다. 이 시기에 티베트의 왕 송첸감포가 현재의 부탄지역에 불교사원을 세웠다는 기록과 8세기에는 구루 링포체(Guru Rinpoche)라는 스님이 부탄과 티베트에 탄트라 불교를 전해주었다는 기록이 있기 때문이다. 16세기말까지 부탄은 종교전파의 각축장으로 정치적 구심점이 없는 상태였다. 17세기에 샤브드룽 림포체(Shbdrung Rimpoche)라는 종교적 지배자에 의해 통일된 국가를 이루기도 하였으나 샤브드룽이 죽자, 이후 약 200년간 부탄에서는 갈등과 정치적 암투가 계속되었다. 불안정한 정세는 부탄의 수장들과 주요한 라마들에 의해 우겐 왕축(Ugyen Wangchuck)이 세습적인 지도자로서 만장일치로 선출된 1907년까지 지속되었다. 그리

아시아 전통복식

하여 왕측 왕조가 탄생되었으며, 이후 인도와 조약을 맺어 인도에 외교권을 위임하였으나 1949년에 독립하였다. 현재 군주인 지그메 싱예(Jigme Singye)는 환경과 부탄의 독특한 문화를 보존하는 데 특별한 관심을 기울이면서 통제된 발전정책을 지속적으로 펴나가고 있다.

2. 전통복식의 종류 및 특징

국민 대부분이 티베트 계통인 부탄은 풍속과 습관에서는 티베트와 유사한 점이 많으나 티베트와 다른 기후 때문에 독특한 생활문화를 형성하고 있는 것들도 많다. 예를 들면, 티베트와는 달리 부탄에서는 장화를 신지 않고 맨발로 다니며, 남녀 모두 머리를 짧게 자르고 옷의 길이도 짧은 편이다.

모든 부탄인들은 신발을 제외하고는 일상생활에서 전통의상을 입고 생활하도록 법률로 정해져 있어 부탄에서는 전통복이 일상복으로 착용되고 있다. 제약이 없는 신발은 전통적인 부츠 대신에 서양의 샌들이나 구두로 대치되고 있으나, 특별한 경우에는 아플리케 장식이 있는 가죽으로 만든 장화를 남녀 모두 착용한다[86].

1) 여자복식

여성의 전통의상인 키라*Kira*는 요직기(腰織機)에서 짠 폭이 좁은 수직물(手織物)을 세 폭 연결하여 만든 직사각형의 의상으로 몸에 둘러 감아 착용한다. 먼저 소매가 없는 튜닉형태의 고쯤*Gootsem*을 속치마처럼 받쳐입고 그 위에는 길이가 짧은 블라우스 형태의 크엔자*Khenja*를 입은 후에, 커다란 포 형태의 키라를 독특한 방식으로 둘러 입는다(그림 46, 47). 키라는 양어깨에서 코마*Koma*라는 브로치로 고정하고 케라*Kera*라는 허리띠를 둘러 맨다(그림 45)[87].

가벼운 소재로 만든 여성용 재킷으로는 노만 토르퉁*Norman tortung*이 있다. 주로 동부 부탄지역에서 착용하며, 동물문양 자수를 놓는 것이 일반적이다. 구조는 간단하여 두 개의 앞몸판과 하나의 뒷몸판, 앞여밈의 전체에 둘려

그림 44. **전통복 차림의 부탄 여자**

225

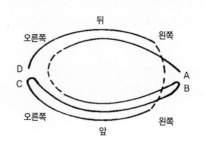

진 깃 역할을 하는 밴드와 원통형의 소매로 구성된다. 옆트임이 있는 홑겹의 재킷으로
키라 위에 착용하는 경우가 많다.

튜코*Tuko*는 허리길이 정도의 꽤 두터운 재킷으로 산악지역의 여성들이 착용한다. 역

시 안감처리는 하지 않으며 소매끝에는 같은 천으로 소매단을 만들어 준다[88].

라슈*Rhachu*는 여성이 착용하는 의식용 숄로써 중요한 관리를 맞이할 때 왼쪽어깨에 반으로 접어 걸친다. 라마승의 설교를 들을 때는 양쪽어깨에 숄처럼 걸치며 라마승 앞에서는 존경의 표시로 입을 가리는 용도로 사용하기도 한다[89]. 케라보다 폭이 넓어 때로는 1m가 넘기도 한다. 부탄에서는 손으로 직접 짜거나 수직기에서 만든 허리띠나 숄등을 많이 사용하며 모양과 용도에 따라서 각각의 명칭이 다르다.

2) 남자복식

부탄의 남성은 무릎길이 정도의 단순한 외투형의 고*Goh*를 입는다. 고는 흰색의 셔츠인 테가*Tega* 위에 입는데, 테가의 긴소매를 위로 꺾어 접어서 마치 고 위에 흰색의 커프스가 있는 것처럼 연출한다(그림 48, 49). 허리는 수직기로 짜서 만든 허리띠인 케라로 고정한다. 여밈이 겹쳐서 생기는 가슴부위의 삼각형의 공간은 주머니처럼 사용되어 찻잔과 단검 등의 작은 물건들을 보관하기도 한다.

케라는 키라와 고를 여미는 가장 일반적인 천으로 된 허리띠이다. 여성의 것은 폭이 넓고 반으로 접어서 사용하는 반면, 남성의 것은 폭이 좁다[90].

카마르*Khamar*는 부락의 우두머리나 신분이 높은 라마승이 사용하는 숄의 일종이다. 길이방향으로 천의 세 부분이 나누어져 있으며 가운데는 흰색, 양쪽은 붉은색의 줄무늬로 구성된다.

라마승이 입는 의복 중에 특이한 것으로 싱크하*Shingkha*와 키수웅*Kishung*이 있다(그림 50, 51). 둘 다 소매가 없고 앞트임도 없는 관두의 형태의 상의로, 신분이 높은 라

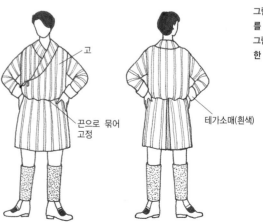

고

끈으로 묶어
고정

테가소매(흰색)

그림 48. 고와 테가를 입은 모습
그림 49. 고를 착용한 모습

227

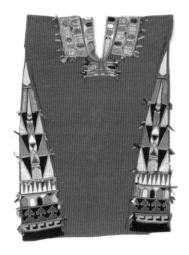

그림 50. 싱크하
그림 51. 키수웅

마승이 종교적인 행사를 거행할 때 착용했던 것이다. 형태는 매우 단순하여 앞몸판과 뒷몸판을 이루는 두 개의 천을 이어서 붙여 만든다.

싱크하는 붉은색 또는 남색의 모직물로 만든다. 양옆에는 삼각형의 무를 달아주며, 목둘레와 양쪽의 무에는 아플리케 방식으로 장식한다. 착용방법은 양쪽의 장식된 무를 앞쪽으로 꺾어 접은 후, 허리띠로 고정하여 아플리케 장식한 무가 정면에서 보이도록 착용한다.

키수웅은 싱크하와 유사한 형태이나 무가 없으며, 손으로 짠 부탄 특유의 기하학적인 문양이 있는 직물로 만든다. 이것은 신분이 높은 라마승이 종교적인 춤이나 의식을 거행할 때 착용하는 것으로, 현재 키수웅과 싱크하는 축제시 외에는 잘 착용하지 않는다[91].

[미주]

1. 투르키스탄: 일명 투르케스탄(Turkestan). 페르시아어로 투르크(Turk)에 이스탄(istn: 지역이란 뜻)이 합쳐진 말로 '터키인의 나라'라는 의미이다.

2. 鄭夏信(1990). '中央아시아의 신에 관한 硏究-타지크(Tadzhik)를 중심으로'.「대한가정학회지」제28권 1호. p.24.

3. http://fieldinfo.hosanna.net/countries/tj.html(해외지역연구-타직키스탄)

4. 吳春子(1990). '中央아시아 복식연구 Ⅰ-타지크(Tadzhik)의 基本服을 중심으로',「충남생활과학연구지」제3권. pp.6-7.

5. 허리띠로는 후타Futa와 쁠라토오크 두 종류가 있는데, 쁠라토오크는 머리에 쓰는 두건을 말하기도 한다.

6. 신인수·제윤(2001). '카자흐, 키르키즈, 타지크족의 민속복과 직물에 관한 연구',「한국의류산업학회지」제3권 제2호. p.112.

7. 꾸르따Kurta: 吳春子(1990)는 앞의 글에서 여성용은 '구르타이', 남성용은 '구르타'로 지칭하고 있으며, 일반적으로 '구르타'로 많이 쓰인다. 본서에서는 현지 발음에 근거하여 '꾸르따'로 표기한다.

8. 吳春子(1990). p.8.

9. 앞의 글. pp.10-11.

10. 최수빈·조우현(2000). '東슬라브 민족의 여성 頭飾에 관한 연구',「복식」제50권 1호. p.37.

11. 홍나영(1995). 여성쓰개의 역사. 서울: 학연사. p.87.

12. 파란쟈Faranghi: 투르크멘 여성은 'Chyrpy'라고 부른다(Janet Harvey(1997). Traditional Textiles of Central Asia. New York: Thomas & Hudson. p.153.).

13. 홍나영(1995). pp.87-89.

14. Janet Harvey(1997). pp.95-96.

15. 吳春子(1990). pp.16-17.

16. 두산세계대백과 EnCyber

17. 꼬이렉Koilek: 여자용은 술장식이 없는 헐렁한 튜닉형 옷을 의미한다.

18. 韋榮慧 主編(1992). 中華民族服飾文化. 北京: 紡織工業出版社. p.97.

19. U.Dzhanibekov(1996). The Kazakh Costume. Almaty: θHEP. pp.19-21.

20. 김양주(2000). '의생활', 까자흐스딴 한인동포의 생활문화. 서울: 국립민속박물관. pp.100-101.

21. U.Dzhanibekov(1996). p.13.

22. 앞의 책. p.23.

23. 두산세계대백과 EnCyber

24. 토피Topi·Topee: 토피는 힌두어로 '모자'라는 의미이다.

25. 松本敏子(1979). 世界の民族服. 大阪: 關西衣生活研究會. p.107.

26. Susi Dunsmore(1993). Nepalese Textiles. London: British Museum Press. p.90.

27. 松本敏子(1979). p.120.

28. Susi Dunsmore(1993). p.90.

29. 킬트(kilt): 스코틀랜드 사람이 전통적으로 착용해 온 타탄체크가 있는 치마형의 남자용 하의.

30. Sushil K. Naidu(1999). *Nepal: Society and Culture*. Delhi : Kalinga Publications. p.81.

31. Susi Dunsmore(1993). p.139.

 Sushil K. Naidu(1999). p.81.

32. Susi Dunsmore(1993). p.141.

33. 차운반디*Chaunband*: 촐로*Cholo*라고 부르기도 한다.

34. Susi Dunsmore(1993). p.192.

35. Sushil K. Naidu(1999). p.82.

36. Susi Dunsmore(1993). p.93.

37. 앞의 책. p.136.

38. Sushil K. Naidu(1999). pp.81-82.

39. Susi Dunsmore(1993). p.149.

40. 앞의 책. pp.152-153.

41. 쉬메르*Shemier*: 松本敏子(1979)는 앞의 책 p.128에서 '*To*' · '*Thong*' 이라 하였고, Susi Dunsmore(1993) 는 앞의 책에서 남성용 셔츠를 '*Thedung*' 이라고 표현하였는데, 松本敏子(1979)와 발음이 유사하고 구체 적인 설명도 비슷하다.

42. Susi Dunsmore(1993). p.153.

43. 동틸*Tongtil* · 지바틸*Gyabtil*: '*dong*' 은 앞의 의미이며 '*gyab*' 는 뒤의 의미이다.

44. Susi Dunsmore(1993). pp.153-154.

45. 안지 땅쯔아*Angi tangtza*: '*angi*' 는 의복의 종류이며, '*tangtza*' 는 장식 또는 술장식이라는 뜻이다.

46. Susi Dunsmore(1993). p.195.

47. 실위(室韋): 몽골계에 퉁구스계가 혼혈된 민족으로 당나라 때 흥안령(興安嶺) 산맥 서쪽에 있던 몽올(蒙 兀) 실위의 후예가 칭기스칸이 나온 몽골 부족이다.

48. 곤면제도(袞冕制度): 곤룡포와 면류관으로 이루어진 중국의 관복제도.

49. 집사(集史): 칭기스칸의 손자 훌레구가 페르시아 지역에 세운 '일한국' 의 재상, 라시드 웃딘이 칭기스칸 의 생애를 담은 역사서. 1307년과 1314년에 저술된 것으로 추정된다.

50. 소황옥(2002). '한 · 몽 복식문화의 비교 연구', 한 · 몽 민속문화의 비교. 서울: 민속원. pp.70-75.

51. 김지연 · 홍나영(1999). '족두리에 관한 연구', 「복식」제43호. pp.244-245.

52. 할하부(Khalkha): 중국 명(明)나라 이후에 나타난 몽골의 부족명(部族名).

53. 최해율(2000). 「몽골여자복식의 변천요인에 관한 연구」. 서울대학교 박사학위논문. pp.11-19.

54. 라마: '和尙 · 윗사람 · 스승' 을 의미하는 티베트어로 스님의 존칭.

55. 박원길(1996). 몽골의 문화와 자연지리. 서울: 두솔. pp.28-29.

56. 최해율(2000). pp.150-151.

57. 신현덕(1999). 몽골풍속기. 서울: 혜안. p.128.

58. 최수빈 · 조우현(2002). '동 슬라브 민족. 몽골민족 및 한국민족의 전통 혼례복식의 비교연구', 「복식」제 52권 1호. pp.80-81, p.85.

59. Henny Harald Hansen(1950). *Mongol Costume*. Copenhagen: The Gyldendal Publishing. pp.125-130.

60. 신현덕(1999). pp.125-127.

61. 데 바이에르 著, 박원길 譯(1994). 몽골석인상의 연구. 서울: 혜안. p.78.
    최해율(2000). p.24, p.30, p.158.

62. 최수빈 · 조우현(2002). p.80.

63. Henny Harald Hansen(1950). pp.82-84.

64. 남송 사신 맹공(孟珙, 1220~1221): 몽달비록(蒙韃備錄)
    장춘진인(長春眞人, 1220~1226): 서유기
    남송 관리인 팽대아(彭大雅, 1232) · 서정(徐霆. 1235~1236): 흑달사략(黑韃史略)
    유럽 여행가 카르피니(1245~1246): 몽골여행기
    유럽 여행가 루브루크(1253~1255): 동행기(東行紀)

65. 테베크: 변발을 하기 위하여 남긴 머리털.

66. 데 바이에르 著, 박원길 譯(1994). pp.59-67.

67. 최해율(2000). p.196.

68. 최수빈 · 조우현(2002). p.71, p.78.

69. 몽골을 형성하는 민족은 할하 몽골족이 3/4을 차지하며, 그 외에도 북부에 부리얏. 서부에 바야드 · 도르 보드 · 다하틴 · 토르구트 · 오르도드 · 미앙가드 · 다르하드. 동부에 다리강가. 우제무틴 등이 거주한다.

70. Martha Boyer(1995). *Mongol Jewellery*. Copenhagen: The Gyldendal Publishing. pp.28-29.

71. 앞의 책(1995). p.128.

72. 신현덕(1999). p.138.

73. 소황옥(2002). p.73.

74. 신현덕(1999). p.139.

75. Henny Harald Hansen(1950). pp.134-164.
    최해율(2000). pp.143-145.

76. Henny Harald Hansen(1950). pp.151-152.
    소황옥(2002). p.96.

77. 데 바이에르 著, 박원길 譯(1994). pp.91-96.

78. 앞의 책. pp.82-86.
    Henny Harald Hansen(1950). p.130.

79. http://www.kmca.or.kr(한국몽골협력협회)

80. 신현덕(1999). p.141.

81. 데 바이에르 著, 박원길 譯(1994). pp.86-88.

82. Henny Harald Hansen(1950). pp.176-178.

83. 앞의 책. p.165.

84. 최해율(2000). pp.101-103.

85. Mark Bartholomer(1985). *Thunder Dragon Textiles from Bhutan*. Kyoto: Shikosha Publishing Co. Ltd. p.10.

86. Frances Kennett(1994). *Ethnic Dress*. London: Octopus Publishing Group Limited. p.150.

87. Mark Bartholomer(1985). p.14.

88. 앞의 책. p.39.

89. 앞의 책. p.60.

90. 앞의 책. p.56.

91. 앞의 책. p.40.

VII

Minority Peoples

중국 소수민족 *Minority Peoples of China*

타이 북부 소수민족 *minority Peoples of North thailand*

VII. 소수민족의 전통복식

대부분의 국가들은 다양한 민족으로 구성되어 있으며, 일례로 중국은 공식적으로 56개, 미얀마는 135개 민족이 있다고 밝히고 있다. 이른바 소수민족이라는 명칭은 인구 수에 따른 것이지만, 그 수는 일정하지 않아서, 중국 소수민족에서 가장 많은 쫭족(壯族)은 약 1,500만 명에 이르지만, 고산족(高山族)은 약 2,800명 정도로 5,000배 이상 차이가 난다. 중국에서는 주요 소수민족이 거주하는 지역에 대해서 자치구를 허용하고 있지만, 해당 자치구에도 다양한 민족이 거주하고 있다. 이러한 현상은 신강 위구르자치구의 면적이 한국 영토의 17배가 되는 것을 고려할 때, 자연스러운 사실이라고 할 수 있을 것이다.

또한 같은 소수민족이라도 다양한 국가에 거주하고 있으며, 각 나라별로 고유한 명칭으로 불린다. 한 예로 묘족은 중국·타이·베트남·미얀마, 멀리는 미국에도 거주하고 있으며, 나라별로 묘(猫)·몽(Hmong)·메오(Meo) 등의 다양한 명칭으로 불린다. 한편으로 중국의 타이족처럼, 각 민족이 세운 독립 국가가 있더라도 다른 나라에서는 소수민족으로 불리는 경우도 있다.

중국

타이

이처럼 같은 나라 안에서도 수많은 민족으로 분류되는 것은 혈통뿐만 아니라 각각의 고유한 문화가 있기 때문이다. 소수민족의 거주지는 높은 산으로 둘러싸인 고산지대 등으로 외부인의 발길이 드문 곳이기 때문에, 외부의 변화를 크게 받지 않고 고유문화를 오랫동안 유지할 수 있었다. 이들 민족에게 복식은 각 민족의 정체성을 나타내는 가장 큰 특징이며, 여기에는 각 민족의 고유한 상징과 의미가 함축되어 있다. 또한, 착용자의 신분과 부(富)를 상징하기 때문에 많은 시간과 정성, 금전적 노력을 들인다. 각 민족 내에서 다시 세분화할 때도 머리모양·모자형태·옷색 등을 기준으로 하는 경우가 많아서 요족(瑤族)은 옷 색상에 따라서 백고요(白褲瑤)·화남요(花藍瑤)·홍요(紅瑤) 등으로 나뉜다.

소수민족 복식에서 흥미로운 점의 하나는 같은 지역에 거주하더라도 민족에 따라 현저하게 다른 복식형태를 보인다는 점이다. 또한 크게 다섯 종류의 유형으로 분류되는 묘족 복식에서도 각각 스무 개 이상의 하위분류가 있듯이, 같은 민족이라도 다양한 복식이 존재한다. 따라서 소수민족의 복식문화에서 복식의 사회적·실용적·상징적 기능과 변화양상 등 다양한 역할을 보다 뚜렷하게 확인할 수 있다. 복식문화의 고찰 측면에서는 중국 러시아족의 복식에 러시아의 민속복식이 잘 남아있는 것처럼, 이를 통해 각 민족이 잊었던 고유한 복식문화를 돌아볼 수도 있다. 그러나 중국의 청대(淸代) 복식이나 티베트족·쨍족·타이족 등 세력이 큰 민족의 복식이 다른 민족에게 반영되는 경우도 적지 않으며, 근래에는 양복이 아주 빠르게 흡수되고 있다.

이 장(章)에서는 중국과 타이북부에 거주하는 소수민족을 주로 설명한다. 앞에서 밝혔듯이 두 지역에 모두 거주하는 민족도 있으나, 그들은 서로 판이한 복식문화를 가지고 있는 경우가 많다. 또한 중국의 소수민족은 한자(漢字)문화권, 타이의 소수민족은 영어문화권에서 연구한 경우가 많기 때문에, 복식명칭을 표기할 때는 선례를 따랐다.

중국 티베트족 남성

팔길이를 훨씬 넘는 긴소매가 특징인 장포(長袍)를 입고 있다. 티베트족의 독특한 포라는 의미로 '藏袍'라고 부르기도 한다. 작업중에는 팔을 빼고, 소매는 허리띠에 끼워 넣기도 한다. 유사시에는 이불로 사용할 수 있을 정도로 품이 넓다.

중국 티베트족 여성

머리카락에 다양한 색깔의 천을 넣어서 땋고
있다. 허리에는 티베트족의 전통 모직물인 방
로*Phulu*로 만든 앞치마를 두르고, 발에는 자
수를 놓은 신발을 신고 있다.

검동형 복식을 입은 중국 묘족 여성

검동형 복식의 특징인 소뿔모양의 은머리장식
을 하고 있다. 머리장식·목걸이 등의 화려한
은장식은 착용자의 행복을 기원하는 의미와 집
안의 부를 표현하는 기능을 가진다. 옷에는 많
은 정성을 들여서 세밀한 자수를 놓았다.

상서형 복식을 입은 중국 묘족 여성

호남성 서부의 봉황지역에 거주하는 여성. 머리에는 약 10m 길이의 천을 원통형으로 감고 있다. 깃·소매 등의 가장자리에 선을 두른 삼(衫)과 바지, 일종의 앞치마인 두두*Doudou* 등을 입고 있다.

중국 소수민족 Minority Peoples of China

1. 문화적 배경

중국은 아시아의 중심부에 위치한 다양한 문물의 교류장으로, 수많은 민족으로 구성된 거대한 국가이다. 흔히, 중국을 떠올릴 때는 한족(漢族)이 바로 중국인인 것처럼 생각하지만, 일단 역대 주요 왕조 중에서도 원나라는 몽골족이, 청나라는 만족(滿族)이 건국한 나라이다. 당대(唐代)에는 서역풍이 크게 유행할 정도로 많은 서아시아인들과 교류하였으며, 원대(元代)에는 아시아와 유럽을 아우르는 넓은 영토에서 마르코 폴로와 같은 유럽인들이 관리나 상인 등으로 다양한 활동을 하였다.

현재 중국은 한국·몽골·러시아·카자흐스탄·우즈베키스탄·타이·베트남 등의 여러 나라와 영토를 맞대고 있다. 따라서 이들 나라의 주요 민족과 유사한 민족이 국경 인접지대에 거주하고 있으며, 중국정부의 통계에 따르면 한족(漢族) 외에 55개 소수민족이 중국에 거주하고 있다(표 1). 이들은 인근 국가보다 서양화되기 이전의 민속복식의 형태를 유지하고 있는 경우가 많으며, 각각의 민족마다 고유한 특징이 있어서 한 나라 안에서 민속복식의 전시장으로 생각될 만큼 다양한 형태를 볼 수 있다.

표 1 중국의 소수민족

거주지역	소수민족
동북·내몽골 지구	만족(滿族, Manchu), 조선족(朝鮮族, Korean), 허저족(赫哲族, Hezhen), 몽골족(蒙古族, Mongol), 따알족(達斡爾族, Daur), 어원커족(鄂溫克族, Ewenki), 어른첸족(鄂倫春族, Oroqen)
서북 지구	회족(回族, Hui), 동샹족(東鄉族, Dongxiang), 투족(土族, Tu), 살라족(撒拉族, Salar), 보안족(保安族, Bonan), 유구족(裕固族, Yugur), 위구르족(維吾爾族, Uygur), 까자흐족(哈薩克族, Kazak), 키르기즈족(柯爾克孜族, Kirgizs), 써버족(錫伯族, Xibe), 타지크족(塔吉克族, Tajik), 우즈베크족(烏孜別克族, Uzbek), 러시아족(俄羅斯族, Russian), 따타르족(塔塔爾族, Tatar)
서남 지구	티베트족(藏族, Tibetan)*, 먼바족(門巴族, Monba), 러바족(珞巴族, Lhopa), 강족(羌族, Qiang), 이족(彝族, Yi), 바이족(白族, Bai), 하니족(哈尼族, Hani), 타이족(傣族, Dai), 리수족(傈僳族, Lisu), 와족(佤族, Va), 라후족(拉祜族, Lahu), 나시족(納西族, Naxi), 징퍼족(景頗族, Jingpo) 부랑족(布郞族, Blang), 아창족(阿昌族, Achang), 프미족(普米族, Pumi), 누족(怒族, Nu), 더앙족(德昂族, Deang), 두룽족(獨龍族, Derung), 지너족(基諾族, Jino), 묘족(苗族, Miao), 부의족(布依族, Bouyei), 뚱족(侗族, Dong), 수이족(水族, Shui), 거로족(仡佬族, Gelao)
중남·동남 지구	짱족(壯族, Zhuang), 요족(瑤族, Yao), 머로족(仫佬族, Mulao), 모난족(毛南族, Maonan), 징족(京族, Jing), 투자족(土家族, Tujia), 리족(黎族, Li), 써족(畬族, She), 고산족(高山族, Gaoshan)

* 티베트족은 '장족(藏族)'으로도 많이 명명되나, 짱족과 혼동되기 쉽고 일반적으로 티베트인으로 많이 알려져 있으므로, 여기에서는 티베트족으로 서술한다.

1992년말 현재 중국에는 55개 소수민족이 있으며 이들은 인구의 8%를 차지하면서 중국 영토의 60%가 넘는 지역에 분포하고 있다. 중국정부에서는 1984년 민족구역자치법에 의하여 소수민족이 집중적으로 거주하는 지구에 대하여 자치를 인정하였고, 그 결과 소수민족들은 자치구(서장, 신강 위구르, 내몽골, 영하 회족, 광서 짱족 자치구) · 자치주 · 자치현 등을 이루고 살고 있다. 그러나 인구가 백만 명을 넘는 소수민족은 조선족을 비롯한 18개 민족에 불과하고 민족이 분산되어 있는 정도가 높다[1].

이들 소수민족의 복식은 해당 민족이 주요 민족으로 구성된 국가의 전통복식과 유사한 경우가 많다. 19세기 중엽부터 한반도에서 중국의 동북부, 특히 길림성 · 연변 등으로 이주한 조선족은 조선말의 복식을 민속복식으로 착용하고 있고, 몽골족의 복식은 몽골의 복식, 러시아족의 복식은 러시아공화국의 복식, 만족의 복식은 청대 복식과 유사하다. 또한 세월에 따른 주변민족의 영향으로 다른 민족 간에도 공통적인 복식이 나타나기도 한다. 일반적으로 남자복식은 한족(漢族)의 영향을 받았지만, 여자복식에는 고유한 특징이 전해지는 경우가 많다. 오랫동안 교류한 민족 간에는 복식이 유사한 경우도 많아서, 위구르족과 우즈베크족의 여자복식은 비슷하다.

한편, 같은 민족 안에서도 거주지역이나 생활형태 등에 따라서 수백 가지의 다양한 복식이 나타난다. 묘족의 경우는 착용하는 의복색상에 따라서 흑묘족(黑苗族) · 백묘족(白苗族) · 화묘족(花苗族) 등으로 구분된다. 따라서 타이 · 미얀마 · 라오스 등에 거주하는 묘족과 중국 묘족의 대표적인 복식이 크게 차이가 나는 경우도 있다. 이처럼 중국 소수민족의 복식은 다양한 특징을 가지므로, 본 장에서는 주요한 특징을 중심으로 설명하겠다.

2. 전통복식의 종류 및 특징

중국 소수민족은 화려한 장신구 · 자수 · 직조기술 등으로 유명한 경우가 많다. 특히 자수는 많은 민족이 애용하는 장식기법의 하나로, 강족은 명 · 청대 이래로 자수가 뛰어난 것으로 유명하였고, 지금도 여자용 앞치마, 포(袍)의 앞선과 소맷부리, 터번이나 신발 등에 섬세하고 화려한 자수를 놓는다.

짱족과 퉁족 등이 생산하는 직물 중에는 민족이름을 딴 장금(壯錦) · 동금(侗錦) · 동포(侗布)라는 명칭이 있을 정도로 명성이 높은 것이 많았다(그림 1). 위구르족은 아트라스Atlas(艾得麗絲) 주단이 유명하다. 여기서 'atlas'는 아랍어로 경 · 위사에 모두 견사를 사용한 주자직물을 의미한다.

투자족은 시랑카보Xilankapu(西蘭卡普)라는 직물로 유명하다(그림 2). 시랑카보는

진(秦)·한대(漢代)까지 역사가 거슬러 올라가는 직물로, 청대(淸代)에도 중요한 무역품이었다. 투자족의 언어로 '시랑(xilan)'은 침대덮개, '카보(kapu)'는 꽃·문양을 의미하며, 경금(經錦)의 일종이다. 경사(經絲)는 견사, 위사(緯絲)는 면사로 직조하며, 어두운 바탕에 노란색·분홍색·파란색 등 밝은색 실로 문양을 넣어서 직조한다. 문양은 용·봉황·卍자 등 길상문양과 기하학 문양이 많으며, 가방·휘장·침구류 덮개 등으로 사용한다.

티베트족(藏族)은 모직물로 만든 줄무늬 직물인 방로*Phulu*(氆氇)가 유명한데 방로는 아주 얇은 양모실로 치밀하게 짠 직물로, 보온성과 방습성이 매우 우수하다. 노란색·붉은색·파란색·녹색 등으로 구성된 가로줄무늬가 많으며, 옷·신발·깔개 등으로 사용한다.

색상을 살펴보면, 민족마다 선호하는 색상이 있어서 직물·복식 등에도 이러한 색상이 많이 사용된다. 이슬람교를 믿는 회족·동샹족·살라족 등은 흰색·검은색·녹색을 숭상하며, 키르기즈족과 타지크족은 붉은색을 좋아한다. 키르기즈족에게 붉은색은 즐거움과 행복을(그림 3) 따타르족에게 흰색은 우유와 양떼를 상징한다.

1) 동북·내몽골 지구

이 지역은 겨울이 춥고 길며, 대부분의 민족이 유목·수렵생활을 한다. 따라서 동물 가죽과 털을 재료로 따뜻하게 옷을 만드는 경우가 많다. 어원커족은 순록을 가리키는 단어에서 민족 명칭이 유래할 정도로, 순록을 많이 사육하고 의복재료로도 순록가죽을 많이 사용한다. 그러나 점차 다른 지역과의 교류가 활발해지고 직물이 많이 유입되면서, 근래에는 면직물과 견직물로 옷을 만드는 경우가 많다.

그림 1. 장금
그림 2. 시랑카보
그림 3. 붉은색 자수 머릿수건을 한 키르기즈족 여자

허저족과 어른첸족 등은 인근의 풍부한 흰색 자작나무 숲에서 나오는 자작나무 껍질
을 이용한 공예로 유명하다. 흰색 자작나무 껍질은 흰색 바탕에 반점이 있는데, 5~6월
에 껍질을 벗기면 1~2년 후에는 새로운 껍질이 생긴다. 매우 얇고 튼튼해서 정교한 모
자나 담뱃주머니 등을 만들 수 있다.

(1) 허저족

허저족은 흑룡강·송화강·우수리강 연안의 평원 등에 주로 거주하며, 인구는 약
4,200명이다. 낚시·사냥 등을 생업으로 하며, 거주지가 한랭기후대이므로 물고기·노
루·사슴 등의 가죽으로 의복을 만든다. 특히 다양한 물고기 가죽으로 포·바지·허리
띠·장갑·가방·재봉사 등을 만드는 것으로 유명한데, 물고기 가죽은 부드럽고 가벼
우며 보온·방습효과가 뛰어나다(그림 4). 신발로는 물고기 가죽으로 만든 올랍혜*Wula
shoes*(靰鞡鞋)가 유명하다. 이것은 '올랍(烏拉)'이라는 풀을 말려서 신발 속에 넣은 방
한용 신발인데, 만족·몽골족도 소가죽·말가죽 등으로 만든 올랍혜를 착용한다.

여자복식은 만주족의 영향을 받아서 치파오와 형태가 비슷하다. 포는 무릎아래까지
내려오며 허리띠를 매고 소매는 약간 짧다. 자수를 놓거나, 구름·동물 등의 형태로 자
른 가죽을 아플리케로 부착하여 장식한다.

(2) 어른첸족

어른첸족은 내몽골과 흑룡강성의 접경지역에 주로 거주하며, 인구는 약 7천 명이다.
낚시·사냥 등을 생업으로 하며, 노루가죽과 털을 의복재료로 많이 사용한다. 남자의

포는 기마에 편리한 무릎길이이며, 앞뒤에 트임이 있고 허리띠를 두른다. 여자의 포는 남자용보다 길고 좌우의 트임 가장자리에 자수선(刺繡襈)을 두른다.

모자로는 동물머리의 형태를 그대로 사용하는 모자가 특이하다(그림 5). 노루머리·개머리 등을 사용하는데, 사냥할 때 몸을 숨기는 효과와 함께 보온효과가 뛰어나다. 허저족·따알족도 이러한 형태의 모자를 착용한다.

2) 서북 지구

이 지역에는 중앙아시아계·아랍계·서양인 계통의 다양한 민족이 거주한다. 또한 종교의 분포도 다양하여 회족·동샹족·살라족·위구르족·까자흐족 등은 이슬람교를, 투족·유구족 등은 라마교를, 러시아족은 그리스정교를 믿는다.

동샹족·살라족·보안족은 수렵과 유목생활을 하던 민족으로 옷의 형태가 기마생활에 편리하며, 모직물을 의복재료로 많이 사용하는 등 유목민족의 복식문화를 갖고 있다. 그러나 농업으로 산업형태가 바뀌고, 회족·한족과의 교류가 증가하면서 복식에도 변화가 나타나 남자복식은 회족과 유사해졌고(그림 6), 여자도 두건처럼 생긴 개두(蓋頭)라는 머릿 수건을 착용한다[2]. 그러나 동샹족·보안족의 여자복식에서 무릎길이의 조끼와 가장자리에 둥글게 심을 넣은 모자는 아직도 고유의 특징으로 남아 있다(그림 7, 8). 보안족은 휴대용 칼인 보안도(保安刀)가 정교하고 튼튼한 것으로 유명하다.

(1) 회 족

회족은 영하 회족자치구를 비롯하여 감숙성·하남성 등에 주로 거주한다. 인구는 약

그림 6. 보안족 남자
그림 7. 보안족 여자
그림 8. 동샹족 여자

860만 명으로 중국 소수민족 중에서 짱족 다음으로 많다. 7세기 중엽 당대(唐代)에 아랍 상인으로 중국에 이주한 민족을 시초로 하며, 종교적 특성상 복식이 단순·검소하고 모자를 무척 중시한다.

① 남자복식

남자들은 흰색·검은색 예배모(禮拜帽)를 착용하거나, 천을 터번처럼 머리에 감기도 한다. 종파와 지역에 따라서 오각형·육각형·팔각형인 모자도 착용한다. 예배모는 챙이 없고 머리에 붙는 형태로, 이와 같은 모자는 이슬람교인들이 하루에 몇 번씩 예배를 드릴 때, 바닥에서 머리를 조아리며 절을 하는 풍습에 적합한 형태이기도 하다(그림 9).

중년층은 흰색 상의와 바지를 입고, 검은색 조끼를 위에 착용한다. 장년층은 회색 또는 검은색의 상의나 장포를 입으며, 청년층은 한족과 유사한 의복을 착용한다.

② 여자복식

여자들은 머리카락을 정수리에 모아 올려서 고정시킨 다음, 흰색 예배모를 착용한 후에 개두(蓋頭)를 쓴다(그림 10). 개두는 단어 뜻 그대로 머리를 전체적으로 감싸는 쓰개로, 종교적 전통과 모랫바람을 피하기 위한 실용성이 결합된 것이다. 소녀는 녹색, 중년층은 검은색, 장년층은 흰색을 많이 착용하며, 나이가 들수록 길이가 길어서 소녀용은 어깨길이, 장년용은 허리길이 정도이다. 의복은 우임(右衽)인 짧은 상의와 바지, 또는 원피스 등을 입는다.

(2) 투 족

투족은 주로 청해성에 모여 거주하며, 인구는 약 19만 명이다. 옷·모자·신발 등의 자수가 정교하고 화려하며, 남녀 모두 넓은 챙이 위로 꺾인 흰색 펠트모자를 즐겨 쓴다.

우임인 장포는 밴드칼라나 턴다운칼라가 달려 있다.

여자는 펠트모자와 함께 상의, 자수를 놓은 조끼·바지·장포·허리띠·신발 등을 착용한다. 여자용 저고리나 장포에는 붉은색·노란색·녹색·흰색·파란색 등의 색동 소매를 달며, 바지는 미혼일 때는 붉은색, 기혼은 자주색, 노인은 검은색을 입는다. 머리 장식도 중요한 부분으로, 지역에 따라서 여러 가지 다양한 양식이 있다. 일반적으로 미혼여성은 양쪽 귀밑, 뒷머리 등으로 세 가닥을 땋고, 기혼여성은 두 가닥으로 땋아서 등 뒤에서 묶는다. 여기에 산호·터키석 등으로 화려하게 장식을 한다.

남자는 펠트모자, 흰색 상의, 자수를 놓은 조끼, 주름치마나 바지, 짧은 저고리, 장 포를 입고 자수를 놓은 허리띠와 신발 등을 착용한다. 깃·앞선·소맷부리 등에 너비 약 12cm인 붉은색·검은색 선을 두른다.

(3) 유구족

유구족은 감숙성의 숙남(肅南)에 주로 거주하며, 인구는 약 12,000명 정도이다. 이들의 문화는 회흘(回 紇)[3]문화를 주체로 한족·몽골족·티베트족의 문화가 융합된 형태이다. 목축이 주업이며 농업·임업도 겸하 고 있다. 의복은 남녀 모두 우임인 장포·조끼·허리 띠·장화 등을 착용하는데, 유구족 복식에서 가장 큰 특징은 여성용 모자에 나타난다. 이 모자는 전체적으 로 종 모양이며 정수리에는 붉은색 술을 길게 늘어뜨 리는데, 유구족 역사상에서 살해당한 한 영웅을 기념 한다는 의미가 있다(그림 12). 미혼여성은 다섯·일곱 가닥으로 머리를 땋으며, 결혼연령이 되면 세 가닥으 로 땋아서 두 가닥은 앞으로 늘어뜨리고 한 가닥은 뒤 로 늘어뜨린다. 여기에 은장식·산호·옥 등으로 장

그림 12. 감숙성의 유구족 여자

식한 띠를 착용한다. 남자는 중절모나 흰색 펠트모자를 착용한다. 이 모자는 정수리가 평평하며, 가장자리에는 검은색 선을 얇게 두른다.

(4) 위구르족

위구르족은 신강 위구르자치구에 주로 거주하며, 인구는 약 720만 명이다. 중국내 투 르크계 민족으로 몽골고원에서 활동하다가 중앙아시아로 이주한 민족이다. 7세기 중엽

그림 13. 소화모
그림 14. 아트라스로
만든 원피스 차림의
위구르족 여자

에는 위구르제국을 성립하기도 하였으나, 키르기즈족 · 원(元) · 청(淸) 등의 공격과 정복으로 소수민족화되었다. 면화 · 밀 · 옥수수 · 포도농사 등을 주업으로 한다.

남녀 모두 모자와 차판을 착용한다. 차판은 중앙아시아 전역에서 착용되는 기본적인 외투로 카자흐족 · 키르기즈족 · 타지크족에게도 공통된다. 면직물 · 견직물 · 벨벳 · 양가죽 등의 다양한 재료로 만들며, 허리에 가죽띠나 수를 놓은 천을 둘러 여며준다.

모자는 방한(防寒) · 방서(防暑)의 기능을 하는 실용적인 목적뿐만 아니라 예의용으로도 큰 의미를 가진다. 따라서 친척 또는 친지를 방문하거나, 명절 · 집회 등의 경우에는 반드시 모자를 쓴다. 특히, 천 위에 화려한 자수를 놓은 소화모(小花帽)가 유명하다(그림 13). 남녀노소 모두 착용하며, 다파(多帕) · 두파(杜帕) · 수화소모(繡花小帽) 등으로도 부른다. 형태는 납작하고 머리에 딱 맞는 것으로 아랫부분은 사각 · 오각 · 육각인 것 등이 있는데, 사각인 것을 가장 많이 사용한다. 계층 · 연령 · 지역에 따라서 색상 · 자수 등이 다양해서, 젊은이들은 화려한 꽃무늬를, 중년층 이상의 남성은 검은색에 페이즐리 문양 등을 수놓은 것을 많이 착용한다. 중앙아시아의 타지크족도 이러한 형태의 모자를 착용하는데 '츄베테이카'라고 한다.

① 남자복식

남자는 셔츠 · 차판 · 바지 · 천으로 만든 허리띠 등을 착용한다. 셔츠는 앞중심의 가운데까지 트인 것이 많은데, 예전에는 차판 아래에 소매가 넓고 깃이 없으며 길이가 무릎 정도로 긴 상의를 입고, 천으로 만든 허리띠로 고정하여 입었다. 이때 허리띠는 단추와 주머니의 역할을 하여, 음식이나 작은 물건을 넣기도 하였다. 허리띠의 길이는 다양하여 긴 것은 2m에 달하기도 한다. 또한 네모난 천을 대각선으로 접어 삼각형의 모서리가 아래로 향하도록 하여 허리에 묶어 고정하기도 하고, 명절에는 다양한 색상의 허리띠를 착용하여 차판을 아름답게 꾸민다.

위구르족은 신발 겉에 덧신을 신는 풍습이 있는데 이것을 위구르어로 '카라시'라고 한다. 남녀 모두 착용하지만 대개 노인이 보온을 목적으로 착용하는 경우가 많다. 덧신만 밖에 벗어두면 실내가 더러워지는 것을 간편하게 방지할 수 있으므로, 이러한 용도로 신기도 한다[4].

② 여자복식

여자들은 아트라스 주단으로 만든 원피스를 많이 착용한다(그림 14). 원피스 아래에는 긴 바지를 입고, 계절에 따라 간단한 조끼나 차판 등을 위에 걸친다. 자수가 발달하여 옷의 가장자리에 꽃무늬를 수놓은 경우가 많으며, 남자 옷에도 안에 입는 셔츠의 깃ㆍ앞중심ㆍ소맷부리 등에 자수를 놓기도 한다.

미혼여성은 머리카락을 열 가닥에서 스무 가닥까지도 땋는데, 땋은 후에는 윤기가 나도록 '이리무*Yilimu*(依里木)'라는 대추나무 진액을 바른다. 결혼 후에는 두 가닥 또는 네 가닥으로 땋아 준다. 신강성 남부지방에서는 외출시 소화모 위에 스카프를 두르며, 실내에서도 모직물로 만든 스카프를 머리에 두르는 경우가 많다. 이처럼 스카프를 두르는 풍습은 키르기즈족의 기혼여성에게도 보이는 현상 중의 하나이다.

장신구로 귀걸이ㆍ목걸이ㆍ반지ㆍ팔찌 등을 착용하며, 식물뿌리에서 채취한 염료로 새카맣고 길게 양 눈썹을 이어서 그리는데[5] 이러한 눈썹은 중앙아시아 지역에서도 볼 수 있다(그림 15). 홍화(紅花) 꽃잎으로 볼연지와 입술연지를 만들고, 앵두와 해당화즙을 섞어 얼굴과 입술을 칠하며, 봉선화로 손톱을 물들이기도 한다.

3) 서남 지구

서남 지구는 타이ㆍ베트남 등의 접경지역이므로, 주변 민족들도 이들 복식의 영향을 많이 받았다. 먼바족ㆍ러바족의 복식에는 티베트족의 영향이 나타난다. 먼바족 여자들

그림 15. 양 눈썹을 이어서 그린 사마르칸트의 여자
그림 16. 러바족 여자
그림 17. 와족 남자

앞   뒤

은 소가죽·염소가죽을 통째로 어깨에 두르는 풍습이 있는데, 이것은 당나라의 문성공
주(文成公主)가 티베트에 들어갈 때 악령을 피해서 동물가죽을 덮었고, 문우(門隅) 지역
을 지나갈 때 이것을 먼바족 여자들에게 주었다는 전설에서 비롯되었다[6]. 러바족은 남
녀 모두 머리카락을 기르는데, 앞머리는 눈썹 위에서 일자로 자른다(그림 16). 발은 맨
발이지만, 장신구는 부(富)의 표현수단으로 무게가 5㎏이 넘을 정도로 많은 양을 착용한
다. 귀걸이·팔찌와 수십 줄의 목걸이를 하고 허리에는 금속줄·칼 등을 찬다. 아와산
(阿佤山) 지구에 거주하는 와족 남자들은 타이족의 영향으로 문신을 한다. 귀에는 굵은
귀걸이를 하기도 한다(그림 17).

    여강(麗江) 일대의 나시족 여자들은 양가죽으로 만든 특이한 형태의 등받이를 걸친
다(그림 18). 등받이의 뒷길 가운데에는 북두칠성을 상징하는 원판 일곱 개를 자수하여
붙이며 이것은 새벽에는 별빛 아래에서 일하고 저녁에는 달빛 아래에서 일하는 여자들
의 부지런한 생활을 의미한다고도 하고, 해가 뜨면 일하고 해가 지면 쉰다는 뜻이라고도

한다[7]. 앞의 끈은 가슴부위에서 X자로 꼬아서 착용한다.

징퍼족 여자들은 검은색 머릿수건, 검은색 상의, 마름모 무늬를 직조한 붉은색 치마를 착용하고, 어깨에는 원형 은판과 은사슬 등을 연결한 장식을 걸친다. 머릿수건 앞에는 오색실과 붉은색 털방울로 장식한 붉은색 천을 댄다(그림 19). 미얀마에 거주하는 징퍼족은 허리에 검은색 칠을 한 등나무 고리를 여러 개 걸기도 한다. 아창족은 아창도(阿昌刀)로 유명하여, 명·청시대에는 황제에게 공납(貢納)을 할 정도였다. 미혼남자는 흰색 터번, 기혼남자는 남색 터번을 두른다(그림 20). 지너족은 모자·상의·치마 등 여러 복식에 줄무늬를 많이 사용하며, 여자들은 고깔모양의 흰색 모자를 착용하는 것이 특징이다(그림 21). 이 모자는 길이 약 60㎝, 너비 약 20㎝인 줄무늬 면직물을 사용하며, 윗부분을 서로 봉합하여 만든다.

(1) 티베트족

티베트족은 서장(西藏) 자치구와 청해성·감숙성·운남성 등에 주로 거주하며, 인구는 약 460만 명이다. '서장(西藏)'이라는 지역명에 '서쪽에 감추어진 나라'라는 뜻이 있듯이, 티베트족의 주요 거주지인 청장(靑藏) 고원은 6,000~7,000m의 높은 산으로 둘러싸여 있다. 자연환경의 특성상 독특한 라마교 왕국으로 존재하였으나, 1949년에 중공의 공격으로 중국 소수민족의 하나가 되었다. 현재 중국영토인 청해성·사천성·감숙성·운남성 일부가 티베트의 영토였으며 지금도 많은 티베트족들이 살고 있으므로, 이 지역의 상당 부분이 티베트 문화권에 들어간다. 언어·산업형태 등에는 차이가 있지만, 토번(吐藩)[8] 왕국의 후예이고, 달라이 라마의 신도라는 점에서 같은 민족이라는 정체성이 높다.

그림 22. 장포를 착용한 티베트족 남자
그림 23. 방로로 만든 앞치마를 착용한 티베트족 여자

그림 24. 티베트족
여자의 머리모양

남녀 모두 저고리 형태의 삼(衫)·장포(長袍)·바지·허리띠·장화 등을 착용한다. 삼과 장포 모두 손끝에서 약 15㎝ 정도 내려오는 긴 소매이며, 작업중에는 장포의 소매를 벗어서 허리띠에 끼워 넣기도 한다. 방로·양가죽·사슴가죽 등으로 만들며, 길이가 길고 품도 넓어서 이불로 사용할 수도 있다. 오른쪽으로 깊숙하게 여며 입기 때문에, 가슴에 작은 소지품을 넣을 수도 있다. 여자들은 방로로 만든 앞치마를 착용한다. 예전에는 기혼여자만 착용하다가 지금은 미혼여자도 착용하지만, 감숙성·청해성·사천성 등에서는 착용하지 않는다.

남녀 모두 긴 머리카락을 땋아서 각종 장식을 한다. 미혼여자는 수십 가닥으로 머리를 땋고, 반구형(半球形) 은장식, 산호·마노·옥 등을 길게 이어서 장식한다. 뿔모양의 머리장식은 나무·천 등을 사용하여 형태를 만들고, 터키석·호박 등의 보석으로 화려하게 장식한다. 이 외에 다양한 색깔의 천을 함께 넣어서 머리카락을 땋은 후, 머리둘레에 두르기도 한다(그림 24). 허리띠에는 족집게·이쑤시개·반짇고리·부싯돌·칼 등을 차고 다니는데, 관리들은 터키석 사이에 진주 한 알을 넣은 긴 귀걸이를 왼쪽에 착용하는 풍습이 있었다[9]. 휴대용 부적이나 불감(佛龕)은 장거리 여행의 필수품으로 여자들은 목걸이로 이러한 것들을 많이 착용하며, 불행과 질병을 막아주는 타라(Tara) 여신을 문양으로 사용하는 경우가 많다.

티베트 불교의 상징으로 많이 생각되는 새볏 모양의 모자는 종파에 따라서 색상이 다르며, 붉은색·노란색 등이 있다.

(2) 이 족

이족은 주로 중국 서남부의 사천성·운남성·귀주성·광서성에 살고 있으며 인구는 약 650만 명이다. 당대(唐代)에는 지금의 운남 지방에 큰 세력을 형성하였으며, 1950년대까지도 번성하였다. 살니(撒尼)·아서(阿西) 등으로 부르기도 하며, 농사를 지으면서

양·염소 등을 사육한다.

색상은 검은색을 선호하며, 남녀 모두 은장신구를 착용한다. 남녀공용 망토인 찰이와 *Charwa*(察爾瓦)는 독특한 형태로 유명한 것으로, 검은색 모직물로 제작하며 전체적으로 사각형태인데 좁은 선을 두른다. 양어깨에 작은 구멍이 있거나, 뒤로 접히는 작은 소매가 달려 있다. 앞에서 여며 입는 사각형 망토도 있는데, 밑단에 술을 달아서 장식하는 경우가 많다. 이와 같은 망토류는 모직물이나 양가죽 등으로 제작하며 폭이 넓을 뿐만 아니라 아주 두꺼워서, 방한용 겉옷·비옷·이불의 기능을 한다.

① 남자복식

남자복식은 지역에 따라서 바지통의 넓이가 다르게 나타난다. 바지통은 60~170㎝으로 다양하며, 바지통이 넓은 것은 마치 치마를 입은 것처럼 보인다. 넓은 바지와는 반대로 상의는 몸에 딱 맞고 우임인 검은색 삼을 입는데 가장자리에 선을 둘러서 장식한다(그림 25).

특이한 머리형태로 천보살*Tianpusa*(天菩薩)이란 것이 있는데 약간의 머리카락만 남기고 이발을 한 후, 남은 머리카락으로 원뿔모양을 만들어 이마를 향하도록 하는 형태로써 위엄을 상징한다고 한다. 때로는 머리카락을 검은색 터번으로 감은 다음, 오른쪽을 향하는 뿔모양으로 만들기도 하는데, 영웅결Hero's knot(英雄結)이라고 부른다(그림 26)[10].

② 여자복식

이족의 복식은 거주지역에 따라서 차이가 있으며, 크게 15가지 이상의 형태가 있다.

그림 25. 이족 남자 복식
그림 26. 이족 남자의 영웅결

그림 27. 이족 여자
복식

검은색을 선호하는 것은 대부분 공통되며,
이족이 많이 거주하고 있는 사천성의 복식
이 가장 전형적인 것이라고 할 수 있다. 여
자복식 중에서는 계단식으로 층층이 보이
는 긴치마가 특징이다. 여자들은 성년이 되
어 결혼할 수 있는 나이가 되면 '환군(換
裙)'이라고 하여, 바지에서 치마로 갈아입
는 의식이 있는데, 시기는 개인에 따라서
다르지만 일반적으로 15~17세에 한다[11].
어린 소녀들은 붉은색과 흰색으로 구성된
2단 치마를 입는데, 엉덩이부분은 꼭 맞고
아랫부분은 2단으로 구성되어 붉은색 층과 흰색 층의 주름이 보인다(그림 27). 젊은 여
자들은 붉은색·흰색·파란색·노란색 또는 검은색으로 구성된 3단 치마를 입으며, 나
이든 여자들은 3단·4단으로 구성된 파란색·검은색 치마를 입는다. 이런 치마는 두꺼
운 모직물이나 면직물로 만드는데, 착용하기 어렵기 때문에 특별한 행사에만 입는다.
사천과 운남의 경계지역인 양산(凉山)에서는 검은색·붉은색·노란색 등 세 가지 색상
을 사용한다.

여자들의 머리모양과 쓰개류는 나이와 지역에 따라서 다양하게 나타난다. 어린 소녀
들은 머리카락을 땋고 파란색·붉은색·검은색 등의 면직물로 만든 머릿수건을 접어서
착용한다. 환군을 한 15~17세가 되면, 두 가닥으로 땋은 머리카락을 똬리형으로 틀은
다음 여러 겹으로 접은 검은색 머릿수건 위로 올린다. 운남성 남부의 홍하(紅河)에 거주
하는 미혼여성들은 닭볏 모양으로 생긴 모자를 착용한다(그림 28 왼쪽). 이 모자는 모직
물로 형태를 만들고, 수백 개의 은장식과 자수 등으로 화려하게 장식한 것이다. 길조(吉

그림 28. 이족 여자의
다양한 머리모양

鳥)인 수탉이 아가씨와 동행한다는 의미가 있으며 은장식은 별과 달, 즉 행복과 광명을 상징한다[12]. 기혼여성은 검은색·붉은색 모직물로 만든 터번을 두르며, 출산 후에는 연꽃잎 모양의 모자를 착용한다.

(3) 바이족

바이족은 운남성 동부에서 귀주성의 전역에 걸쳐 있는 고원지대에 살고 있으며 인구는 약 160만 명이다. 그중 80% 이상은 운남성 대리(大理)에 거주한다. 대리는 1253년에 쿠빌라이 칸이 운남의 지방수도를 이전할 때까지 약 300년간 바이족의 수도였으며, 전통 건축·음악·문학 등이 전승되고 있다.

① 남자복식

남자는 흰색이나 파란색 터번을 쓴다. 바이족(白族)의 '바이(*bai*)'가 흰색을 의미하듯이, 바이족은 특히 흰색을 숭상하여 장식을 비롯하여 의복에도 흰색이나 흰색에 가까운 색을 사용한다. 옷은 앞트임인 흰색 상의와 자수를 놓거나 부드러운 가죽으로 만든 조끼, 검은색·파란색 바지를 입는다(그림 29). 바지를 입은 상태에서 흰색 천으로 다리를 감기도 한다.

② 여자복식

여자들은 흰색 삼(衫)을 입는데, 소맷부리는 다른 색상으로 선을 두른다. 삼 위에는 붉은색·검은색 조끼를 입고 남색 바지와 자수를 놓은 신발을 신는다. 허리에는 가장자리에 자수를 놓아서 장식한 앞치마를 두르고, 별도의 넓은 허리띠로 앞에서 묶어 고정한

그림 29. 바이족 남녀

다. 미혼여자는 머리카락을 땋아서 머리에 두른 다음, 자수로 장식한 머리쓰개를 하고 왼쪽에는 흰색 술을 늘어뜨리며, 기혼여자는 똬리를 틀고 머릿수건을 덮는다.

은장신구를 애용하며 일부 지방에서는 은장식과 붉은색 방울술로 장식한 닭볏 모양의 모자를 착용하기도 한다.

(4) 묘 족

묘족은 중국 · 동남아시아 · 미국 등의 넓은 지역에 거주하며, 중국에는 약 740만 명이 귀주성 · 운남성 · 호남성 · 사천성 · 광동성 등에 분포하고 있다. 모(牡) · 몽(蒙) · 모(摸) · 모(毛) 등으로 불렀는데, 1949년 중화인민공화국 설립 이후에는 묘(苗)로 명칭을 통일하였다. 농업을 주로 하며, 사냥도 겸하고 있다.

묘족은 넓은 지역에 많은 인구가 거주하므로, 각각의 문화도 다양하다. 주로 착용하는 옷의 색에 따라서 강묘족(絳苗族, Red Miao) · 녹묘족(綠苗族, Green Miao) · 흑묘족(黑苗族, Black Miao) · 백묘족(白苗族, White Miao) · 화묘족(花苗族, Flowery Miao) 등으로 구분된다. 이 중에서도 마을마다 복식이 다양하며, 수백 가지의 변형이 있다. 근래에는 거주지역에 따라서 묘족의 복식을 상서형(湘西型) · 검동형(黔東型) · 검중남형(黔中南型) · 천검전형(川黔滇型) · 해남형(海南型) 등으로 구분하는데, 각 유형들은 다시 20여 가지 이상의 세부적인 형식으로 분류될 수 있다.

묘족의 새해축제는 축제기간이 미혼자들이 배우자를 찾는 공식적인 기회가 되며 특히 화묘족의 루성지에(蘆笙節)는 미혼여자들이 아름다운 의상과 장신구를 걸치고 축제에 참가하는 것으로 유명하다. '루성'은 대나무관을 이어서 만든 관악기의 일종으로 미혼자들만이 참여할 수 있는 이 모임에서 청년들이 연주하는 악기인데, 여자들은 관심있는 남자의 루성에 자신의 스카프를 매어주는 것으로 애정을 표시한다[13].

직물은 대부분 인디고 염색을 한 면직물을 사용하며, 일부 지역에서는 바틱을 한다. 검푸른색에서 밝은 파란색까지 다양한 색상이 있으며, 돼지피나 계란흰자 등에 담가서 미끈한 광택이 나도록 손질하여 사용한다. 정교하고 화려한 자수로도 유명하며, 이처럼 다양하고 화려한 복식문화를 가지고 있는 묘족은 소수민족 복식연구의 주요 대상이었다.

① 상서형

상서형Xiangxi(湘西型)은 강 이름인 상수(湘水)에서 비롯된 명칭으로, 호남성 서부에서 착용하는 복식형태이다. 귀주성 · 사천성 · 호북성 등지에서도 보인다. 예전에는 남녀 모두 머리카락을 길렀고 여자는 붉은색 주름치마를 입었는데, 청 후기부터 남자는 터번과 각반을 제외한 머리모양·옷 등에서 한족의 풍습을 따르기 시작하였다[14].

여자는 깃·소매 등의 가장자리에 선을 두른 삼, 바지, 일종의 앞치마인 두두 *Doudou*(兜肚) 등을 입으며, 겨울에는 조끼와 터번도 착용한다. 삼·바지·두두에는 꽃·새 등을 자수하여 장식한다(그림 30). 호남성 서부의 봉황(鳳凰) 등지에서는 머리에 약 10m 길이의 천을 원통형으로 감는데, 더 크고 길게 하는 것을 선호한다. 성장(盛裝)을 할 때는 은장신구를 화려하게 착용한다.

그림 30. **묘족 상서형 여자복식**

② 검동형

검동형Qiandong(黔東型)이라는 분류에서 '黔'은 귀주성을 말한다. 따라서 귀주성 동부에서 착용하는 복식형태를 말하는데, 묘족의 최대 거주지역인 광서성에서도 보인다. 남자는 짧은 재킷형 상의나 우임인 포, 바지·허리띠·터번 등을 착용한다.

여자복식은 지역에 따라서 차이가 많지만, 오른쪽에서 단추로 여미는 형태와 앞트임

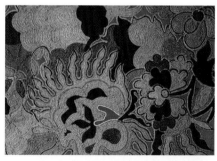

그림 31. **검동형 여자복식**

소매자수(부분)

치마자수(부분)

그림 32. 묘족 검동형
의 머리장식
그림 33. 묘족 검동형
의 소뿔 모양 은장식

에 단추가 없는 형태가 있다. 여기에 주름치마를 입는데 길이는 지역에 따라서 다르다. 주름치마는 약 12m의 옷감을 사용할 정도로 천을 많이 사용하여 세밀한 주름을 잡아준 후에 주름이 빳빳하도록 풀을 먹인 다음 말린다. 이후에는 주름이 잘 고정되도록 대나무 통에 넣어둔다. 밑단은 십자수로 화려하게 장식하고, 앞치마와 각반을 착용한다.

묘족의 검동형 복식에서 소뿔모양의 머리장식, 귀걸이 · 목걸이 등의 화려한 은장신구와 치밀하고 화려한 자수는 특히 유명하다(그림 31-33). 부모들은 딸이 태어나면 목걸이 · 팔찌 등의 은장식을 하나씩 준비하기 시작하는데, 이것은 딸의 생애가 행복하고 안전하도록 신에게 기원하는 의미가 있을 뿐만 아니라 집안의 부와 권위의 상징이기도 하다. 축제시에는 이러한 장신구를 모두 갖춰서 하는데, 무게가 10kg을 넘을 정도이다. 장신구의 문양으로는 용 · 봉황 · 식물 등을 넣는다.

③ 검중남형

검중남형Qianzhongnan(黔中南型)은 귀중성 중남부에서 착용하는 복식형태인데, 지리적 위치상 검동형과 천검전형이 복합적으로 나타난다. 일반적으로 여자는 우임인 상

그림 34. 묘족 검중남형
여자복식
그림 35. 묘족 검중남형
의 각반

의와 중간 길이의 주름치마, 각반 등을 착용한다(그림 34, 35). 등에는 자수를 놓은 천을 두르며, 바틱 · 십자수 · 평수 · 아플리케 등으로 장식한다. 여자의 머리형태는 지역에 따라서 다양하다. 머리띠를 사용하는 지역도 있고, 머릿수건이나 모자를 착용하기도 한다. 은장신구는 검동형보다 적은 편이다.

④ 천검전형

천검전형Chuanqiandian(川黔滇型)은 사천성 · 귀주성 · 운남성 등에서 착용하는 복식형태이다. 마직물을 많이 사용하고, 검동형에 비하여 색상이 밝은 것이 특징이다. 우임인 상의와 기하학 문양으로 화려하게 바틱을 한 주름치마를 입는다. 치마에는 붉은색 · 노란색 · 녹색 실 등으로 자수를 하며, 자수문양도 기하학 문양이 많다. 등에는 자수를 놓은 천을 두르고 각반을 한다. 머리에는 터번을 하거나 가발을 넣어서 풍성하게 형태를 만드는데, 은장신구는 거의 착용하지 않고 머리에는 장식용 나무빗을 꽂는다.

⑤ 해남형

해남형Hainan(海南型)은 광동성 남부의 섬(島)인 해남에서 착용하는 복식형태이다. 아열대기후 지역이므로, 계절에 따른 변화가 거의 없다. 여자는 깃이 없고 우임인 상의와 바틱으로 염색을 한 치마를 입는다. 치마에는 장식을 많이 하지 않으며, 허리띠를 하고 추울 때는 각반을 착용한다. 남자는 밴드칼라가 달린 연한 파란색 상의와 터번 · 바지를 착용한다.

(5) 부의족

부의족은 귀주성 남부 · 서부지역, 운남-귀주성 고원지대에 주로 거주하며, 인구는 약 250만 명이다. 기원전 2세기까지 역사가 거슬러 올라가는 민족으로 당(唐) 말엽에는 큰 세력을 가지고 있었다. 바틱을 잘하는 것으로 유명하며, 여자아이들은 어려서부터 염

그림 36. **묘족 여자의 머리모양**

검중남형Ⅰ 검중남형Ⅱ 천검전형Ⅰ 천검전형Ⅱ

색을 배우기 시작한다. 흰색 면직물에 인디고로 염색하는데, 검푸른색에서 연한 파란색
까지 다양하다.

여자는 우임인 삼(衫)과 치마·바지를 입는다(그림 37). 삼은 가장자리에 바틱과 자
수로 장식한 선을 두르며, 앞치마를 착용하기도 한다. 미혼여성은 머리카락을 땋아서 사
각형 머릿수건 아래로 말아 넣는데 결혼 후 7~8년이 지나면 머리카락을 머리 뒤로 높게
틀어 올리고, 약 30㎝가 되는 대나무 틀을 댄 후 어두운 색의 머릿수건으로 싼다. 노년
에는 터번을 한다.

남자는 맞깃 형태의 상의와 헐렁한 바지를 입는데 여기에 파란색 민무늬나 격자무늬
면직물로 터번을 두르고, 허리띠를 한다.

4) 중남·동남 지구

이 지역은 짱족자치구가 있는 곳으로, 짱족은 중국의 소수민족 중에서 가장 인구가
많으며 주변 민족들에게도 많은 영향을 주었다. 짱족의 선조는 16세기에 베트남에서 이
주한 월족(越族)이므로, 복식문화는 베트남과 유사한 면이 많지만 한족의 영향도 나타난
다.

써족 여자복식에서는 봉황의 모습을 상징하는 차림새인 봉황장(鳳凰裝)이 유명하다
(그림 38). 옷에 수놓은 붉은색·노란색은 봉황의 화려한 모습을, 머리카락을 붉은색 실
로 묶어서 머리 앞쪽에 고정시킨 것은 봉황의 볏을, 찰랑거리는 은장신구는 봉황의 울음
소리를 상징한다고 한다.

(1) 쫭 족

쫭족은 광서성 쫭족자치구에 주로 거주하며, 광동성·귀주성·운남성·호남성 등에도 분포한다. 중국의 소수민족 중 인구가 가장 많은 민족으로 약 1,550만 명 정도이다. 다신교(多神敎)이며, 바위·나무·산·새 등도 신앙의 대상으로 섬긴다. 쫭족자치구는 아름다운 경치로 유명한 계림(桂林)이 있는 지역이며, 기후는 온화하고 강수량이 풍부하다. 홀치기·바틱·협힐(夾纈)[15] 등의 다양한 염색방법으로 아름다운 직물을 만들며, 섬세한 자수로도 유명하다.

인구가 많고 거주지역도 넓으므로, 지역에 따라서 복식의 형태도 다양하다. 초기에는 검은색이나 파란색 상의에 검은색 주름치마를 입었지만 근래에는 바지를 입는 경우가 많다. 치마와 바지의 밑단에는 자수선을 덧대서 장식한다. 상의는 앞중심이 트인 것과 우임인 것, 허리길이 정도인 짧은 것, 포처럼 길이가 긴 것 등이 있다. 성장(盛裝)을 할 때는 검은색 터번과 수놓은 신발을 신는다.

운남성의 문산(文山) 지방은 머리카락을 정수리에 올리고, 여러 가지 색의 술로 장식한 파란색 천을 두른다. 상의에는 밴드칼라를 달고 소맷부리는 좁게 하며, 앞중심과 밑단 등에는 은장식을 한다. 반면, 광서성 북부지역에서는 남색 삼 위에 흰색 상의를 덧입는다. 나이 또는 지역에 따라서 머릿수건의 재료나 착용방법이 다른데, 요즘에는 흰색 나염천이나 자수를 놓은 머릿수건을 두르는 경우가 많다.

남자복식은 한족과 유사하나 천으로 만든 허리띠와 휴대용 칼을 착용하는 것이 다르다.

(2) 요 족

요족은 광서성 쫭족자치구에 주로 거주하며, 호남성·운남성·광동성·귀주성 등에도 분포한다. 인구는 약 213만 명 정도이고 조상과 정령을 숭배하며 각 부족의 옷색을 기준으로 부족의 이름을 붙인 경우가 많다. 자수·직조·금속공예·구슬공예 등이 뛰어난 것으로 유명하다.

일반적으로 여자들은 짧은 상의, 치마, 바지, 자수를 놓은 허리띠, 각반 등을 착용하며, 남자들은 검푸른색 짧은 상의나 포, 다양한 길이의 바지, 터번, 각반 등을 착용한다.

광서성 남단의 백고요(白褲瑤)족은 남자들이 흰색 바지를 입는 것에서, 명칭이 유래하였다. 길이는 무릎길이이며, 밑단에는 붉은색 직선이 다섯 줄 있다. 이것은 요족의 전설적인 왕의 용맹을 기념하는 의미이며, 피묻은 손바닥자국을 상징한다고 한다. 위에는 파란색 선을 두른 검은색 상의와 터번을 착용하고, 다리에는 천을 감는다(그림 39 남

그림 39. 백고요족
남녀

자). 여자는 바틱을 한 주름치마와 터번·각반을 착용한다(그림 39 여자).

　광서성 금수(金秀) 지방의 화남요족은 복식이 화려하고 남색을 많이 사용하는 것에서 명칭이 유래하였다. 검은색 상의, 파란색·녹색 바지 등의 가장자리에 화려한 색으로 자수를 하며, 정교한 목걸이를 착용한다. 머리에는 흰색에 자수와 구슬로 장식을 하고, 붉은색 술을 늘어뜨린 터번을 착용한다.

　광서성 용승(龍勝) 지방의 미혼여자들은 붉은색 상의를 많이 입어서 홍요라고 한다. 상의에는 화려한 꽃자수를 하며, 아래에는 무릎길이의 흰색 주름치마를 입는다. 미혼여자와 출산하지 않은 기혼여자는 머릿수건을 착용하지만, 출산 후에는 착용하지 않는다.

　광서성의 융수(融水) 지방에서는 색동소매가 달린 포를 많이 입으며, 금속으로 만든 틀을 머리 위에 올린 후 천을 덮고 술과 구슬로 장식한다(그림 40). 광서성 하현(賀縣) 지

그림 40. 광서성 융수
의 요족 여자
그림 41. 팔배요족 여자

아
시
아

전
통
복
식

방의 기혼여자는 십여 층으로 겹친 탑모양 모자를 착용한다.

광동성 연남(連南)의 팔배요족 여자는 파란색 선을 두른 검은색 상의와 검은색 치마, 붉은색 각반을 착용하는데, 미혼여자는 머리에 흰색 깃털을 장식한다(그림 41). 중년부인은 대나무 틀 위에 검은색·흰색 천을 씌운 높은 모자를 착용한다. 남자는 긴 머리카락을 둥글게 말아 올리고, 붉은 천을 덮은 다음 꿩 깃털로 장식한다[16].

타이 블루 몽족 남성

머리에는 붉은색 방울술을 장식한 소모(小
帽)를 쓰고, 재킷과 바지를 입고 있다. 양끝
가장자리에 자수를 놓은 천허리띠를 하고,
금속허리띠로 한 번 더 고정하여 주었다.

타이 블루 몽족 여성

긴 머리카락을 둥글게 모아서 머리 앞쪽에
고정하고, 재킷과 치마·앞치마 등을 입고
있다. 치마는 바틱으로 화려하게 무늬를 넣
고 세밀하게 주름을 잡았다. 다리에는 각반
을 두르고 있다.

타이 북부 소수민족 Minority Peoples of North Thailand

중국

베트남

미얀마

라오스

매형썬
치앙라이
치앙마이
람빵

수코타이
탁
타이

톤부리
방콕

캄보디아

1. 역사와 문화적 배경

이른바 '황금의 삼각지대(Golden Triangle)'로 불리는 타이 북부의 별칭은 메콩강 유역의 비옥한 삼각주 지대인 것, 또는 전세계 헤로인(heroin)의 50% 이상을 생산하는 것에서 유래하였다고 한다. 이 지역은 타이·미얀마·라오스·중국 등 여러 나라에 걸쳐져 있고, 도로망이 발달하지 않은 산악지대인데다가 소수민족들이 살고 있어서 예로부터 중앙정부의 통치가 미치지 않는 곳이었다. 평균 고도가 1,000m인 아열대 고원이기 때문에 아편재배에 적합하므로 이 지역에서 아편은 옛날부터 의약품 또는 신경안정제 등으로 지역주민들에게 사용되었다. 이처럼 아편 생산량은 지역주민의 자체 소비에 머무르던 정도였으나, 20세기 중반에 이 일대를 장악한 중국 국민당군(國民黨軍)과 미얀마 반정부 게릴라들이 아편을 군자금 확보의 수단으로 사용하면서 커다란 문제로 부각되기 시작하였다[17]. 초기에 타이정부는 북부 소수민족 문제에 크게 관심을 갖지 않았으나, 산림자원과 수자원이 훼손되고 공산주의자들의 침투로 안보문제가 대두되면서 이들의 동화정책을 적극적으로 추진하게 되었다[18].

타이정부는 이 지역에 카렌족(Karen)·몽족(Hmong)·야오족(Yao)·라후족(Lahu)·아카족(Akha)·리수족(Lisu)·카무족(Khamu)·틴족(Htin)·라와족(Lawa) 등의 소수민족이 있는 것으로 집계하고 있으며, 이 중에서 카렌족·몽족·야오족·라후족·아카족·리수족의 규모가 큰 편이다[19]. 카렌족을 제외하고는 대부분 중국 서남부와 중남부에서 이주한 것으로 추측되며, 중국에도 상당수가 거주하고 있고, 중국문화도 생활에 상당부분 반영되어 있다.

카렌족은 티베트국경에 거주하였다가 고비사막을 거쳐 중국으로 들어왔고, 점차 미얀마와 타이북부(매헝썬·치앙마이·치앙라이)와 북서부로 이주한 것으로 추정되고 있다. 일반적으로 몽족 다음으로 이주하였고, 버마족보다 일찍 정착한 것으로 알려지고 있으나, 미얀마 역사기록에 나타나는 것은 18세기부터이다. 언어는 중국-티베트계와 티베트-버마계를 사용한다[20].

몽족과 야오족은 중국 중남부에서 라오스를 거쳐서 타이로 이주한 것으로 생각된다. 몽족 설화에서는 그들이 추운 지방에서 이주하였기 때문에, 옷에 눈(雪) 무늬를 수놓는다고도 한다[21]. 1975년까지 라오스 북부는 몽족과 야오족이 대부분을 이룰 정도로 주도적인 위치를 차지하고 있었다. 그러나 라오스가 공산화되면서 반공세력에 참여하였던 몽족 대다수와 야오족·라후족 일부는 미국과 서유럽 등지로 이주하였고, 현재에는 미국 에도 상당수의 몽족이 거주하고 있다[22].

라후족과 아카족은 원래 중국의 운남성에서 미얀마 동부와 라오스 북부 등으로 옮겨왔는데, 20세기 초부터 다시 미얀마에 거주하던 사람들이 타이북부로 이동하기 시작하였다[23]. 리수족은 중국의 샐윈강과 메콩강의 원류 부근에서 남하하여 샐윈 계곡을 따라서 미얀마와 타이로 이주하여 왔다. 타이로 이주한 리수족은 자주 이동하므로 거주지가 일정하지 않은데, 최근에는 치앙마이·치앙라이·매헝썬·람빵 등에 거주하고 있다[24]. 아카족·라후족·리수족은 티베트-버마계의 언어를 사용하며, 몽족·야오족은 중국-티베트계의 언어를 사용한다. 이들 민족은 주로 화전경작(火田耕作)을 생계수단으로 하므로, 산림을 이용하여 농사를 짓고 토질이 떨어지면 새로운 경작지를 찾아서 다른 곳으로 이주하게 된다. 그러나 아편을 재배하면 윤작(輪作)을 하는 경우가 많으므로, 비교적 고정적인 주거범위가 나타난다.

전통과 관습을 중시하고 연장자를 우대하며 촌락 중심의 생활을 한다. 마을의 지도 자격인 촌장은 촌락의 행정을 담당하고 이웃과의 평화유지, 손님접대 등의 임무를 맡는다. 집을 지을 때는 나무나 짚 등 주변 재료를 사용하고, 집짓기를 도와준 사람에게는 돼지를 잡아서 대접한다. 대부분 쌀이 주식이고 참깨, 칠리 후추 등도 많이 재배하였으나, 근래에는 커피 · 차 · 망고 · 복숭아 · 땅콩 · 담배 등의 환금작물(換金作物)도 많이 재배한다.

2. 전통복식의 종류 및 특징

이들은 모두 화려한 직물과 자수 · 금속장신구로 유명하다. 여자들은 직조를 하고, 옷을 만들어서 꾸미는 데 많은 정성을 들인다. 카렌족 이외의 다른 종족들은 결혼적령기에 가장 화려하게 옷을 차려입는데, 특히 신년행사에는 가장 정성을 들여서 만든 새옷과 장신구를 차려 입는다. 이것은 '화려하게 꾸민다'는 의미 외에도 '설날에 헌옷을 입으면 가난해진다'는 속설이 있기 때문이기도 하다.

각 민족별로 혈통 · 언어 · 풍습 등이 다르지만, 버클 · 목걸이 · 귀걸이 · 팔찌 · 반지 등의 장신구를 선호하는 것은 공통적이다. 장신구는 몸을 아름답게 치장할 뿐만 아니라, 부(富)와 지위의 정도를 나타내는 기능도 한다. 은(銀)이 오랫동안 화폐가치가 있었기 때문에 은장신구를 특히 선호하였으며, 요즘에는 은 대신에 알루미늄 · 니켈 · 놋쇠 · 구리 등도 이용한다.

민족마다 은장신구를 착용하는 형태는 약간씩 차이가 있다. 몽족과 야오족은 큰 덩어리 형태의 장신구가 많고, 리수족은 겹겹이 장신구를 포개는 형태, 라후족과 아카족은 옷에 부착한 형태가 많다[25].

구슬도 민족마다 선호하는 색이 다르다. 라후 니족과 라후 시족은 붉은색 · 흰색, 라후 세 레족은 순백색을 좋아한다. 금속목걸이도 파니 아카족은 꼬인 형태, 몽족과 아카족은 넓고 얇은 형태를 선호한다[26]. 조개껍질도 장신구 재료로 많이 사용되며, 카렌족은 타이족처럼 귀에 큰 구멍을 뚫어서 상아 귀걸이를 하는 풍습이 있다.

1) 카렌족

카렌족은 타이북부에 살고 있는 소수민족 중 그 숫자가 가장 많은 종족으로 약 2,000개의 마을에 약 25만 명이 살고 있다. 미얀마 지역에는 300만 명 이상이 살고 있는데, 미얀마의 카렌주(州)에서 독립하기 위하여 오랜 투쟁을 하고 있다. 종족은 크게 스고족

(Sgaw)과 뽀족(Pwo) 등으로 구분된다. 이들의 설화 중에는 사람들이 호리병 모양의 박에서 태어났고, 그 중에서 카렌족이 가장 먼저 태어났다는 이야기가 있다. 대부분 숲이나 냇가에 마을을 형성하고 있으며, 가족관계와 마을의 공동체 의식이 아주 강하고 조상에 대한 제사, 주변환경과 정령(精靈) 등과의 조화를 중시한다[27]. 일부일처제이고 사촌을 넘어선 친족 간의 결혼은 인정하지만 이혼은 하지 않는다. 특히 부정행위를 한 남녀는 속죄의 제물을 바치고 마을을 떠나야 한다[28].

카렌족의 상의는 기본 구성이 남녀노소 모두 동일하고, 길이·색상 등에서만 차이가 난다. 머리부분만 남기고 앞뒤 중심선을 연결한 사각형의 관두의(貫頭衣)로, 착용하면 윗부분의 여유분량이 소매와 같은 형태로 나타난다(그림 42).

카렌족은 직물기술이 뛰어난 것으로 유명하다. 스고족·뽀족은 염색할 때 이카트 기법을 사용하는데, 염색은 영혼이 하는 것으로 생각하여 다른 사람에게 방법을 알려주지 않는다[29]. 미혼여성들은 자신들의 결혼식에 사용할 옷감을 직접 준비하며, 거주지역과 해당국가에 거주한 시기 등에 따라서 다양한 문양이 나타난다. 옷감은 대부분 집에서 재배한 면화를 사용하여 직조하고, 여자아이들은 열 살 무렵부터 옷만들기를 배우기 시작한다. 붉은색을 기본색상으로 많이 사용하고, 작은 단추처럼 생긴 조개껍질(job's tear)을 부착하거나 자수 등으로 장식한다. 무늬는 줄무늬·지그재그무늬·점무늬가 많다.

(1) 남자복식

남자들은 터번을 하는데, 연장자들은 대부분 머리카락을 짧게 자른다. 남자들의 상의는 일반적으로 엉덩이길이지만, 뽀족은 무릎에 닿을 정도로 길게 입는다. 주로 소색 면사에 붉은색·파란색 줄무늬, 붉은색·흰색 줄무늬를 넣어서 직조한 것이 많으며, 아랫부분에 붉은색 실을 넣어서 장식효과를 낸다. 행사용은 양옆으로 코드사를 약간씩 남겨서 술장식을 만든다. 뽀족은 소색 면직물로 만든 재킷형 상의를 입기도 한다. 이것은 목둘레는 자수로 마감하고, 팔꿈치길이인 소매를 부착한 형태이다. 하의로는 사롱과 타이의 농부들이 입는 중국식 7부 바지를 입는다. 사롱은 무릎길이에 파란색 줄무늬가 들어간 흰색이나 붉은색이 많다.

예전에는 문신을 하는 풍습도 있었다(그림 43). 문신은 성인이 되었음을 알리고 남자의 힘과 인내심을 상징하는 것으로, 벽사의 의미가 있는 문양을 사용하였다. 검은색이 일반적이지만 붉은색을 사용하는 경우도 있었으며, 얼굴과 손에는 문신을 하지 않았다. 한때는 문신을 하지 않은 남자는 남편으로 제대로 대접을 받지 못할 정도였다[30].

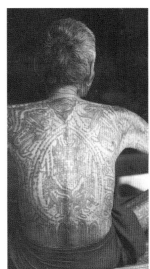

그림 42. 관두의 차림
의 카렌족 어린이
그림 43. 문신을 한 카
렌족 남자
그림 44. 카렌족 여자

(2) 여자복식

여자들은 긴 머리카락을 둥글게 말아서 목덜미에 늘어뜨리고, 긴 술이 달린 흰색·
붉은색 터번을 하거나, 흰색·분홍색의 사각형 천으로 머리부분을 고정하고 나머지는
늘어뜨렸는데, 근래에는 머리를 짧게 자르는 사람도 많다(그림 44).

기혼여성은 블라우스형 상의와 가로줄무늬인 사롱을 입는다. 사롱은 폭이 좁기 때문
에 착용하였을 때 접히는 부분이 적어서, 별도의 허리띠로 고정한다. 길이는 무릎길이에
서 발목길이까지 다양하고, 행사용 사롱의 길이가 보다 길다. 미혼여자는 원피스형의 관
두의를 입으며(그림 45) 뽀족의 옷이 스고족보다 좀더 장식적이어서, 무릎에서 밑단 사
이에 마름모무늬가 많다.

카렌족은 다른 종족처럼 무거운 장신구는 사용하지 않고, 타이의 옛날 화폐인 은색
동전을 장신구에 많이 사용한다. 구슬목걸이도 다른 민족과 구별되는 장신구이다. 흰
색·노란색·붉은색 등의 다양한 색구슬과 유럽·인도·중국산 유리구슬, 코코넛 껍질
을 사용하기도 한다. 축제 때는 다양한 색상과 길이의 목걸이를 여러 개 착용한다.

카렌족 중에서 빠동족(Padaung)은 어렸을 때부터 목에 금속고리를 하여 목을 길게
하는 관습이 있었다(그림 46). 5~9세에 고리를 하기 시작해서 차츰 그 수를 늘려가는데,
호랑이에게 목이 물리는 것을 방지하기 위해서 비롯되었다는 속설이 전해진다. 근래에
는 대부분 폐지되었으나 일부 마을에서는 관습을 유지하는 한편, 관광상품화하여 관광
객들에게 보여주기도 한다. 목걸이라고 할 수 있는 이 금속고리에는 식물·동물·기하
학 무늬 등을 조각하며, 단순하고 납작한 형태에서 복잡하고 둥근 형태까지 다양하다.

그림 45. **카렌족 여자**
그림 46. **빠동족 여자**

귓볼 구멍에는 원통형 귀걸이를 비스듬하게 착용하기도 한다. 예전에는 길이가 10㎝나 되는 상아귀걸이를 남녀 모두 착용하였지만, 오늘날에는 찾아보기 힘들다. 남녀 모두 팔찌를 하는데, 여자는 팔을 뒤덮을 정도로 많이 한다. 소재는 은·구리·알루미늄·등나무·실 등으로 다양하다. 이러한 장신구들은 관두의형의 단순한 의복에 장식효과를 주며, 벽사(辟邪)의 의미로 심리적 안정감을 주고 신분을 과시하는 수단이 된다[31].

2) 몽 족

타이북부에는 약 6만 명의 몽족이 약 250개의 마을을 이루고 살고 있다. 중국에서는 묘족이라고 부르는데, 동남아시아에서는 몽족이라고 부르는 경우가 많다. 착용하는 옷의 색에 따라서 크게 블루 몽족(Blue Hmong)과 화이트 몽족(White Hmong)으로 구분한다. 블루 몽족은 옷감을 염색할 때 바틱을 사용하고, 화이트 몽족은 바틱을 사용하지 않는 것이 큰 특징이다.

몽족은 야오족과 외모가 많이 닮았지만, 중국인에 보다 가깝다. 다른 민족과 잘 어울리지 않으며 신부감을 찾아서 먼 마을에 가는 것 외에는 여행도 잘 하지 않는다. 대부분 여자와 어린이들이 농사를 짓고 사냥을 하는 것으로 생활하며, 사냥을 할 때는 행운을 상징하는 머릿수건을 쓴다.

결혼식 등의 축제일은 중국의 음력을 따르고, 12월 초순에는 새해축제인 '송치아'를 한다. 새해 첫날에는 각 가정마다 닭을 잡아서 제사를 지내고 요란하게 폭죽을 터뜨린 후, 새옷을 입고 나무 사이에 줄을 걸어서 만든 통로를 지나가는 의식을 하는데, 이 통

그림 47. 블루 몽족
남자

로 위에는 지난해에 입었던 옷을 꾸러미로 만들어서 걸어놓는다. 따라서 이 통로를 통과하는 것은 지난해의 걱정을 위에 매달린 옷 뒤로 남겨놓는다는 의미를 가지며, 입고 있는 새옷은 가능성을 나타낸다.

송치아 때는 미혼 남녀들이 길게 두 줄로 마주 서서 공을 주고받는 놀이를 한다. 이 놀이는 공식적인 구혼의 기회이기 때문에 화려하게 차려입고 참석하며, 각자 마음에 드는 이성에게 공을 던져주는데 공을 받으면 짝이 된다. 만약 상대방이 던진 공을 못 받으면 은장신구나 옷을 상대방에게 주는데, 이것은 다음에 만날 기회를 만들어주는 역할을 하게 된다.

몽족에게 옷을 짓는 솜씨는 부(富)를 쌓는 주요 수단이었고, 여자들은 가족들에게 좋은 옷을 만들어 주는 것이 중요하였다. 여자들은 이러한 능력을 보이기 위해서 축제의상을 준비할 때, 수년 동안 자수를 놓을 정도로 많은 정성을 들였다[32]. 이 때는 리버스 아플리케(reverse applique)인 몰라(mola), 아플리케, 십자수 기법 등을 사용하여 화려한 문양을 만들어낸다. 또한 몽족에게 은(銀)은 중요한 재산이자 좋은 삶의 정수(精髓)를 의미하므로, 특별한 행사에는 남녀노소 모두 은장신구를 착용한다. 목걸이는 같은 형태에 크기만 다른 것으로 1~6개를 한 조로 착용하는 것과, 물고기·나비·바퀴·종 모형 등을 연결한 사슬 목걸이가 있으며 젊은 여자들은 손가락마다 반지를 하기도 한다[33].

(1) 남자복식

남자는 검은색 재킷형 상의와 바지를 많이 입는다. 상의는 좌임에 깃이 없고 가슴을 약간 덮는 정도의 짧은 길이가 많다(그림 47). 그러나 화이트 몽족 중에는 밴드칼라에 길이가 긴 것을 입는 부족도 있다. 소재로는 면직물·새틴·벨벳 등을 많이 사용한다. 바지는 검은색에 품이 넓으며, 블루 몽족의 것은 종아리 아래부터 폭이 좁아지기 시작한다. 화이트 몽족의 것은 보다 품이 좁고, 밑위 길이도 짧다. 바지 위에는 길이 6m 정도 되는 넓은 허리띠를 감는다.

머리는 정수리의 머리카락만 남겨서 내려뜨리거나 변발을 했는데, 요즘에는 짧게 머리카락을 자르는 경우가 많다. 블루 몽족과 치앙마이에 사는 화이트 몽족은 붉은색 방울술을 정수리에 장식한 검은색 소모(小帽)를 착용한다.

(2) 여자복식

여자는 재킷형 상의와 치마를 입는다. 블루 몽족의 상의는 검은색 면직물을 사용하는 것이 일반적이지만 견직물이나 벨벳을 사용하기도 한다. 여밈의 형태는 앞선에 5㎝ 폭의 자수선을 덧댄 것, 앞선이 지그재그 형태인 것 등이 있으며, 방향도 우임인 것, 좌임인 것 등으로 다양하다. 또는 아랫단을 마무리하지 않은 상태에 검은색 허리띠를 여러 번 묶기도 한다. 칼라는 바느질로 상의 뒷부분에 고정하는데, 15㎝ 폭의 단순한 직사각형과 등변 사다리꼴 등이 있으며, 자수로 화려하게 장식한다. 소매와 가장자리도 파란색 천과 화려한 자수로 장식한다.

치마는 면직물이나 마직물로 만든 무릎길이의 주름치마를 입는다. 화이트 몽족은 흰색치마가 많고, 블루 몽족은 파란색으로 화려하게 염색한다(그림 48). 중간에 약 25㎝ 너비로 화려한 바틱을 하며, 윗부분에는 민무늬 천을 덧붙이고 아랫부분에는 붉은색 십자수와 아플리케 등으로 화려하게 장식한다. 치마폭은 매우 넓어서 어른용은 6m 이상이며, 바틱에 사용한 파라핀이 남아 있기 때문에 주름이 뻣뻣하게 잘 잡힌다. 이 위에 블루 몽족과 화이트 몽족 모두 앞치마를 걸친다. 사각형의 긴 천에 끈이 길게 달린 형태인데, 끈의 양끝은 자수와 술로 장식한다(그림 49, 50). 평상시에는 검은색, 축제 때에는 분홍색·파란색·주황색 바탕에 화려한 자수가 놓인 것을 착용한다. 성장(盛裝)을 할 때는 허리와 다리에 검은색 천을 두껍게 감는데, 새해 축제에는 흰색 천을 사용하기도 한다.

그림 48. **블루 몽족의 치마**
그림 49. **블루 몽족의 앞치마**
그림 50. **앞치마를 착용한 블루 몽족 여자의 뒷모습**

블루 몽족   화이트 몽족 I   화이트 몽족 II

긴 머리카락은 머리 앞쪽으로 둥글게 말아준다. 또는 검은색·흰색으로 구성된 격자
무늬 천이나 자수를 놓은 긴 천으로 머리둘레를 감싸기도 한다. 화이트 몽족은 터번을
하는데, 터번 아래로 머리카락이 보이지 않도록 귀부터 이마까지의 머리카락은 깎아내
기도 한다. 터번은 지역에 따라서 다르지만 대체로 두 가지 종류로 나뉜다. 정수리둘레
를 검은색 천으로 일단 감싼 후 이 위에 6m 길이의 천을 감아서 챙모자를 쓴 것처럼 보
이는 모양이 있고, 다른 하나는 12㎝ 폭으로 머리를 2~3번 두른 후 중국의 징퍼족처럼
분홍색 방울을 앞부분에 장식하는 것이 있다[34].

그러나, 이처럼 고유한 몽족복식도 시간적·사회적 요인에 따라서 변화하고 있다.
미국으로 이주한 젊은 몽족여성의 경우에는 출산능력이 미(美)의 기준에 크게 영향을 주
지 않으므로, 허리에 천을 많이 감지 않는다. 또한 터번 대신에 간편한 서양식 모자를
착용하고, 하이힐을 신기도 한다[35].

3) 야오족

타이의 야오족은 주로 북부 산악지대에 거주하며, 약 3만 명이 140여 개의 마을을 이
루고 있다. 스스로는 미엔족(Mien)이라고 하고 중국에서는 요족(瑤族)이라고 하는데, 연
구자에 따라서는 화묘족(花苗族)의 한 부류로 구분하기도 한다. 야오족에게는 선조가 14
세기 후반에 바다를 건너 왔다는 이야기가 있는데, 아마도 중국의 동남부 해안에서 이동
한 것이 아닐까 생각된다. 기록을 할 때는 한자를 사용하며, 예의바르고 온화한 종족으
로 조상과 정령 등에 대한 제사를 중시한다. 마을 주변에 있는 대나무로 집이나 가재도
구 등을 만들고, 식사할 때는 둥근 식탁에 둘러 앉아서 대나무 젓가락을 사용한다.

새해축제에는 여자와 어린이 모두 화려한 은목걸이를 한다. 물고기·종·방울 등이 달린 사슬목걸이를 하는데, 부분적으로 파란(琺瑯)을 입힌 것도 있다. 때로는 뒷목에서 허리까지 내려오도록 장신구를 하기도 하고, 귀걸이·팔찌 등도 착용한다[36].

(1) 남자복식

남자들은 검은색이나 인디고로 염색한 재킷형 상의와 바지를 입는다(그림 52). 대부분 면직물로 만드는데, 연장자는 새틴으로 만든 것을 입기도 한다. 재킷은 헐렁하고 앞선이 사선인데, 오른쪽에서 8~10개의 은단추로 고정한다. 청년용은 가장자리에 붉은색·검은색·흰색 선을 두르고 자수선을 덧붙이며, 나이가 들수록 장식이 줄어든다. 바지는 중국식의 헐렁한 형태이며, 터번은 특별한 행사에만 착용한다.

(2) 여자복식

여자는 검은색 터번, 붉은색 털실로 만든 깃이 달린 상의, 화려한 자수가 놓인 바지를 착용하는 것이 특징이다(그림 53). 상의 위로는 넓게 허리띠를 두른다. 허리띠와 터번의 폭은 약 50㎝이며, 길이는 부족에 따라서 약 3.5m~7m까지 다양하다. 의복의 소재로는 검은색이나 인디고로 염색한 남색 면직물을 많이 사용한다.

터번·허리띠의 양끝과 바지에는 붉은색·노란색·녹색·흰색 등으로 화려한 자수를 놓는다. 자수는 가로줄로 구획을 하고, 바지는 양쪽의 자수를 따로따로 하기 때문에 무늬를 맞추기 위해서는 많은 정성과 기술이 필요하다. 자수문양에는 일정한 규칙이 있

그림 52. 야오족 남자 복식
그림 53. 야오족 여자

여아용

남아용

지만, 요즘에는 개인 취향도 많이 반영한다. 여자아이들은 5~6세부터 자수를 배우기 시작하고, 10세 정도에는 자신의 바지를 수놓을 수 있을 정도의 실력을 갖추게 된다.

상의는 발목길이의 튜닉형으로 뒷길 한 장, 앞길 두 장으로 재단하는데, 앞뒷길의 길이가 달라서 앞길이는 허리길이, 뒷길이는 발목길이가 된다. 따라서 착용하면 허리아래로 화려하게 자수를 한 바지가 보인다. 앞선에는 붉은색 털실로 만든 러플을 둘러서 단다.

허리띠는 길이로 반을 접어서 상의 위로 감싼 다음, 자수를 한 끝부분이 보이도록 뒤에서 묶는다. 터번은 지역에 따라서 감는 방법이 다르다. 라오-야오족은 앞뒤에서 십자형으로 교차가 되도록 하고, 자수를 한 양 끝부분이 가장자리나 정수리를 가로질러서 보이도록 한다. 반면 다른 부족은 이보다는 터번을 길게 해서 많이 감는데, 자수부분을 드러내는 것과 터번 밖으로 머리카락이 보이지 않도록 하는 것은 공통적이다.

결혼식이나 특별한 행사에는 앞치마나 케이프(cape)를 두른다(그림 54). 이러한 것들에도 윗부분에 붉은색·흰색·파란색·녹색 등으로 화려하게 십자수를 하거나 아플리케를 하며, 양쪽 끝에는 붉은색 술을 단다. 어린이용 모자에도 자수를 놓는데, 여자용은 윗부분에 붉은색 털실로 만든 원형 술을 달아주고, 남자용은 붉은색 털실로 만든 방울술을 정수리와 양옆에 달아준다(그림 55).

4) 라후족

라후족은 고구려의 유민일 가능성이 있어서 한국 신문사에서도 여러 번 취재를 한 적이 있다. 한 예로, 말의 순서나 단어에 유사한 것이 있고 색동옷을 입으며, 널뛰기 · 제기차기 · 공기놀이 · 실뜨기 등의 놀이가 있다[37]. 그러나 문화에는 공통되는 부분도 다 수 나타날 수 있기 때문에 연계성은 정확하지 않다.

라후족은 중국의 서남부에서 이주한 것으로 추측되며, 타이에는 약 4만 명이 300여 개의 마을을 이루고 있고, 미얀마에는 약 200만 명이 살고 있다. 크게 블랙 라후족(Black Lahu)과 옐로우 라후족(Yellow Lahu)으로 구분된다. 좀더 세부적으로 블랙 라후족은 라 후 니(Lahu Nyi), 라후 나(Lahu Na), 라후 세 레(Lahu Sheh Leh)로 구분되고, 옐로우 라 후족은 바 란(Ba Lan)과 바 케오(Ba Keo) 등으로 구분된다. 라후 니족이 46%로 가장 큰 비중을 차지하는데, 여자들의 옷에 붉은색을 많이 사용해서 레드 라후(Red Lahu)라고도 한다. 라후어로 블랙 라후족은 라호 나(Laho Na), 옐로우 라후족은 라후 쉬(Lahu Shi)라 고 부르기도 한다[38].

라후족은 스스로 축복받은 종족이라고 생각하며, 건강 · 부(富) · 다산(多産) 등을 기 원하는 행사가 많다. 타이의 소수민족 중에서도 사냥을 잘 하는 민족으로, 타이명칭인 '무써(Mussur)'는 미얀마어로 '사냥꾼'을 의미한다. 타이에서도 미인이 많은 종족으로 유명하며, 아내가 생계를 전담하는 몽족 · 야오족과는 달리, 라후족 남자는 말을 데리고 밭일을 하고, 여자는 집에서 아이를 돌보고 농사일을 한다.

(1) 라후 니족

① 남자복식

남자들은 헐렁한 재킷형 상의와 7부 길이인 중국식 바지를 입는다(그림 56). 젊은이 들은 파란색 · 녹색 바지를 많이 입고, 나이든 사람들은 흰색 천으로 선을 두른 것이나 검은색 바지를 착용한다. 새해축제 때는 약 2m 길이의 천으로 터번을 한다.

② 여자복식

라후 니(Lahu Nyi)에서 'nyi'는 붉은색이라는 뜻을 가진다. 이것은 여자용 재킷의 소 매 윗부분과 목둘레 · 소맷부리 · 밑단 등의 가장자리에 붉은색 선을 덧붙이는 것이 많기 때문인데, 때로는 파란색 · 흰색 선을 대기도 한다.

여자들은 줄무늬가 들어간 짧은 재킷형 상의에 사롱을 착용한다(그림 57). 상의는 대 부분 검은색으로 만들고 축제용은 검은색 · 파란색 · 녹색 등의 벨벳이나 새틴을 사용하

그림 56. 라후 니족
남자복식
그림 57. 라후 니족
여자

기도 한다. 재킷은 원형 은장식으로 여며 주며, 장식은 작은 것에서 아주 큰 것까지 다양하다.

치마는 세 부분으로 나뉘어져서 제일 윗부분은 붉은색을 주조로 하는 줄무늬이고, 맨 아랫부분에는 6㎝ 너비의 흰색 천을 덧댄다. 중심 부분에는 민무늬 천이나, 가장자리에 꼰사를 넣어서 직조한 붉은색 천으로 장식한다. 축제용일 때는 아랫부분에 15㎝ 너비로 붉은색 천을 덧댄다. 치마를 고정할 때는 별도의 허리띠를 사용하며, 성장(盛裝)을 할 때는 폭이 넓은 팔찌·허리띠·목걸이·반지·귀걸이 등의 은장신구와 각반을 착용한다. 각반은 검은색·파란색 등이며, 붉은색과 흰색으로 가장자리를 장식한다.

(2) 라후 나족

① 남자복식

남자는 재킷형 상의와 중국식 바지를 입는다. 상의는 우임인 경우가 많지만, 앞중심에서 여미는 경우도 있다. 바지는 발목길이이며, 상의와 바지 모두 붉은색 직선을 얇게 넣어서 장식한다. 축제기간에는 검은색 터번을 착용한다.

② 여자복식

라후 나족은 대부분 인디고로 염색한 면직물로 옷을 만든다. 여자들은 발목길이의 원피스와 사롱, 터번을 착용한다. 원피스는 우임인 경우가 많지만, 앞중심에서 여미는 경우도 있다. 밴드칼라에 가장자리에는 대부분 붉은색 선을 두르며, 선에는 삼각형·사

그림 58. 라후 나족
여자
그림 59. 라후 세
레족 여자

각형·직선으로 아플리케를 한다. 앞길의 밑단에는 선을 두르지 않지만, 뒷길의 밑단에는 선을 두른다. 소매에도 붉은색 선을 두르며, 때로는 파란색으로 넓게 선을 넣기도 한다. 깃과 여밈 부분에는 자잘한 은장식을 한다(그림 58). 터번에는 구슬과 술 등을 장식한다. 귀걸이는 라후 니족과 유사하고, 세시행사에는 더욱 화려한 은장신구를 한다.

(3) 라후 세 레족

① 남자복식

남자들은 검은색 재킷형 상의와 무릎길이의 바지, 파란색으로 가장자리를 장식한 각반을 착용한다. 남녀 모두 머리의 아랫부분을 밀고 윗부분은 상투를 틀거나 검은색 터번을 하는데, 근래에 여자는 밝은색 꽃무늬, 남자는 흰색을 사용하기도 한다.

② 여자복식

라후 세 레족은 대부분 검은색 면직물로 옷을 만들고 여자들은 튜닉형 상의, 바지, 각반 등을 착용한다. 상의는 7부 길이에 가장자리마다 붉은색·검은색이 들어간 연노란색 직선을 두르고, 어깨선과 허리부분의 직선은 ㄴㄴ자로 꺾어서 마무리를 한다(그림 59). 소매에도 연노란색 직선을 두르는데, 요즈음에는 붉은색·흰색·파란색이나 화려한 날염직물로 소매를 만들기도 한다. 나이가 든 여자들과 소녀들은 뒷길의 아랫단에 가는 직선을 대며, 결혼적령기에 있는 처녀들은 넓은 직선을 댄다. 축제용 의상은 은단추와 은동전 등으로 장식하며, 앞중심은 원형 은장식으로 여며준다.

바지는 큐롯(culottes)과 비슷한 형태로, 무릎높이에 붉은색·노란색 선을 댄다. 아래

에는 검은색 각반을 착용하는데, 위아래로 연노란색 직선을 댄 형태로 아랫부분의 직선
의 폭이 보다 넓다. 착용할 때는 윗부분을 밖으로 약간 접는다. 목에는 7~8m 길이에 작
은 흰색 구슬로 만든 목걸이를 감는다. 축제용으로 넓은 은팔찌와 은목걸이 등을 한다.

(4) 라후 쉬족

① 남자복식

남자는 재킷형 상의와 중국식 바지를 입는다(그림 60). 상의는 앞중심 트임에 허리
길이이며, 축제용은 붉은색 줄무늬와 흰색·녹색 등을 사용하여 문양을 넣는다. 앞중심
과 소매에는 수많은 은장식을 부착하기도 한다. 축제에는 긴 술이 달린 검은색 터번을
착용한다. 기혼남성의 것은 장식이 없는데, 촌장은 분홍색 견직물로 만든 터번을 하기
도 한다.

② 여자복식

라후 쉬족도 대부분 검은색 면직물로 옷을 만든다. 여자들은 재킷형 상의와 사롱을
입는다. 상의는 앞중심 트임에 허리길이이며, 미혼여성들은 붉은색 줄무늬 사이에 흰
색·녹색 등을 사용하여 문양을 넣는다. 여기에 자잘한 은장식과 조개껍질 등을 덧붙여
서 장식하며, 사각형 은장식으로 앞중심을 여며준다. 미혼여성의 것과 기혼여성의 것은
형태는 동일하지만, 기혼여성의 것은 붉은색 줄무늬가 거의 없고, 자수도 하지 않는 대
신 작은 은장식을 많이 달아준다(그림 61).

사롱은 크게 붉은색 줄무늬가 들어간 윗부분과 검은색 민무늬인 아랫부분으로 구분
되며, 미혼여성의 것이 윗부분의 문양과 색이 화려하다. 터번도 미혼여성의 것은 화려하

고, 기혼여성의 것은 거의 장식이 없다. 장신구로 원통형 귀걸이, 붉은색·흰색 구슬로 만든 목걸이를 착용한다. 야오족처럼 어린이용 모자에는 방울술을 달아주는데, 윗부분은 삼각형 천을 잇대어서 구성하는 것이 약간 다르다(그림 62)[39].

5) 아카족

아카족은 타이에는 약 2만 5천 명이 150여 개의 마을을 이루고 사는 것으로 알려져 있다. 중국에서는 하니족(哈尼族)으로 부르며, 여자들의 머리장식이 화려한 것으로 유명하다. 조상의 은덕을 믿으며, 대(代)를 이어가는 전통에 대한 의식이 강하다.

아카족은 크게 우로 아카(U Lo-Akha), 로미 아카(Loimi-Akha), 파미 아카(Phami-Akha) 등으로 나뉘고, 머리장식이나 의복의 형태 등이 약간씩 다르다. 우로 아카족은 '뾰족모자'라는 뜻으로 아카족 중에서 타이에 가장 오래 거주한 종족이다. 로미 아카족은 이들이 많이 거주하고 있는 산 이름을 따서 명명한 것이고, 납작한 모자라는 뜻의 '우 뱌라(U Bya)'로 불리기도 한다. 파미 아카족도 주 거주지에서 유래한 명칭이다.

아카족에게는 큰 축제가 일 년에 두 번 있다. 하나는 양력 8월 말경에 있는 여자들의 축제이다. 흔히 '그네축제'라고 하며, 나흘 동안 계속된다. 여자들은 1~2달 전부터 자신과 가족들이 축제에 입을 옷과 머리장식을 준비하며, 염색한 닭털과 은장신구, 자수를 놓은 옷 등을 차려입고 축제를 맞는다. 축제의 첫날과 둘째 날은 조상에게 제사를 지내고, 셋째 날에 축제의 핵심인 그네를 탄다. 그네는 마을의 제사장이며 대표인 '쥬마'가 제일 먼저 뛰고, 모든 여자들이 저녁 늦도록 그네를 뛴다. 넷째 날 다시 마지막으로 쥬마가 그네를 뛰면 여자들의 새해축제는 끝난다.

두 번째로는 양력 12월경에 있는 남자들의 축제가 있다. 이것은 아카어로 '가텅파으'라고 하는데 '모두 함께 새해를'이라는 의미이다. 조상의 덕으로 풍년이 든다고 믿기 때문에, 추수가 끝난 것을 조상에게 감사하는 것이 가장 큰 목적이며, 역시 나흘 동안 계속된다. 첫날은 조상에게 제사를 드리고 둘째 날은 팽이를 만들어서 아이들끼리 시합을 하는데, 한국의 팽이와 모양과 시합방식도 같으며 시합의 결과에 따라서 새해의 운세가 달라진다고 생각한다. 남자들은 전통복식을 입고 춤을 추고 노래를 부르면서 즐긴다. 노래가사는 대부분 여자옷의 아름다움을 찬양하는 내용인데, 다음과 같은 설화와 관련이 있다고 한다. 옛날 아카족의 한 남자가 정글로 사냥을 나갔다가 아름다운 여신을 만나서 사랑을 하게 되었다. 그 여신이 아무 것도 입지 않아서 남자가 어깨에 메었던 가방으로 치마를 만들어서 입히고 데려온 것이 지금까지 아카족 여자들의 치마가 무릎 위

그림 63. 아카족의
베틀
그림 64. 로미 아
카족 남자
그림 65. 아카족
여자

로 올라올 정도로 짧은 이유가 되었다. 또, 다른 여신들과 구분하기 위해 머리에 바가지를 씌우고 닭털을 꽂은 것이 우로 아카족의 여자 머리장식이 호롱바가지를 쓴 것과 같은 이유가 되었다고 한다. 셋째 날은 돼지를 잡아서 신에게 바치고 사람들도 먹고 마신다. 마지막 날도 역시 일을 안 하고 음식을 나눠 먹으면서 즐겁게 논다. 이 날이 지나고 닷새째가 되는 날이 새해의 시작이다[40].

아카족의 베틀은 특이하게 발을 사용하는데, 베틀은 직조하는 부분, 등·발의 받침대 등으로 간단하게 구성된다(그림 63). 하의는 중간부분에서 밑단까지 문양을 넣었는데, 근래에는 허리부터 문양을 넣기도 한다[41].

(1) 남자복식

남자는 재킷형 상의와 중국식 바지를 입으며 특별한 행사에는 검은색 터번을 쓰는데, 연장자들은 붉은색이나 분홍색 견직물로 만든 터번을 착용한다. 소년들은 소모(小帽) 형태의 모자를 착용한다. 상의는 허리길이 정도이며, 뒷길에 화려한 장식을 한다. 파미 아카족의 상의는 엉덩이길이 정도로 조금 더 길다.

(2) 여자복식

여자는 모자, 재킷형 상의, 무릎길이의 짧은 치마, 끝부분을 장식한 허리띠, 각반 등을 착용한다. 의복의 소재로는 남색·흑청색 면직물을 많이 사용한다. 재킷은 허리길이 정도이며, 9부 소매가 달려 있다. 모두 직선재단을 하고, 뒷길에 화려한 장식을 한다. 치마는 앞길은 평평하게, 뒷길은 주름을 많이 넣어서 만든다. 허리띠는 동전·구슬·단추 등으로 장식을 하며, 재킷 안쪽에서 허리에 감고 남는 부분을 앞중심에서 늘어뜨리는데, 정조를 지킨다는 의미를 갖는다. 각반은 남색이며 통형으로 직조한다.

우로 아카족의 뾰족한 모자는 대나무로 뼈대를 만든 다음, 인디고 염색을 한 천을 덧씌운 형태이다. 여기에 은동전·구슬·붉은색

그림 66. 아카족 여자(좌부터 우로 아카족, 로미 아카족, 파미 아카족)

깃털 등으로 화려하게 장식하며, 기혼자의 경우 장식의 정도는 남편의 지위와 부(富)를 표시하는 기능을 하였다. 로미 아카족의 모자는 평평하고, 뒷부분에 사다리꼴의 은장식이 있는 것이 특징이다. 머리부분은 은장식으로 구성하고, 아랫부분에는 붉은색·흰색 구슬을 길게 달아준다. 행사용으로 착용하는 허리띠에는 조개껍질을 빽빽하게 달아준다. 파미 아카족의 모자는 투구와 같은 형태로, 전체적으로 은단추·은동전·은구슬을 사용하고 붉은색 구슬을 사방으로 길게 장식한다(그림 66)[42].

6) 리수족

타이북부에 거주하는 리수족은 약 2만 명으로 100여 개의 마을을 이루고 있다. 리수족은 자신들이 대홍수 뒤에 살아남은 유일한 인류로 살윈(Salween)강의 상류에서 기원하였다고 생각하며, 기원이 티벳이라는 설(說)도 있다. 타이북부 이외에 중국 운남성 서부 산악지역, 미얀마의 카친주(州), 인도 북동부 지역 등에도 거주하고 있다.

타이의 리수족은 뿌리에서 갈라져 나온 지도 오래되었고, 타이 이주 후에는 중국 운남성의 회족(回族) 등과도 결혼하면서 중국적인 성향이 증가하였다. 모든 것에는 신령이나 혼이 있다고 생각하며, 신령 중에서는 조상의 신령을 가장 높게 생각하기 때문에 집의 높은 곳 중앙에는 조상신을 모시는 제단을 설치한다[43].

(1) 남자복식

남자는 검은색의 재킷형 상의, 바지, 검은색 각반을 착용한다. 바지는 통이 넓으며, 젊은이들은 파란색·녹색, 연장자는 검은색을 많이 입는다. 성장(盛裝)을 할 때는 검은색 벨벳으로 만들고, 목둘레에 자잘한 은장식을 부착한 상의를 입는다(그림 67). 허리에

는 붉은색 허리띠를 두르며, 축제용은 여자용처럼 다양한 색상의 술이 달려있다.

과거에는 새해행사에 붉은색·파란색·노란색·검은색 등의 견직물로 만든 터번을 했는데, 지금은 거의 하지 않고 흰색 터키식 수건을 20㎝ 너비가 되도록 접어서 터번으로 사용한다. 왼쪽 귀에는 은귀걸이를 하고, 양팔에 은팔찌를 한다[44].

(2) 여자복식

여자복식은 파란색·녹색·붉은색 등의 화려한 색상과 축제용으로 둥근판 형태의 검은색 터번을 착용하는 것이 특징이다. 터번은 3~4㎝ 너비가 되도록 천을 접은 다음에, 머리에 맞는 크기로 무릎에 대고 감는다. 단단하게 감은 다음에는 벨벳 등의 검은색 천으로 위를 감싸주고, 붉은색·노란색·파란색 등의 털실을 어깨에 닿을 정도로 길게 드리운다. 나이가 든 여자들은 장식하지 않은 검은색 터번만 착용한다.

여기에 무릎길이의 튜닉형 상의, 무릎길이의 검은색 바지, 붉은색 각반 등을 착용한다. 상의는 우임이고, 몸판은 청색·녹색, 목둘레와 겨드랑이는 다양한 색상의 줄무늬, 소매는 붉은색 등으로 하며, 색줄을 가느다랗게 많이 넣는 것은 자랑거리이기도 하다. 검은색 허리띠는 6m 길이로 상의 위에 두르는데, 양끝에는 터번에 두른 것처럼 다양한 색상의 털실을 달아준다. 그리고 은화·단추·방울 등으로 장식된 조끼를 입고, 가슴을 덮는 넓은 깃 형태의 은목걸이·은귀걸이·은팔찌 등을 한다.

예전에는 '마' 라는 나무열매를 씹어서 흑치(黑齒)를 만드는 습관이 있었다. '마'를 씹으면 치아도 튼튼해지고 건강도 유지한다고 믿었기 때문인데, 입술까지 까맣게 된다.

[미주]

1. 金富植(1997). '아시아의 소수민족과 분쟁지역', 「상명대 사회과학연구」10. pp.30-31.

2. 개두(蓋頭)를 착용하는 풍습은 중앙아시아에서도 발견되는 것으로, 카자흐스탄에서는 끼메세께 *Kimeshek*라고 한다.

3. 회흘(回紇): 회골(回鶻) 또는 위구르(Uighur)라고도 한다. 몽골고원 및 중앙아시아에서 활약한 투르크 계 민족과 그들이 건국한 나라

4. 권현주(1995). '실크로드 주변의 민족복식-신강위구르자치구의 소수민족을 중심으로', 「복식」제24 호. p.108.

5. 道爾基(2000). '신강(新疆) 소수 민족의 전통복식 개관', 실크로드 3000년전. 아산: 온양민속박물관. pp.274-276.

6. 韋榮慧 主編(1992). 中華民族服飾文化. 北京: 紡織工業出版社. p.133.

7. 中國中央民族學院・中國人民美術出版社 編(1982). 中國少數民族服飾. 京都: 美乃美. p.214.

8. 토번(吐蕃): 7세기 초에서 9세기 중엽까지 활동한 티베트왕국 및 티베트인에 대한 당나라와 송나라 때의 호칭

9. W.Zwalf(1981). *Heritage of Tibet*. London: The Trustees of the British Museum. pp.137-138.

10. Valery M.Garrett(1994). *Chinese Clothing-An Illustrated Guide*. New York: Oxford University Press. pp.176-178.

11. 박춘순・조우현(2002). 중국 소수민족 복식. 서울: 민속원. p.117.

12. 이정옥・남후선・권미정・진현선(2000). 중국복식사. 서울: 형설출판사. pp.310-312.

13. 김수남(1995). '먀오족의 류셩지에', 세계의 대축제. 서울: 동아출판사. p.364.

14. The Cultural Place of Nationality(1985). *Clothing and Ornaments of China's Miao People*. Beijing: The Nationality Press. p.16.

15. 협힐(夾纈): 문양 염색법의 하나. 두 개의 판에 같은 문양을 투조(透彫)하고, 그 사이에 옷감을 접어 끼워 움직이지 않게 고정시킨 다음, 투조한 문양 부분에 염액을 주입하거나 염액 속에 넣어 염색한 다.

16. Valery M.Garrett(1994). pp. 184-185.

17. 대외경제정책연구원 지역정보센터(1994). 미얀마 편람. 서울: 대외경제정책연구원. pp.145-147.

18. 김홍구(1995). '태국 고산족(hill-tribes)의 문제점과 개발, 복지정책', 「동남아연구」4권. p.3.

19. 김영애(2001). 태국사. 서울: 한국외국어대학교 출판부. pp.12-13.
    소수민족의 명칭-카렌족: Karen・Kariang・Yang, 몽족: Hmong・Meo・Miao・Mayao・猫族・苗族, 야오족: Yao・Mien・瑤族, 라후족: Lahu・Mussur・拉祜族, 아카족: Akha・Kaw・Ekaw・哈尼族, 리 수족: Lisu・Lisaw・慄僳族, 카무족: Khamu, 틴족: Htin・Prai・H'tin・Mal, 라와족: Lawa・Lua

20. 박장식(1995). '미얀마 까렌족의 분리주의 운동', 「동남아연구」4권. pp.259-261.

21. Richard K.Diran(1999). *The Vanishing Tribe of Burma*. London: Seven Dials, Cassell & Co.. p.42.

22. Annette Lynch, Daniel F.Detzner, Joanne B.Eicher(1996). *Transmission and Reconstruction of Gender*

through Dress: Hmong American New Year Rituals. Clothing and Textile Research Journal vol 14 #4. p.26.

23. Paul and Elaine Lewis(1984). *Peoples of the Golden Triangle.* New York: Thames & Hudson. p.9.

24. 김홍구(1995). pp.4-8.

25. Paul and Elaine Lewis(1984). p.31.

26. Frances Kennett(1994). *World Dress.* London: Mitchell Beazley. pp.127-128.

27. http://www.toursense.net/thiland

28. 동아일보 1993년 8월 13일.「제4세계」의 사람들-카렌族(下)

29. Paul and Elaine Lewis(1984). p.76.

30. Richard K.Diran(1999). p.124.

31. 홍나영(1992). '마돈나처럼 여러개의 목걸이를 한 카렌족의 여성들',「보석과 여성」2월. pp.107-110.

32. Annette Lynch, Daniel F.Detzner, Joanne B.Eicher(1996). p.115.

33. Paul and Elaine Lewis(1984). p.116.

34. 홍나영(1992). '몽여인의 의상',「삶 그리고 멋」7호. pp.6-9.

35. Annette Lynch, Daniel F.Detzner, Joanne B.Eicher(1996). pp.259-265.

36. Paul and Elaine Lewis(1984). p.145.

37. 한국일보 1991년 9월 19일. 김치먹고 제기차는 泰國산간인.

38. Paul and Elaine Lewis(1984). p.172.

39. 앞의 책. p.182.

40. http://www.kcaf.or.kr(예술르뽀-황루시. '태국 아카족의 신년축제')

41. Paul and Elaine Lewis(1984). pp.72-74.

42. 앞의 책. pp.206-217.

43. 동아일보 1993년 8월 20일.「제4세계」의 사람들-리수族(上).

44. Paul and Elaine Lewis(1984). pp.244-250.

참고문헌

국내

高洪興 著, 도중만 · 박영종 譯(2002). 『중국의 전족 이야기』. 서울: 신아사.

국립민속박물관 편(2000). 『까자흐스딴 한인동포의 생활문화』. 서울: 국립민속박물관.

국립중앙박물관 편(1991). 『스키타이 황금』. 서울: 조선일보사.

권삼윤(2001). 『차도르를 벗고 노르웨이 숲으로』. 서울: 개마고원.

권현주(1995). '실크로드 주변의 민족복식-신강위구르자치구의 소수민족을 중심으로', 「복식」 제24호.

김부식(1997). '아시아의 소수민족과 분쟁지역', 「사회과학연구」10.

김영애(2001). 『태국사』. 서울: 한국외국어대학교 출판부.

김홍구(1995). '태국 고산족(hill-tribes)의 문제점과 개발, 복지정책', 「동남아연구」4.

대외경제정책연구원 지역정보센터(1994). 『미얀마 편람』. 서울: 대외경제정책연구원.

데 바이에르 著, 박원길 譯(1994). 『몽골석인상의 연구』. 서울: 혜안.

동아출판사 편(1995). 『세계의 대축제』. 서울: 동아출판사.

동화출판사 편(1973). 『한국미술전집 4』. 서울: 동화출판사.

라이프북스 편집부 편(1988). 『아라비아 반도-Arabian Peninsula』. 서울: 한국일보 타임-라이프.

박원길(1996). 『몽골의 문화와 자연지리』. 서울: 두솔.

박장식(1995). '미얀마 까렌족의 분리주의 운동', 「동남아연구」4.

박춘순 · 조우현(2002). 『중국 소수민족 복식』. 서울: 민속원.

발에리 베린스탱 著, 변지현 譯(1998). 『무굴제국-인도이슬람 왕조』. 서울: 시공사.

北村哲郎 著, 李子淵 譯(1999). 『日本服飾史』. 서울 : 경춘사.

비교민속학회 편(2002). 『한 · 몽 민속문화의 비교』. 서울: 민속원.

스탠리 월퍼트 著, 이창식 · 신현승 譯(1999). 『인디아, 그 역사와 문화』. 서울: 가람기획.

신인수 · 제윤(2001). '카자흐, 키르키즈, 타지크 족의 민속복과 직물에 관한 연구', 「한국의류산업학회지」 제3권 제2호.

신현덕(1999). 『몽골풍속기』. 서울: 혜안.

沈奉謹(2002). 『密陽古法理壁畵墓』. 부산: 東亞大學校博物館.

양승윤·박재봉·김긍섭(1997). 『인도네시아의 사회와 문화』. 서울: 한국외국어대학교 출판부.

양승윤(1994) . 『인도네시아사』. 서울: 대한교과서주식회사.

오구라 사다오 著, 박경희 譯(1999). 『한권으로 읽는 베트남사』. 서울: 일빛.

오춘자(1990). '중앙아시아 복식연구', 「충남생활과학연구지」 제3권.

온양민속박물관 편(2000). 『실크로드 3000년전』. 아산: 온양민속박물관.

온양민속박물관 편(1996). 『동남아시아의 직물과 복식문화』. 아산: 온양민속박물관.

유희경·김문자(1998). 『한국복식문화사』. 서울: 교문사.

이정옥·남후선·권미정·진현선(2000). 『중국복식사』. 서울: 형설출판사.

이정옥·배인숙·장경혜·남후선(1999). 『청대복식사』. 서울: 형설출판사.

이화여자대학교박물관 편(1995). 『服飾』. 서울: 이화여자대학교박물관.

잭 레너 라센 著, 김수석 譯(1994). 『세계의 염색예술』. 서울: 미진사.

전경수(1993). 『전경수의 베트남일기』. 서울: 통나무.

정병조(1992). 『인도사』. 서울: 대한교과서주식회사.

정하신(1990). '중앙아시아의 신에 대한 연구-타지크(tadzik)를 중심으로', 「대한가정학회지」 제28권 1호.

정환승(1999). '다문화가 숨쉬는 나라, 태국', 「민족예술」No.48.

조규화·구인숙·금기숙·김미옥(1995). 『복식사전』. 서울: 경춘사.

中華五千年文物集刊 編, 손경자 譯(1995). 『중국복식 5000년(上)』. 서울: 경춘사.

최수빈·조우현(2002). '동 슬라브 민족, 몽골민족 및 한국민족의 전통 혼례복식의 비교 연구'. 「복식」 제52권 1호.

최수빈·조우현(2000). '東슬라브 민족의 여성 頭飾에 관한 연구', 「복식」 제50권 1호.

최해율(2000). 「몽골여자복식의 변천요인에 관한 연구」. 서울대학교 박사학위 논문.

칵스 윌슨 著, 박남성·차임선 譯(2000). 『직물의 역사』. 서울: 예경.

태극출판사 편(1982). 『大世界史-제2권 아시아國家의 展開』. 서울: 태극출판사.

한국 브리태니커 편(2003). 『브리태니커 백과사전 2003』. 서울: 한국브리태니커회사.

한국민족미술 연구소 編(2000). 『澗松文華 59』. 서울: 韓國民族美術研究所.

한국태국학회(1998). 『태국의 이해』. 서울: 한국외국어대학교 출판부.

허균(1995). 『전통 문양』. 서울: 대원사.

홍나영(1995). 『여성쓰개의 역사』. 서울: 학연사.

홍나영 · 김찬주 · 유혜경 · 이주현(1999). '아시아 전통문화양식의 전개과정에 관한 비교문화연구(2보)', 「비교민속학」제17집.

홍윤기(2000). 『일본문화백과』. 서울: 서문당.

華梅 著, 박성실 · 이수웅 譯(1992). 『중국복식사』. 서울: 경춘사.

Tran Ngoc Them(2000). '베트남인의 상징-아오자이와 논 라', 「베트남연구」 제1호.

동아일보.

한국일보.

국 외

A. Biswas(1985). *Indian Costume*. Delhi: Ministry of Information and Broadcasting Government of India.

Andrea B. Rugh(1986). *Reveal and conceal: dress in contemporary Egypt*. Syracuse: Syracuse University Press.

Angela Fisher(1984). *Africa adonrned*. New York: Harry N. Abram. Inc Publishing..

Annette Lynch, Daniel F. Detzner, Joanne B. Eicher(1996). *Transmission and Reconstruction of Gender through Dress: Hmong American New Year Rituals*. Clothing and Textile Research Journal vol 14 #4.

Benoy K. Benoy(1998). *The Ajanta Caves*. London: Thames and Hudson.

Brigitta Hauser-Sch ublin, Marie-Louise Nabholz-Kartaschoff, Urs Ramseyer(1997). *Balinese Textiles*. Hong Kong: Periplus Editions.

Claire Roberts ed.(1997). *Evolution & Revolution: Chinese Dress 1700s-1990s*. Sydney: Powerhouse Publishing.

Clifford Person(1998). *Indonesia Design and Culture*. New York: The Monacelli Press.

Dato' Haji Sulaiman Othman, Leo Haks, Datohaji S. Othman(1994). *The crafts of Malaysia*. Singapore: Tien Wah press.

Djambatan Member of IKAPI(1976). *Indonesian Women's Costumes*. Jakarta: Djambatan Member of IKAPI.

Erwitt Jennifer, Smolan Rick(1994). *Passage to Vietnam: through the eyes of seventy photographers*. United States: Against All Odds Productions & Melcher Media.

Frances Kennett(1994). *Ethnic Dress*. London: Octopus Publishing Group Limited.

Frances Kennett(1994). *World Dress*. London: Mitchell Beazley.

Hans Johannes Hoefer, Charles Levine, William Warren(1980). *Thailand*. Hong Kong: Apa Productions.

Heather Colyer Ross(1981). *The Art of Arabian Costume-A Saudi Arabian Profile*. Switzerland: Arabesque Commercial SA.

Helen Benton Minnich(1963). *Japanese costume and the makers of its elegant tradition*. Rutland: Tuttle.

Henny Harald Hansen(1950). *Mongol Costume*. Copenhagen: The Gyldendal Publishing.

I.Tasmagambetov(1997). *Jewellery Craft by Masters of Central Asia*. Almaty: Didar Publishing Company.

Itie van Hout(2001). *Batik: drawn in wax*. Amsterdam: Royal Tropical Institute.

Janet Harvey(1997). *Traditional Textiles of Central Asia*. New York: Thames and Hudson.

Jasleen Dhamija(1985). *Crafts of Gujarat-Living Traditions of India*. Washington D.C.: University of Washington Press.

Jay Gluck, Sumi Hiramoto Gluck(1977). *A Survey of Persian Handicraft*. Tehran: Survey of Persian Art.

Jaya Jaitly, Kamal Sahai(1990). *Crafts of Jammu, Kashmir and Ladakh*. Ahmedabad India: Mapin Publishing Pvt. Ltd.

Jennifer Harris(1993). *5000 Years of Textiles*. London: British Museum Press.

Jennifer Scarce(1987). *Women's Costume of the Near and Middle East*. London: Unwin Hyman.

John E.Vollmen(2000). *Ruling from the Dragon throne costume of the Qing Dynasty 1644-1911*. Toronto: Ten speed press.

John Gillow, Bryan Sentance(1999). *World textiles*. Canada: Bulfinch Press Book.

John Gillow, Nicholas Barnard(1991). *Traditional Indian Textiles*. London: Thames and Hudson.

John Tophan(1982). *Traditional Crafts of Saudi Arabia*. London: Stacey International.

Kevin Kelly(2002). *Asia grace*. Koeln: Taschen.

Lynda Lynton, Sanjay K.Singh(1995). *The Sari: styles, patterns, history, techniques*. London: Thames and Hudson.

Mark Bartholomer(1985). *Thunder Dragon Textiles from Bhutan*. Kyoto: Shikosha Publishing Co. Ltd.

Mark Zebrowski(1983). *Deccani Painting*. England: Sotheby.

Martha Boyer(1995). *Mongol Jewellery*. Copenhagen: The Gyldendal Publishing.

Mattiebelle Gittinger(1990). *Splendid Symbols*, Textiles and Traditional in Indonesia., Oxford: Oxford University Press.

Mattiebelle Gittinger(1990). *Textiles and Tradition in Indonesia*. Oxford: Oxford University Press.

Mattiebelle Gittinger & H.Leedom, Jr(1990). *Textiles and Thai Experience in Southeast Asia*. Washington D.C.: The Thai Museum.

Michael Hitchcock(1991). *Indonesian Textiles*. London: British Museum Press.

Middle East Video Corp(1986). *Historical Costumes of Turkish women*. Istanbul: Middle East Video Corp.

M.R.Baharnaz(1994). *Nomads of Iran*. Tehran: Farhang-Sara(Yassavoli).

Nasreen Askari & Rosemary Crill(1997). *Colours of the Indus: Costumes and Textiles of Pakistan*. London: Victoria & Albert Museum.

Nicholas Barnard. Robyn Beeche(1993). *Art and craft of India*. London: Conran Octopus Limited.

Norio Yamanaka(1982). *The Book of Kimono*. Tokyo: Kodansha International.

Paul and Elaine Lewis(1984). *Peoples of the Golden Triangle*. New York: Thames and Hudson.

R.W.Ferrier(1989). *The Arts of Persia*. New Haven: Yale University Press.

Richard Flavin, Michael Gaworski, Wanda Warming(1981). *The world of Indonesian textiles*. Tokyo: Kodansha International.

Richard K.Diran(1999). *The Vanishing Tribe of Burma*. London: Seven Dials, Cassell & Co.

Rick Smolan, Jennifer Erwitt, Pico Iyer(1994). *Passage to Vietnam: through the eyes of seventy photographers*. United States: Against All Odds Productions & Melcher Media.

Robert Skelton(1984). *The Indian Heritage: Court life and arts under Mughal Rule*. London: Victoria & Albert Museum.

S.N.Dar(1982). *Costumes of India and Pakistan*. Bombay: D.B.Taraporevala Sons & Co. Private Ltd.

Sujit Wongtes(2000). *The Thai People and Culture*. Bangkok: The Public Relations Department.

Susan Conway(1992). *Thai Textiles*. London: British Museum Press.

Susan L.Huntington, John C.Huntington(1985). *The art of ancient India: Buddhist, Hindu, Jain*. New York: Weatherhill.

Sushil K.Naidu(1999). *Nepal: society and culture*. Delhi: Kalinga Publications.

Susi Dunsmore(1993). *Nepalese Textiles*. London: British Museum Press.

The Cultural Place of Nationality(1985). *Clothing and Ornaments of China's Miao People*. Beijing: The Nationality Press.

U. Dzhanibekov(1996). *The Kazakh Costume*. Almaty: θHEP

Valerie Steele & John S.Major(1999). *China Chic: East Meets West*. New Haven, Conn.: Yale University Press.

Valery M.Garrett(1994). *Chinese Clothing-An Illustrated Guide*. New York: Oxford University Press.

Valery M.Garrett(1997). *Chinese Dress Accessories*. Singapore: Times Editions Pte Ltd.

Verity Wilson, Ian Thomas(1987). *Chinese Dress*. London: Victoria & Albert Museum.

Vogue Paris(1992-1993, Dec-Jan.).

W.Zwalf(1981). *Heritage of Tibet*. London: British Museum.

Wanda Warming & Michael Gaworski(1981). *The World of Indonesian Textiles*. Tokyo: Kodansha International.

Wen Fong(1992). *Beyond representation: Chinese painting and calligraphy, 8th-14th century*. New York: Metropolitan Museum of Art.

Yedida Kalfon Stillman(2000). *Arab dress : a short history from the dawn of Islam*. Leiden: Brill.

Yayasan harapan kita/BP 3TM Ⅱ(1995). *Indonesia Indah: Kain-Kain Non-Tenun Indonesia*. Jakarta: Yayasan harapan kita/BP 3TM Ⅱ.

古宮博物院 編(1992). 『故宮博物院藏-淸代宮廷繪畵』. 北京: 文物出版社.

吉岡常雄・吉本忍(1980). 『世界の更紗』. 京都: 京都書院.

大阪歷史博物館(2003). 『シルクロ-ド-絹と黃金の道』. 大阪: 大阪歷史博物館.

大丸弘 責任編集(1982). 『着る飾る』. 東京: 日本交通公社出版事業局.

文化學園服飾博物館 編(1997). 『遊牧の民に魅せられて』. 東京: 文化學園服飾博物館.

山中典士 監修(1983). 『男のきもの事典』. 東京: 講談社.

松本敏子(1979). 『世界の民族服』. 大阪: 關西衣生活研究會.

韋榮慧 主編(1992). 『中華民族服飾文化』. 北京: 紡織工業出版社.

李肖泳(1995). 『中國西域民族服飾硏究』. 烏魯木齊: 新疆人民出版社.

朝鮮畵報社出版部 編(1985). 『高句麗古墳壁畵』. 東京: 朝鮮畵報社.

中國歷代藝術編輯委員會 編(1995). 『中國歷代藝術-繪畵篇』. 臺北: 臺灣大英百科股彬有
限公司.

中國中央民族學院 · 中國人民美術出版社 編(1982). 『中國少數民族服飾』. 京都: 美乃美.

中華五千年文物集刊編輯委員會 · 中華民國臺北市士林區外雙溪 編(1986). 『服飾篇 下』.
臺北: 中華五千年文物集刊編輯委員.

中華人民共和國 國家民族事務委員會, 人民畵報社 編(1994). 『中國少數民族』. 北京: 中
國畵報出版社.

田中薰 · 田中千代(1980). 『原色世界衣服大圖鑑』. 大阪: 保育社.

陳癸森(1988). 『淸代服飾』. 台北: 國立歷史博物館.

韋榮慧 主編(1992). 『中華民族服飾文化』. 北京: 紡織工業出版社.

學習硏究社 編(1985). 『裝飾デザイン: 暮しの創造と世界の工藝』. 東京: 學習硏究社.

陝西始皇陵秦俑坑考古發掘隊 · 秦始皇兵馬俑博物館 共編(1983). 『秦始皇陵兵馬俑』東京:
平凡社.

花泥正治(1984). 『シャシン. マンダラ: 秘境ブ-タン王國. シッキム ダ-ジリン密敎の世
界』. 東京: 平凡社.

Эльмира Джеватовна Меджитова(1990). ТУРКМЕНСКОЕ НАРОДНОЕ ИСКУССТВО. Ашхабад: ТССР.

Н.Цултэм(1987). Декоративно-Прикладное Искусство Монголии. Улан-Батор:
Госиздательство.

그림 출처

Ⅱ. 동북아시아

그림 1. 국립중앙박물관 편(1991).『스키타이 황금』. 서울: 조선일보사.

그림 2. 朝鮮畵報社出版部 編(1985).『高句麗古墳壁畵』. 東京: 朝鮮畵報社.

그림 3. 동화출판사 편(1973).『한국미술전집 4』. 서울: 동화출판사.

그림 4. 沈奉謹(2002).『密陽古法理壁畵墓』. 부산: 東亞大學校博物館.

그림 5, 6. 韓國民族美術研究所 편(2000).『澗松文華 59』. 서울: 韓國民族美術研究所.

그림 9. 복원품-개인소장.

그림 10, 11. 개인소장.

그림 13, 14. 복원품-개인소장.

그림 15. 개인소장.

그림 16, 17. 복원품-개인소장.

그림 18. 이화여자대학교박물관 편(1995).『服飾』. 서울: 이화여자대학교박물관.

그림 19, 20. 복원품-개인소장.

그림 21. 中國歷代藝術編輯委員會 編(1995).『中國歷代藝術-繪畵篇』. 臺北: 臺灣大英百科股彬有限公司.

그림 22. 陝西始皇陵秦俑坑考古發掘隊·秦始皇兵馬俑博物館 共編(1983).『秦始皇陵兵馬俑』東京: 平凡社.

그림 23. 中國歷代藝術編輯委員會 編(1995).『中國歷代藝術-繪畵篇』. 臺北: 臺灣大英百科股彬有限公司.

그림 24, 25. 大阪歷史博物館(2003).『シルクロ-ド-絹と黃金の道』. 大阪: 大阪歷史博物館.

그림 26, 27. 中華五千年文物集刊編輯委員會·中華民國臺北市士林區外雙溪 編(1986).『服飾篇 下』. 臺北: 中華五千年文物集刊編輯委員.

그림 28. 中國歷代藝術編輯委員會 編(1995).『中國歷代藝術-繪畵篇』. 臺北: 臺灣大英百科股彬有限公司.

그림 29. 中華五千年文物集刊編輯委員會·中華民國臺北市士林區外雙溪 編(1986).『服飾篇 下』. 臺北: 中華五千年文物集刊編輯委員.

그림 30. 古宮博物院 編(1992). 『故宮博物院藏-淸代宮廷繪畵』. 北京: 文物出版社.

그림 31. Valerie Steele & John S.Major(1999). *China Chic: East Meets West*. New Haven, Conn.: Yale University Press.

그림 32. John E.Vollmen(2000). *Ruling from the Dragon throne costume of the Qing Dynasty 1644-1911*. Toronto: Ten speed press.

그림 33. Valery M.Garrett(1997). *Chinese Dress Accessories*. Singapore: Times Editions Pte Ltd.

그림 34. Valerie Steele & John S.Major(1999). *China Chic: East Meets West*. New Haven, Conn.: Yale University Press.

그림 35. Valery M.Garrett(1994). *Chinese Clothing: An Illustrated Guide*. New York: Oxford University Press.

그림 36. Valerie Steele & John S.Major(1999). *China Chic: East Meets West*. New Haven. Conn.: Yale University Press.

그림 37. John E.Vollmen(2000). *Ruling from the Dragon throne costume of the Qing Dynasty 1644-1911*. Toronto: Ten speed press.

그림 38. Valery M.Garrett(1997). *Chinese Dress Accessories*. Singapore: Times Editions Pte Ltd.

그림 39, 40. Verity Wilson, Ian Thomas(1987). *Chinese Dress*. London: Victoria & Albert Museum.

그림 41. Valery M.Garrett(1997). *Chinese Dress Accessories*. Singapore: Times Editions Pte Ltd.

그림 42. Claire Roberts ed.(1997). *Evolution & Revolution: Chinese Dress 1700s-1990s*. Sydney: Powerhouse Publishing.

그림 43, 44. 陳癸淼(1988). 『淸代服飾』. 台北: 國立歷史博物館.

그림 45. Claire Roberts ed.(1997). *Evolution & Revolution: Chinese Dress 1700s-1990s*. Sydney: Powerhouse Publishing.

그림 46. Valery M.Garrett(1997). *Chinese Dress Accessories*. Singapore: Times Editions Pte Ltd.

그림 47. Claire Roberts ed.(1997). *Evolution & Revolution: Chinese Dress 1700s-1990s*. Sydney: Powerhouse Publishing.

그림 48, 49. Valery M.Garrett(1997). *Chinese Dress Accessories*. Singapore: Times

Editions Pte Ltd.

그림 50. Valery M.Garrett(1994). *Chinese Clothing: An Illustrated Guide*. New York: Oxford University Press., Valery M.Garrett(1997). *Chinese Dress Accessories*. Singapore: Times Editions Pte Ltd.

그림 54. Helen Benton Minnich(1963). *Japanese costume and the makers of its elegant tradition*. Rutland: Tuttle.

그림 60, 63, 64, 65. Norio Yamanaka(1982). *The book of Kimono*. Tokyo: Kodansha International.

그림 66, 68, 69, 70. 山中典士 監修(1983). 『男のきもの事典』. 東京: 講談社.

Ⅲ. 동남아시아

그림 1, 3. Erwitt Jennifer, Smolan Rick(1994). *Passage to Vietnam: through the eyes of seventy photographers*. United States: Against All Odds Productions & Melcher Media

그림 4. Susan Conway(1992). *Thai textiles*. London: British Museum Press.

그림 5. Mattiebelle Gittinger & H.Leedom, Jr(1990). *Textiles and Thai Experience in Southeast Asia*. Washington D.C.: The Thai Museum.

그림 6. Richard K.Diran(1999). *The Vanishing Tribe of Burma*. London: Seven Dials, Cassell & Co.

그림 7. Susan Conway(1992). *Thai textiles*. London: British Museum Press.

그림 8. 저자 현지 촬영본.

그림 10, 11. Susan Conway(1992). *Thai textiles*. London: British Museum Press.

그림 13. Hans Johannes Hoefer, Charles Levine, William Warren(1980). *Thailand*. Hong Kong: Apa Productions.

그림 14. 현지 관광엽서.

그림 15, 16. Susan Conway(1992). *Thai textiles*. London: British Museum Press.

그림 17. Dato' Haji Sulaiman Othman, Leo Haks, Datohaji S.Othman(1994). *The crafts of Malaysia*. Singapore: Tien Wah press.

그림 18, 20, 21. Clifford Person(1998). *Indonesia Design and Culture*. New York: The Monacelli Press.

그림 25. Mattiebelle Gittinger(1990). *Textiles and Tradition in Indonesia*. Oxford: Oxford University Press.

그림 27. Frances Kennett(1994). *Ethnic Dress*. London: Octopus Publishing Group.

그림 28. 吉岡常雄・吉本忍(1980). 『世界の更紗』. 京都: 京都書院.

그림 29. Itie van Hout(2001). *Batik: drawn in wax*. Amsterdam: Royal Tropical Institute.

그림 31. Clifford Person(1998). *Indonesia Design and Culture*. New York: The Monacelli Press.

그림 32, 33. Itie van Hout(2001). *Batik: drawn in wax*. Amsterdam: Royal Tropical Institute.

그림 34. John Gillow, Bryan Sentance(1999). *World textiles*. Canada: Bulfinch Press Book.

그림 35. Itie van Hout(2001). *Batik: drawn in wax*. Amsterdam: Royal Tropical Institute.

그림 36. Clifford Person(1998). *Indonesia Design and Culture*. New York: The Monacelli Press.

그림 37. John Gillow, Bryan Sentance(1999). *World textiles*. Canada: Bulfinch Press Book.

그림 38. Wanda Warming & Michael Gaworski(1981). *The World of Indonesian Textiles*. Tokyo: Kodansha International.

그림 39, 41, 42. Brigitta Hauser-Schaublin, Marie-Louise Nabholz-Kartaschoff, Urs Ramseyer(1997). *Balinese Textiles*. Hong Kong: Periplus Editions.

그림 40. Yayasan harapan kita/BP 3TMⅡ(1995). *Indonesia Indah: Kain-Kain Non-Tenun Indonesia*. Jakarta: Yayasan harapan kita/BP 3TMⅡ.

Ⅳ. 남부아시아

그림 1, 2. Susan L.Huntington, John C.Huntington(1985). *The art of ancient India: Buddhist, Hindu, Jain*. New York: Weatherhill.

그림 5. S.N.Dar(1982). *Costumes of India and Pakistan*. Bombay: D.B.Taraporevala Sons & Co. Private Ltd.

그림 6. Mark Zebrowski(1983). *Deccani Painting*. England: Sotheby.

그림 8. Cathay Pacific ed.(1991). *Discovery*. Hong Kong: Cathay Pacific.

그림 9, 11. 저자 현지 촬영본.

그림 13. Nasreen Askari, Rosemary Crill(1996). *Colours of the Indus: Costumes and Textiles of Pakistan*. London: Victoria & Albert Museum.

그림 14. 文化學園服飾博物館 編(1997). 『遊牧の民に魅せられて』. 東京: 文化學園服飾博物館.

그림 16(1, 2). 현지 달력.

그림 16(3). 學習研究社 編(1985). 『裝飾デザイン: 暮しの創造と世界の工藝』. 東京: 學習研究社.

그림 17. Nasreen Askari, Rosemary Crill(1996). *Colours of the Indus: Costumes and Textiles of Pakistan*. London: Victoria & Albert Museum.

그림 18. Robert Skelton(1984). *The Indian Heritage: Court life and arts under Mughal Rule*. London: Victoria & Albert Museum.

그림 19. Nasreen Askari, Rosemary Crill(1996). *Colours of the Indus: Costumes and Textiles of Pakistan*. London: Victoria & Albert Museum.

그림 20. 현지 달력.

그림 21. Nasreen Askari, Rosemary Crill(1996). *Colours of the Indus: Costumes and Textiles of Pakistan*. London: Victoria & Albert Museum.

그림 22. Cathay Pacific ed.(1991). *Discovery*. Hong Kong: Cathay Pacific.

그림 23. Nasreen Askari, Rosemary Crill(1996). *Colours of the Indus: Costumes and Textiles of Pakistan*. London: Victoria & Albert Museum.

그림 24. Jaya Jaitly, Kamal Sahai(1990). *Crafts of Jammu, Kashmir and Ladakh*. Ahmedabad India: Mapin Publishing Pvt. Ltd.

그림 27. Nasreen Askari, Rosemary Crill(1996). *Colours of the Indus: Costumes and Textiles of Pakistan*. London: Victoria & Albert Museum.

그림 28, 29, 30. John Gillow, Nicholas Barnard(1993). *Traditional Indian Textile*. New York: Thames and Hudson.

그림 31. Lynda Lynton, Sanjay K. Singh(1995). *The Sari: styles, patterns, history, techniques*. London: Thames and Hudson.

그림 32. Nicholas Barnard, Robyn Beeche(1993). *Art and Crafts of India*. London: Conran Octopus Limited.

그림 33. Benoy K. Benoy(1998). *The Ajanta Caves*. London: Thames and Hudson.

그림 34. Lynda Lynton, Sanjay K.Singh(1995). *The Sari: styles, patterns, history, techniques.* London: Thames and Hudson.

그림 35. John Gillow, Nicholas Barnard(1993). *Traditional Indian Textile.* New York: Thames and Hudson.

그림 36. Lynda Lynton, Sanjay K.Singh(1995). *The Sari: styles, patterns, history, techniques.* London: Thames and Hudson.

그림 37. 學習研究社 編(1985). 『裝飾デザイン: 暮しの創造と世界の工藝』. 東京: 學習研究社.

V. 서남아시아

그림 1. 라이프북스 편집부 편(1988). 『아라비아 반도-Arabian Peninsula』. 서울: 한국일보 타임-라이프.

그림 3, 4, 5. John Tophan(1982). *Traditional Crafts of Saudi Arabia.* London: Stacey International.

그림 6. Heather Colyer Ross(1981). *The Art of Arabian Costume-A Saudi Arabian Profile.* Switzerland: Arabesque Commercial SA.

그림 7. John Tophan(1982). *Traditional Crafts of Saudi Arabia.* London: Stacey International.

그림 8. Heather Colyer Ross(1981). *The Art of Arabian Costume-A Saudi Arabian Profile.* Switzerland: Arabesque Commercial SA.

그림 10. Angela Fisher(1984). *Africa adonrned.* New York: Harry N.Abram. Inc Publishing..

그림 11. 저자 촬영본.

그림 13, 14. Heather Colyer Ross(1981). *The Art of Arabian Costume-A Saudi Arabian Profile.* Switzerland: Arabesque Commercial SA.

그림 15. Korean Air ed.(2001). *Morning Calm.* Seoul: Korean Air.

그림 20, 22. M.R.Baharnaz(1994). *Nomads of Iran.* Tehran: Farhang-Sara(Yassavoli).

그림 24. Jennifer Scarce(1987). *Women's costume of the Near and Middle East.* London : Unwin Hyman.

그림 25. M.R.Baharnaz(1994). *Nomads of Iran.* Tehran: Farhang-Sara(Yassavoli).

그림 27, 28, 29, 36. Jennifer Scarce(1987). *Women's costume of the Near and Middle East*. London: Unwin Hyman.

그림 37. Middle East Video Corp(1986). *Historical costumes of Tukish women*. Istanbul: Middle East Video Corp.

그림 40. Jennifer Scarce(1987). *Women's costume of the Near and Middle East*. London: Unwin Hyman.

Ⅵ. 중앙아시아

그림 1. Эльмира Джеватовна Меджитова(1990). ТУРКМЕНСКОЕ НАРОДНОЕ ИСКУССТВО. Ашхабад: TCCP.

그림 2, 3. 저자 현지 촬영본.

그림 5. 저자 소장품 촬영본.

그림 6. 저자 현지 촬영본.

그림 7. Janet Harvey(1997). *Traditional Textiles of Central Asia*. New York: Thames and Hudson.

그림 8. Эльмира Джеватовна Меджитова(1990). ТУРКМЕНСКОЕ НАРОДНОЕ ИСКУССТВО. Ашхабад: TCCP TCCP.

그림 10, 11. 李肖泳(1995). 『中國西域民族服飾研究』. 烏魯木齊: 新疆人民出版社.

그림 12, 13. 韋榮慧 主編(1992). 『中華民族服飾文化』. 北京: 紡織工業出版社.

그림 14. I. Tasmagambetov(1997). *Jewellery Craft by Masters of Central Asia*. Almaty: Didar Publishing Company.

그림 15. U. Dzhanibekov(1996). *The Kazakh Costume*. Almaty: θHEP.

그림 22, 23. Susi Dunsmore(1993). *Nepalese Textiles*. London: British Museum.

그림 25. Kevin Kelly(2002). *Asia grace*. Koeln: Taschen.

그림 29. Susi Dunsmore(1993). *Nepalese Textiles*. London: British Museum.

그림 30. Wen Fong(1992). *Beyond representation: Chinese painting and calligraphy, 8th-14th century*. New York: Metropolitan Museum of Art.

그림 31, 32. 태극출판사 편(1982). 『大世界史-제2권 아시아國家의 展開』. 서울: 태극출판사.

그림 33, 34. 中華五千年文物集刊編輯委員會·中華民國臺北市士林區外雙溪(1986). 『服

飾篇 下』臺北: 中華五千年文物集刊編輯委員.

그림 37. Frances Kennett(1994). *Ethnic Dress*. New York: Octopus Publishing Group.

그림 38, 41, 42, 43. Н.Цултэм(1987). Декоративно-Прикладное Искусство Монголии.
　　Улан-Батор: Госизд

그림 44, 45, 48. 花泥正治(1984). 『シャシン. マンダラ: 秘境ブ-タン王國. シッキム ダ-
　　ジリン密敎の世界』. 東京: 平凡社.

그림 50, 51. Mark Bartholomew(1985). *Thunder Dragon Textiles from Bhutan*. Kyoto:
　　Shikosha Publishing Co. Ltd.

Ⅶ. 소수민족

그림 1, 2, 3, 4. 韋榮慧 主編(1992). 『中華民族服飾文化』. 北京: 紡織工業出版社.

그림 5. 中華人民共和國 國家民族事務委員會, 人民畵報社 編(1994). 『中國少數民族』. 北京:
　　中國畵報出版社.

그림 6, 7. 韋榮慧 主編(1992). 『中華民族服飾文化』. 北京: 紡織工業出版社.

그림 8. 中華人民共和國 國家民族事務委員會, 人民畵報社 編(1994). 『中國少數民族』. 北京:
　　中國畵報出版社.

그림 9. 大丸弘 責任編集(1982). 『着る飾る』. 東京: 日本交通公社出版事業局.

그림 10. 中華人民共和國 國家民族事務委員會, 人民畵報社 編(1994). 『中國少數民族』. 北京:
　　中國畵報出版社.

그림 11, 12. 韋榮慧 主編(1992). 『中華民族服飾文化』. 北京: 紡織工業出版社.

그림 13. 저자 소장품 촬영본.

그림 14, 15. 大丸弘 責任編集(1982). 『着る飾る』. 東京: 日本交通公社出版事業局.

그림 16, 17, 18, 19. 韋榮慧 主編(1992). 『中華民族服飾文化』. 北京: 紡織工業出版社.

그림 20, 21. 中華人民共和國 國家民族事務委員會, 人民畵報社 編(1994). 『中國少數民族』.
　　北京: 中國畵報出版社.

그림 22. 韋榮慧 主編(1992). 『中華民族服飾文化』. 北京: 紡織工業出版社.

그림 23. *Vogue* Paris(1992-1993, Dec-Jan.).

그림 24(1, 3). 韋榮慧 主編(1992). 『中華民族服飾文化』. 北京: 紡織工業出版社.

그림 24(2). 大丸弘 責任編集(1982). 『着る飾る』. 東京: 日本交通公社出版事業局.

그림 25. 中國中央民族學院 · 中國人民美術出版社 編(1982). 『中國少數民族服飾』. 京都: 美

乃美.

그림 26. Valery M.Garrett(1994). *Chinese Clothing: An Illustrated Guide*. New York: Oxford University Press.

그림 27. 中國中央民族學院·中國人民美術出版社 編(1982). 『中國少數民族服飾』. 京都: 美 乃美.

그림 28, 29. 韋榮慧 主編(1992). 『中華民族服飾文化』. 北京: 紡織工業出版社.

그림 30, 31, 32, 33, 34, 35, 36, 37. The Cultural Place of Nationality(1985). *Clothing and Ornaments of China's Miao People*. Beijing: The Nationality Press.

그림 38, 39, 40. 韋榮慧 主編(1992). 『中華民族服飾文化』. 北京: 紡織工業出版社.

그림 41. 中華人民共和國 國家民族事務委員會, 人民畫報社 編(1994). 『中國少數民族』. 北京: 中國畫報出版社.

그림 42. 저자 현지 촬영본.

그림 43. Richard K.Diran(1999). *The Vanishing Tribe of Burma*. London: Seven Dials, Cassell & Co..

그림 44. Paul and Elaine Lewis(1984). *Peoples of the Golden Triangle*. New York: Thames and Hudson.

그림 45, 46. 저자 현지 촬영본.

그림 47, 48, 49, 50, 51(1, 2). Paul and Elaine Lewis(1984). *Peoples of the Golden Triangle*. New York: Thames and Hudson.

그림 51(3). Richard K.Diran(1999). *The Vanishing Tribe of Burma*. London: Seven Dials, Cassell & Co.

그림 52, 53, 54, 55, 56. Paul and Elaine Lewis(1984). *Peoples of the Golden Triangle*. New York: Thames and Hudson.

그림 57. Richard K.Diran(1999). *The Vanishing Tribe of Burma*. London: Seven Dials, Cassell & Co.

그림 58. *The Golden Land-Introducing Myanmar*. (미얀마 관광안내책자)

그림 59. Richard K.Diran(1999). *The Vanishing Tribe of Burma*. London: Seven Dials, Cassell & Co.

그림 60, 61, 62. Paul and Elaine Lewis(1984). *Peoples of the Golden Triangle*. New York: Thames and Hudson.

그림 63. Richard K.Diran(1999). *The Vanishing Tribe of Burma*. London: Seven Dials,

Cassell & Co.

그림 64. Paul and Elaine Lewis(1984). *Peoples of the Golden Triangle*. New York: Thames and Hudson.

그림 65. 저자 현지 촬영본.

그림 66, 67, 68. Paul and Elaine Lewis(1984). *Peoples of the Golden Triangle*. New York: Thames and Hudson.

그림 69. Richard K. Diran(1999). *The Vanishing Tribe of Burma*. London: Seven Dials, Cassell & Co.

찾아보기

아
시
아
전
통
복
식

ㅊ

저자소개

홍나영(洪那英)

이화여자대학교 가정대학 의류직물학과(석사 · 박사)
신라대 · 인천시립대 교수 역임
현재 이화여자대학교 생활환경대학 의류직물학과 부교수
 KBS-TV 프로그램 제작 의상 분야 고증 자문위원
 한국의류학회 편집위원, 한국복식학회 이사, 출토복식연구회 이사
저서 여성 쓰개의 역사(1995), 우리 옷과 장신구(2003)

신혜성(申惠盛)

이화여자대학교 가정대학 의류직물학과(석사)
코오롱상사, 인터패션플래닝 디자이너 역임
이화여자대학교 가정대학 의류직물학과 박사과정 수료
현재 이화여자대학교, 국민대학교, 한성대학교 강사

최지희(崔池熙)

이화여자대학교 가정대학 의류직물학과(석사)
현재 이화여자대학교 담인복식미술관 객원 연구원

아시아 전통복식

2004년 4월 20일 초판 발행
2021년 3월 15일 4쇄 발행

지은이 홍나영 외 | **펴낸이** 류원식 | **펴낸곳** 교문사

주소 (10881)경기도 파주시 문발로 116 | **전화** 031-955-6111 | **팩스** 031-955-0955
홈페이지 www.gyomoon.com | **E-mail** genie@gyomoon.com
등록 1960. 10. 28. 제406-2006-000035호

ISBN 978-89-363-0687-1(93590) | **값** 20,000원